流域水质遥感反演与水质模型数据同化技术

冶运涛　曹　引　蒋云钟　著

U0202259

海洋出版社

2019年·北京

内容简介

　　内陆水体水质遥感和水质模型数据同化是学科的前沿方向，同时也是智慧流域建设的关键技术。本书针对其中的关键科学问题进行了探索，初步搭建了流域水质遥感和模型数据同化的技术体系。本书主要分为湖库水质遥感反演和流域水质模型数据同化两大部分。前者包括基于统计模型的湖库水质遥感反演技术、基于机器学习的湖库水质遥感反演技术、基于集合建模的湖库水质遥感反演技术、考虑水生植物物候特征的湖泊水质遥感监测技术。后者包括复杂河网一维水动力水质模型数据同化技术、二维水动力水质模型数据同化技术、三维水动力水质模型数据同化技术。本书成果是智能仿真理论技术体系的重要组成部分，未来融合水循环模型、水利大数据、流域虚拟仿真、自适应仿真、数据同化、高性能计算、云计算等技术的流域水循环智能仿真理论技术框架呼之欲出。

　　本书可供水文水资源、水环境、水生态、水灾害、水利工程、水信息学、水利遥感等专业科技人员及高等院校相关专业师生参考。

图书在版编目（CIP）数据

流域水质遥感反演与水质模型数据同化技术/冶运涛，曹引，蒋云钟著. —北京：海洋出版社，2019. 12

　ISBN 978-7-5210-0538-7

　Ⅰ.①流…　Ⅱ.①冶…　②曹…　③蒋…　Ⅲ.①流域-水质-水利遥感-研究②流域-水质模型-研究　Ⅳ.①TV211②P734.4

中国版本图书馆 CIP 数据核字（2020）第 002973 号

责任编辑：常青青
责任印制：安　森

海洋出版社　出版发行

http：//www.oceanpress.com.cn

北京市海淀区大慧寺路 8 号　邮编：100081
鸿博昊天科技有限公司印刷
2019 年 12 月第 1 版　2019 年 12 月北京第 1 次印刷
开本：787 mm×1092 mm　1/16　印张：16
字数：330 千字　定价：168.00 元
发行部：010-62100090　邮购部：010-62100072
总编室：010-62100034　编辑室：010-62000038

海洋版图书印、装错误可随时退换

前　言

  水是人类社会健康发展不可或缺的重要资源，伴随全球人口增加、经济发展和城市化进程加快，水环境问题日趋严重。对于水环境问题，观测分析和模型模拟是水环境管理的重要手段。观测分析手段主要包括原位观测和遥感监测手段，原位观测虽然监测精度高，但耗时耗力，且只能获取点上的水质状况，监测频次有限，难以满足水环境动态管理的需求。遥感监测能够快速获取湖库水质的时空分布，越来越多地应用于湖库水环境的监测和管理，但水质遥感受遥感数据源的限制和水质遥感模型移植性的影响，监测频次同样有限。水动力水质模型是水环境管理的重要工具，可以获取时空连续的水质分布，但受模型参数、模型输入和模型结构等不确定性因素的影响，模拟精度有待提高。数据同化可以实现观测和模型模拟优势互补，利用同化算法可以将多源观测数据合理地融入水动力水质模型，校正模型模拟结果，同步更新模型参数，提升模型模拟精度和预测能力。

  本书针对湖库水质遥感、水动力水质模拟和数据同化开展研究，改进水质遥感监测方法，同时开发一维、二维、三维水动力水质模型，然后利用集合卡尔曼滤波或粒子滤波数据同化算法将水位和水质观测数据与水动力水质模型耦合，动态更新模型模拟结果和模型参数，提升了模型模拟和预测精度，保证了时空数据的一致性。

  本书共分为12章。第1章是绪论，介绍了研究背景和研究意义，对研究涉及的水质遥感研究进展、水动力水质模型研究进展和水动力水质模型数据同化研究进展进行了详细论述，分析了目前研究中存在的问题，在此基础上明确了本书的研究内容和技术路线。第2章介绍了基于统计模型的湖库水质遥感反演技术，利用2015年6月在南四湖实地采集的高光谱数据和同步水质采样分析数据，构建了南四湖水体叶绿素a浓度、总悬浮物和浊度的常规半经验/分析模型，并对模型进行精度评价。第3章是基于机器学习的湖库水质遥感反演技术，包括利用粒子群算法对支持向量机惩罚系数和核参数进行优选，以原始光谱反射率和归一化光谱反射率分别作为支持向量机模型的输入，以水质参数作为输出，分别建立水体叶绿素a浓度、总悬浮物浓度和浊度的osr-PSO-SVM和nsr-PSO-SVM模型，并对模型进行精度评价；通过引入灾变策略对传统离散粒子群算法进行改进，提出灾变离散粒子群算法（MDB-PSO），然后利用灾变离散粒子群算法优选水质偏最小二乘反演模型（PLS）的建模波段，构建了基于灾变离散粒子群和偏最小二乘法的水质遥感反演方法（MDBPSO-

PLS)。第4章是基于集合建模的水质遥感反演技术，针对水质遥感模型众多、不同模型反演精度不一致的问题，分别提出了基于熵权法、集对分析法的确定性水质遥感集合建模方法和基于贝叶斯模型平均的概率性水质遥感集合建模方法，同时构建了基于博弈论的水质遥感集合建模方法。第5章是考虑水生植物物候特征的湖泊水质遥感监测技术，针对草型湖泊中水生植物混合像元效应导致的水生植物生长区域水质难以直接进行遥感监测的问题，提出了考虑水生植物物候特征的草型湖泊水质遥感监测方法。第6章是复杂河网一维水动力水质模型数据同化技术，详细描述了一个适用于复杂流态普适河网水流–水质模拟的数值模型，研究实现对河网水流水质模型的并行化改造，构建了基于集合卡尔曼滤波的河网水动力水质模型数据同化方法。第7章是基于改进自适应网格的二维水动力模型构建技术，针对传统自适应网格技术难以保持模型静水和谐性的问题，引入地形坡度对传统自适应网格技术进行改进，构建了基于改进自适应网格的二维水动力模型；为了进一步提高模型的计算效率，基于OpenMP并行计算对模型进行并行化改造，构建了基于改进自适应网格和OpenMP并行计算的二维水动力模型（HydroM2D-AP）。第8章是二维水动力模型不确定分析和数据同化技术，包括基于高斯误差模型和纳什效率系数两种似然函数，分别采用LHS-GLUE和SCEM-UA算法分析了曼宁糙率系数的不确定性，同时分析了模拟水位对曼宁糙率系数的敏感性；此外，分别构建了基于局部权重（MPFDA-LW）和基于全局权重（PFDA-GW）的水动力模型粒子滤波算法。第9章是基于改进自适应网格的二维水动力水质模型构建技术，在HydroM2D-AP模型基础上，加入污染物对流–扩散方程，构建了基于改进自适应网格的二维水流–污染物输运模型（HydroPTM2D-AP）。第10章是基于星地协同监测的二维水动力水质模型数据同化技术，利用采用局部权重的粒子滤波同化算法（MPFDA-LW）将鄱阳湖叶绿素a浓度原位观测数据和遥感观测数据融入鄱阳湖HydroWQM2D-AP水质模型，更新叶绿素a浓度模拟结果，同时校正模型参数，构建了鄱阳湖HydroWQM2D-AP水质模型粒子滤波数据同化算法。第11章是基于星地协同监测的三维水动力水质模型数据同化技术，运用EFDC模型建立了考虑风生流的太湖三维水动力水质模型，在建立三维水质模型基础上，利用集合卡尔曼滤波算法建立三维水质模型同化试验系统，探讨了模型同化试验系统的流程和主程序的实现方式，并尝试了数据同化系统的应用。第12章是结论与展望，对本书的研究成果进行总结凝练，提出本书的主要结论，并展望未来需开展的研究工作。

本书研究工作得到了国家重点研发计划课题"水功能区水质立体监测技术与应用"、水利前期工作项目"智慧水利总体方案编制"和"水资源立体监测协同机理与国家水资源立体监测体系研究"、国家自然科学基金项目"冲积河流过程水沙输移模型不确定性分析及数据同化方法研究"的资助。在研究过程中，王浩院士、赵红莉教授级高工、张双虎教授级高工、杜彦良教授级高工等给予了指导和帮助，在此向他们表达诚挚的谢意！

流域水质遥感和水质模型数据同化研究的理论内涵和实践领域非常广泛，属于科学前沿方向，目前还处在起步和探索阶段，本书仅是抛砖引玉。由于时间和作者水平有限，书中错误和纰漏在所难免，恳请各位读者对本书的不足之处给予批评指正。本书尽力将所有涉及的观点和内容加以标注引用，若有不慎遗漏之处，请多加包涵。

作者

2019 年 6 月

目　　录

第 1 章　绪　论

1.1　研究背景及意义

水是人类社会最重要的基础性自然资源、经济资源和战略资源，是维持生态系统良性循环和实现经济社会可持续发展的重要物质基础。伴随全球人口增加、经济发展和城市化进程加快，在人类活动影响下水环境问题日趋严重，严重威胁居民用水安全和生态系统的良性循环。目前水环境问题已经成为世界各国共同关注和亟待解决的焦点问题。《2017 中国生态环境状况公报》公布了我国 109 个重点湖库的富营养状况，其中中营养和富营养的湖库占比分别为 61.5% 和 30.3%，我国湖库水环境问题依旧严峻。为了更好地解决我国所面临的水环境问题，2016 年以来，我国提出全面推行河长制和湖长制，以加强河湖水环境的监测和管理。及时、快速、全面、准确掌握河湖水环境状况是落实河、湖长制的重要保障，对推进我国水生态文明建设具有重要意义。

对于水环境问题，观测分析和模型模拟是水环境管理中的重要手段。观测分析手段主要包括实地采样实验室分析手段和遥感监测手段。实地采样实验室分析手段通过布设断面采集水样，然后通过实验室分析获取水质状况，这种监测手段虽然监测精度高，但耗时耗力，且只能获取点上的水质状况，监测频次有限，难以满足水环境动态管理的需求。遥感监测能够快速获取湖泊水质的时空分布，越来越多地应用于湖泊水环境的监测和管理（Dörnhöfer et al., 2016），但水质遥感监测受遥感数据源的限制和水质遥感模型移植性的影响，监测频次同样有限，且水质遥感监测精度有待进一步提升。水动力水质模型是水环境管理的重要工具，可以获取时空连续的水质分布，但受模型参数、模型输入和模型结构等不确定性因素的影响，模拟精度有待提高。随着水质监测技术的不断发展，水质监测数据越来越丰富，如何充分利用高质量的多源观测数据，对水动力水质模型模拟结果和模型参数进行动态校正，提高模型的计算精度和预测能力，获取高精度、时空连续的水质数据成了新的研究热点。

数据同化是通过同化算法将观测数据合理地融入模型计算过程来提升模型模拟

精度的一种方法（梁顺林 等，2013）。利用数据同化算法可以将多源观测数据有效地融入水动力水质模型，校正模型模拟结果，同步更新模型参数，提升模型模拟精度。本书开展湖库水质遥感和水动力水质模型数据同化研究，通过改进水质遥感监测方法，提升水质遥感监测精度，同时开发水动力水质模型，然后利用同化算法将水位、水质观测数据和水动力水质模型耦合，动态更新模型模拟结果和模型参数，提高水动力水质模型模拟精度和预测能力，获取高精度、时空连续的水质分布，为水管理部门制定管理措施，实现科学管理、定量决策提供依据。

1.2　国内外研究进展

1.2.1　湖库水质遥感研究进展

水环境遥感监测的关键在于水环境指标遥感反演模型构建，水环境遥感主要监测指标和模型构建方法见表 1-1。本书对可用于遥感监测的三种内陆水环境指标：叶绿素 a 浓度、总悬浮物浓度和浊度遥感监测研究进展进行综述。

表 1-1　叶绿素 a、总悬浮物浓度和浊度遥感监测模型构建方法

方法	模型算法	特点
经验方法	统计回归模型	模型简单易用，需要实测数据支撑，难以移植
	机器学习模型	模型具有很强的非线性拟合能力，但模型学习需要大量数据支撑，且容易过拟合
半分析方法	生物光学模型	以辐射传输方程为基础，模型具有物理机理，具有可移植性，但模型复杂，所需参数较多

1.2.1.1　叶绿素 a 浓度遥感研究进展

叶绿素 a 浓度是浮游植物分布的指示剂，是衡量水体初级生产力和富营养化的基本指标（Attila et al.，2018）。近年来，内陆水体，尤其是湖泊，蓝藻爆发的频率越来越高，导致水环境不断恶化。内陆水体光学特性复杂多变，高浓度悬浮物和黄色物质（CDOM）的干扰使得叶绿素 a 浓度遥感监测充满诸多挑战（Kuhn et al.，2019）。为了评估内陆水体营养状态，各种经验模型和半分析模型被应用于内陆水体叶绿素 a 浓度的遥感监测。

经验模型简单易用，在水体叶绿素 a 浓度遥感监测中应用最为广泛。常用的叶绿素 a 浓度遥感监测经验模型包括单波段模型、波段比值模型、三波段模型、四波段模型（Lyu et al.，2015；Tian et al.，2014）、偏最小二乘模型（Cao et al.，

2018）和机器学习模型（Chen et al.，2019），其中单波段模型和波段比值模型通过选择和叶绿素 a 浓度相关性较好的单个波段反射率或者两个波段反射率的比值和叶绿素 a 浓度构建统计回归模型，模型原理简单，但模型精度不够稳定；三波段和四波段模型根据水体辐射传输模型推导出对叶绿素 a 浓度敏感的三个或四个波段组合，然后构建统计回归模型，三波段和四波段模型具有一定的物理机理，反演精度和稳定性相对较高。单波段模型、波段比值模型、三波段和四波段模型只能利用一个或几个波段信息，而偏最小二乘模型和支持向量机模型、神经网络模型等机器学习模型可以利用全部波段信息，模型模拟精度较高，但模型容易过拟合。半分析模型基于辐射传输机理，构建包含水体表观光学特性、固有光学特性和水体组分的辐射传输模型，半分析模型可以同时反演叶绿素 a 浓度、悬浮物浓度和 CDOM 等多种水质参数（Giardino et al.，2012；Giardino et al.，2012，2015）。半分析模型虽然具有物理机理，但模型构建复杂，所需参数较多，在实际中应用困难。

1.2.1.2　总悬浮物浓度和浊度遥感研究进展

总悬浮物浓度和浊度是湖泊水质遥感监测的重要指标。光进入水体后会受到悬浮物的吸收和散射作用，水中悬浮物浓度大小决定着光在水体中的传播，从而影响着水体的透明度、真光层深度等光学参数（Giardino et al.，2015；张毅博 等，2015）。悬浮物主要来源于支流的输入、水环境周边水土流失以及底泥的再悬浮作用，是营养物质和污染物的重要载体。总悬浮物浓度的增加会导致水体透明度的降低，同时增加水体离水辐射率（Giardino et al.，2015）。浊度是和总悬浮物浓度密切相关的重要参数，能够影响光在水中的传播，对浮游植物生长和水体富营养化状况具有指示作用（Petus et al.，2010），在叶绿素 a 浓度低的水体中，浊度主要由悬浮物浓度决定（Güttler et al.，2013；曹引 等，2016）。

总悬浮物浓度和浊度遥感监测主要基于遥感反射率与总悬浮物浓度和浊度之间的统计关系构建线性或非线性回归的经验模型（Lobo et al.，2015；Shi et al.，2015；Zhang et al.，2014；曹引 等，2015a；曹引 等，2015b；胡耀躲 等，2018；禹定峰 等，2018）和神经网络模型（谢旭 等，2018）或者基于辐射传输机理构建生物光学模型（如查找表法、矩阵反演算法）（Behnaz et al.，2018；Dekker et al.，2011；Giardino et al.，2015；Huang et al.，2014）来实现水质参数的动态监测。由于生物光学模型的复杂性，简单有效的经验模型成为总悬浮物和浊度遥感监测的常用模型。如 Shi 等（2015）基于 2003—2013 年的 MODIS 数据在 545 nm 处的遥感反射率和实测太湖水体总悬浮物浓度之间的稳定关系，构建了太湖水体总悬浮物浓度反演的经验模型，分析了太湖水体总悬浮物浓度的时空变异性；Lobo 等（2015）利用 1973—2013 年的 Landsat MSS/TM/OLI 影像获取的近红外波段反射率和实测矿坑水体总悬浮物浓度，构建单波段指数模型对不同时间点矿坑水体总悬浮物浓度进行监测，在此基础上分析了矿坑水体总悬浮物浓度的时空变化规律及其驱动因素；Hicks 等（2013）利用新西兰怀卡托区域部分湖泊实测的总悬浮物浓度、浊度和透明度数据和时序 Landsat ETM+数据，构建波段组合模型对有观测的湖泊水体三种水质参数进行遥感监测，并将该模型应用于无观测的湖泊，弥补了无观测湖泊水质监测的空白；Ali 等（2014）将 400~900 nm 范围内的全部波段反射率和总悬浮物浓度分别作为自变量和因变量，构建水体总悬浮物浓度偏最小二乘反演模型，取得较高的反演精度。

由于内陆水体光学特性的复杂性，水质遥感模型的时空移植性较差，因此，针对特定湖库需要构建相应水体叶绿素 a 浓度、总悬浮物浓度和浊度监测的遥感反演模型。

1.2.2　水动力水质模型研究进展

水动力水质模型由水动力模型和水质模型两部分组成，其中水动力模型是水质模型构建的基础。水动力模型基本控制方程为 Navier-Stokes 方程，根据控制方程和求解网格的不同，水动力模型可以分为一维、二维和三维水动力模型，其中一维水动力模型广泛应用于河道水动力过程模拟（Martínez-Aranda et al.，2019；苑希民等，2016）；相比于基于完整 Navier-Stokes 方程的三维水动力模型，二维水动力模型忽略了水体的垂向流速，采用水深方向平均的 Navier-Stokes 方程，具有较高的计算效率和模拟精度，在河流、湖库、城市洪水以及溃坝洪水水动力模拟中得到广泛应用（Dimitriadis et al.，2016；Hu et al.，2018；Kesserwani et al.，2018；宋利祥等，2012；冶运涛 等，2014）。

准确离散求解控制方程是求解二维水动力模型的关键，目前离散控制方程的数值计算方法主要包括特征线法、有限差分法、有限元法和有限体积法。前三种数值计算方法在渐变流模拟中具有较高的模拟精度，但难以模拟具有强间断特性的水动力过程。有限体积法采用积分方法对守恒方程进行离散，保证了离散过程中物理特性的守恒，基于 Godunov 格式的有限体积法可以有效地捕捉激波，可以准确地模拟强间断的水流的运动过程，近年来在溃坝水流和洪水模拟中广泛应用（Hou et al.，2017，2018；Xia et al.，2018；曹引 等，2017）。

Godunov 格式有限体积模型在网格单元上积分以求解控制方程，网格类型和大小会影响有限体积模型的模拟精度、稳定性和计算效率，一直是有限体积模型研究的重点。根据划分方式的不同，模型网格主要包括结构网格、正交贴体网格和非结构网格。国内外学者针对不同网格特性开展了大量研究。夏军强等（2010）基于无结构三角网格构建模拟二维水流特性的有限体积模型，通过引入最小水深来判断干湿界面，使其能适用于无结构三角网格；周建中等（2013）基于非统一结构网格构建求解二维浅水方程的高精度 Godunov 型有限体积模型，采用 HLLC 格式计算界面水流通量，模拟了复杂地形和不规则边界下的溃坝洪水；Yoon 等（2004）和 Kuiry 等（2012）分别基于三角网格、四边形网格和水深平均的浅水方程构建有限体积模型，采用迎风的 HLL 近似 Riemann 求解界面通量，模拟溃坝洪水过程；董炳江等（2013）基于非结构混合网格构建求解水深平均的二维浅水方程的模型，精确模拟了复杂边界下的水流特性；Zhang 等（2014）采用非结构四边形网格离散控制方程，采用 Roe 格式近似 Riemann 解来计算界面通量和模拟间断流；Kim 等（2014）比较了基于矩形网格、三角网格和四边形网格的二维溃坝水流模型计算效率，指出不同环境下不同网格性能各异，在此基础上结合结构网格和非结构网格提出了混合网格；黄炳彬等（2003）比较了目前河道水流模拟中常用的贴体网格、非结构网格和矩形网格在模拟实际水流中的应用效果，指出贴体网格和非结构网格虽然能够很好地适应边界，但前处理过程复杂，相比之下结构网格更易生成，但对不规则复杂地形边界的适应性较差。

　　为了提升模型的计算效率，近年来自适应网格技术成为水动力模型研究的重要方向，自适应网格技术能够根据某种判断准则对网格大小进行自适应调整。Benkhaldoun 等（2007）提出了基于非结构网格的自适应网格技术，根据污染物浓度动态调整网格大小，提高了模型模拟精度，但相比于结构网格，非结构网格构造繁琐，自适应判定、动态调整网格大小过程繁琐，会消耗大量内存。Liang 等（2007；2009）、周建中等（2013）根据水位或水深梯度动态调整网格大小，构造了基于自适应结构网格的二维水动力模型，该模型具有较高的模拟精度和计算效率，在实际应用中取得了较好效果。Liang 等（2010）对自适应网格技术进行了改进，相邻网格单元通过网格相对位置关系确定，简化了自适应网格动态调整过程，显著提升了模型模拟精度和计算效率；Hou 等（2018）根据地形坡度构建了非统一结构网格技术，将地形坡度大于某一阈值区域网格进行细化，且在整个计算过程中网格大小保持不变，保证了模型的静水和谐性，但未根据地形坡度较小区域水位梯度和干湿边界变化对网格进行自适应调整。自适应网格技术将粗网格细化过程中，为了能够提高精细网格对地形的拟合能力，网格细化生成的子网格中心高程通常采用插值方法获取，导致子网格中心高程发生变化，为了保证质量守恒，需要调整子网格水位，可能会出现网格细化后网格水位和邻近网格单元水位不一致的情况，进而产生虚假水流，破坏模型的静水和谐性（张华杰 等，2012）。

　　将 Godunov 格式有限体积水动力模型和水质模型耦合可以构建水动力水质模型，相比于 EFDC、MIKE21 等水质模型，能够更加有效捕捉污染物浓度间断，准确模拟不同水流条件下的污染物迁移转换规律（丁玲 等，2004）。Benkhaldoun 等（2007）构建了基于自适应网格的有限体积模型，根据污染物浓度动态调整网格大小，保证模型计算精度的同时提高了计算效率；宋利祥等（2014）构建了基于非结构网格和有限体积法的二维水流–输运耦合数学模型，准确模拟了感潮河网中污染物的迁移扩散规律；Menshutkin 等（1998）建立了三维水质水生态模型，模型能模拟溶解氧、三种浮游植物、浮游动物以及营养盐的相互关系和多年动态变化过程；赖锡军等（2011）基于有限体积法构建了二维水动力和水质耦合数值模型，模拟了鄱阳湖高锰酸盐指数和氨氮浓度变化过程；毕胜（2014）基于 WASP 原理，在 Godunov 格式有限体积水动力模型中加入水质模块，构建了能够模拟水温、总氮、总磷、浮游植物和溶解氧等参数的综合水质模型，在大东湖取得较好的应用效果。

并行计算是提升水动力水质模型计算效率的一种有效手段，目前，基于多线程的 CPU 并行计算和基于图形处理器的 GPU 并行计算是水动力水质模型并行计算两种主要方式。基于 GPU 并行计算具有更高的计算效率，但构造过程相对复杂（侯精明 等，2018）；基于 CPU 并行计算的水动力水质模型可以利用多线程同时计算网格通量，基于共享变量的多线程计算标准 OpenMP 实现方式简单，加速效果明显。夏忠喜（2014）基于 OpenMP 实现了二维水动力模型并行计算，显著提升了水动力模型的计算效率。随着计算机硬件性能的提升和并行计算技术的发展，在并行计算框架下进行水动力水质模拟是水动力水质模型数值计算的发展趋势。

1.2.3　水动力水质模型数据同化研究进展

数据同化是利用数据同化算法将观测数据融入模型的一种方法，最早应用于气象预报，主要采用的数据同化算法包括多项式插值法和经验修正法。随着数据同化研究的不断推进，优化插值算法开始应用于数据同化研究。1990 年以后，数据同化研究发展迅速，变分算法、卡尔曼滤波及其变体、粒子滤波算法等数据同化算法不断涌现（Cooper et al.，2018；Schneider et al.，2018；马建文 等，2012）。数据同化建立在最优估计、系统控制、优化方法和误差估计等理论之上。目前，各类数据同化算法在天气预报、陆面模式、海洋数值预报中得到广泛应用，并逐渐在水利和水环境领域得到应用，成为水动力水质模型模拟研究的前沿和热点。根据数据同化算法将观测数据融入模型方式不同，可以将数据同化算法分为连续数据同化算法和顺序数据同化算法两大类。

连续数据同化算法通过比较同化时间窗口内所有观测数据和模型模拟轨迹，动态校正模型模拟结果，使模型模拟轨迹向观测值变化轨迹靠拢，以提高模型模拟精度。连续数据同化算法以三维变分和四维变分算法为代表，变分算法根据模型模拟值和观测值之间的拟合程度来构建目标函数，在约束空间内调整模型模拟轨迹使目标函数往极值方向发展，实现模型的动态校正，广泛应用于气象和海洋数值预报领域（Zhang et al.，2019）。变分算法计算复杂，在同化时间窗口内需要构造由于切线性方程以及模型、观测算子的伴随模式，基于变分算法的高维非线性模型数据同化计算量往往非常大（Liu et al.，2012）。

顺序数据同化算法可以根据观测时刻的观测数据对模型进行校正，不需要设定同化窗口，每个观测时刻均可进行一次同化。顺序数据同化算法通过预测和更新两个步骤来实现模型模拟和动态校正，预测步骤基于模型初始条件，利用边界条件和参数驱动模型，计算得到下一时刻模型状态变量和参数值的先验分布，然后利用观测值更新得到该时刻模型状态变量和参数的后验分布，实现对模型状态变量和参数的校正，重复预测和校正步，可以实现所有时刻模型状态变量和参数的预测和校正。卡尔曼滤波及其变体（集合卡尔曼滤波、扩展卡尔曼滤波和减秩平方根卡尔曼滤波等）是最常用的顺序数据同化算法，其中以集合卡尔曼滤波应用最为广泛，在水动力水质模型同化中也得到很好的应用（Barthélémy et al.，2017；García-Pintado et al.，2013；Lei et al.，2019；Paiva et al.，2013；李志杰，2015；刘卓 等，2017）。集合卡尔曼滤波假设状态变量符合高斯分布，对于高度非线性非高斯的水动力水质模型来说，仅利用集合一阶矩（均值）和二阶矩（方差）难以准确估计状态变量的概率分布。

近年来粒子滤波在非线性非高斯模型数据同化中表现出色，受到越来越多学者的关注。粒子滤波利用蒙特卡洛算法来求解贝叶斯滤波问题，以一组带有权重的随机粒子估计模型状态变量和参数的概率分布，粒子滤波可以表示任意形式的概率分布。Moradkhani 等（2005）首次成功利用粒子滤波实现了水文模型数据同化，校正模型状态变量，同时估计了模型参数的不确定性（Vrugt et al.，2013）。目前粒子滤波数据同化算法在一维水动力水质模型数据同化中得到初步应用（Giustarini et al.，2011；Matgen et al.，2010；Xu et al.，2017），根据粒子权重设置方式的不同，粒子滤波中粒子权重可以分为全局权重和局部权重两种类型（Giustarini et al.，2011）。采用全局权重的粒子滤波，将整个计算域状态变量和参数作为一个粒子，每个粒子对应一个权重，粒子权重由粒子在不同观测点处的权重不同根据联合概率密度公式计算得到，因此同化结果为全局最优估计结果，难以在所有观测断面处达到最优（Xu et al.，2017），且难以考虑参数（糙率系数、藻类生长速率及其温度系数等参数）的空间变异性。采用局部权重的粒子滤波在每个断面设置一个子粒子，每个子粒子拥有自己的权重，观测断面处子粒子权重根据观测值进行更新，其余观测断面粒子权重采用先验值，因此同化结果可以在所有观测断面处达到最优，但对无观测数据断面处模型模拟结果校正能力有限。在二维水动力水质模型研究中，采用粒子滤波算法进行数据同化研究尚不多见（Kim et al.，2013）。

1.3 拟解决的关键科学问题

针对湖库水质遥感和水动力水质模拟，国内外学者做了大量研究工作，但利用

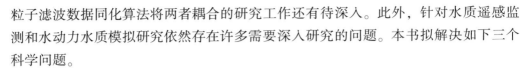

粒子滤波数据同化算法将两者耦合的研究工作还有待深入。此外，针对水质遥感监测和水动力水质模拟研究依然存在许多需要深入研究的问题。本书拟解决如下三个科学问题。

1. 如何提升水质遥感反演模型精度和稳定性

目前水质遥感研究中多采用一个或几个波段构建单一水质反演模型进行水质反演，反演精度有待提高。此外，仅利用单一模型进行水质遥感监测存在不确定性。因此，如何充分利用多个波段信息改进水质遥感模型、综合多种水质遥感模型反演结果，提升水质遥感模型精度是拟解决的关键问题之一。

2. 如何提高水动力水质模型计算的稳定性、和谐性和计算效率

采用自适应网格技术可以一定程度上减少网格数量，提升水动力水质模型计算效率，但自适应网格生成过程同样耗时，应用于实际案例时计算效率依旧偏低。此外，自适应网格生成中，高程插值可能会破坏模型的静水和谐性，影响模型的稳定性。因此，如何改进自适应网格生成技术和模型计算方式，保证模型计算的和谐性、准确性和稳定性，提高模型计算效率是拟解决的关键问题之一。

3. 如何构建水动力水质模型的数据同化算法来提升模拟预测精度

目前粒子滤波算法和集合卡尔曼滤波算法已应用于气象、海洋等其他领域，但是水利领域的应用还较少，尤其是粒子滤波算法应用尚处于起步阶段。因此，如何利用粒子滤波和集合卡尔曼滤波同化算法构建适用于水动力水质模型的数据同化算法，提升模型模拟精度和预测能力是拟解决的关键问题之一。

1.4 主要研究内容和技术路线

1.4.1 研究内容

本书主要开展湖库水质遥感监测、水动力水质模型模拟和数据同化研究。具体研究内容如下：

（1）湖库水质遥感监测方法研究。分别以南四湖和潘家口－大黑汀水库为研究区，基于星地同步试验获取水体叶绿素a浓度、总悬浮物浓度和浊度等水质数据和水体实测光谱以及卫星遥感影像，在分析传统水质遥感监测方法不足的基础上，提出改进的水质遥感监测方法。

（2）基于复杂河网系统一维水动力水质模型数据同化研究。利用集合卡尔曼滤波算法，建立了能够同化水位、流量和水质浓度的河网系统数据同化模型。为了实现模型的快速运行，将河网数据同化模型并行化改造。

（3）高效二维水动力水质模型开发。基于自适应网格技术和 OpenMP 并行计算，开发高效的二维水动力模型，在二维水动力模型基础上，加入污染物对流–扩散方程，构建二维水动力–污染物输运模型。此外，基于 WASP 水质模型原理，开发高效和谐的二维水质模型，分别利用水槽试验、物理模型和实际案例验证二维水动力水质模型的静水和谐性、稳定性和模拟精度。

（4）基于粒子滤波算法的二维水动力水质模型数据同化研究。利用粒子滤波同化算法分别将水位和水质观测数据有效地融入二维水动力水质模型，校正模型模拟结果，同步更新模型参数，提高模型模拟精度和预测能力。

（5）基于集合卡尔曼滤波的三维水质模型数据同化研究。建立基于 EFDC 的湖泊三维水动力水质模型。在此基础上，探索研究基于多个水质站点监测数据和卫星遥感数据融合在水质模型运行过程中的数据同化方法。

1.4.2　技术路线

本书按照"数据收集与处理—水质遥感反演—模型数据同化—实例验证应用"的思路开展研究，研究技术路线如图 1–1 所示。首先，开展数据收集与处理，通过星地同步试验获取微山湖和潘家口–大黑汀水库水质数据、水体实测遥感反射率数据，下载和试验同步或准同步的 HJ–1A/1B、GF–1 和 MODIS 遥感影像。其次，开展水质遥感反演，基于获取的水质数据、水体光谱数据和遥感影像分别开展湖泊和水库的水质遥感研究，改进水质遥感模型，提高湖库水质遥感监测精度。然后，开发河网一维水动力水质模型，并基于自适应结构网格和 OpenMP 并行计算的高效二维水动力模型，结合 WASP 水质模型原理，开发高效二维水质模型，同时研究基于EFDC 的三维水质模型。接着，利用粒子滤波数据同化算法和集合卡尔曼滤波算法将水位和水质监测数据融入开发的水动力水质模型中，开展水动力水质模型数据同化研究。最后，结合经典算例、南四湖、潘家口–大黑汀水库、鄱阳湖等研究对象，开展水质遥感反演方法、水动力水质模型、模型数据同化方法等的实例验证应用。

1.4.3　本书结构

本书包括 12 个章节。

第 1 章是绪论。介绍了研究背景和研究意义，对研究涉及的水质遥感研究进展、水动力水质模型研究进展和水动力水质模型数据同化研究进展进行了详细论述，分析了目前研究中存在的问题，在此基础上明确了研究内容和技术路线。

第 2 章是基于统计模型的湖库水质遥感反演技术。利用 2015 年 6 月 12–13 日在南四湖实地测量的光谱和水质数据构建南四湖水体水质参数（叶绿素 a 浓度、总悬浮物浓度、浊度，下同）常规半经验/半分析反演的统计模型。

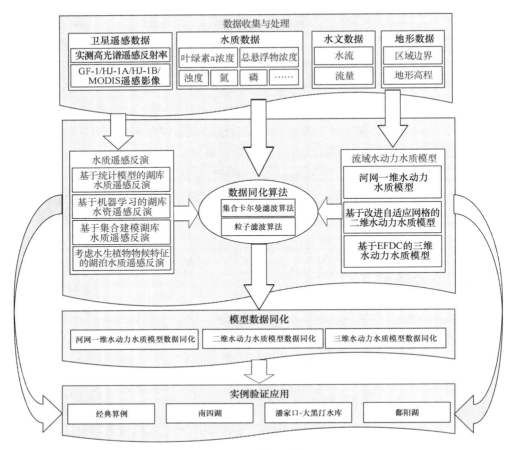

图 1-1　技术路线

　　第 3 章是基于机器学习的湖库水质遥感反演技术。将引进具有很强非线性拟合能力的水质参数支持向量机反演模型，利用粒子群优化算法对支持向量机核参数和惩罚系数进行自动优选，实现基于粒子群优化和支持向量机的水质参数智能遥感反演技术（PSO-SVM）；利用多个光谱波段或特征变量的偏最小二乘模型进行水质参数反演，来拟合光谱波段、特征变量和水质参数之间的关系，并改进灾变离散粒子群来优化光谱波段选取。

　　第 4 章是基于集合建模的湖库水质遥感反演技术。以潘家口-大黑汀水库为研究区，构建叶绿素 a 浓度经验/半经验模型，引入集合建模思想，选择以熵权法和集对分析法为代表的确定性集合方法和以贝叶斯平均为代表的概率性集合方法开展潘家口-大黑汀水库叶绿素 a 浓度集合建模研究。

　　第 5 章是考虑水生植物物候特征的湖泊水质遥感监测技术。以草型湖泊微山湖为研究区，基于分区反演思路，将微山湖区分为水生植物覆盖区和水体区，针对水生植物覆盖区，识别微山湖典型水生植物的物候特征，基于不同物候期内水生植物对微山湖水体总悬浮物浓度和浊度的指示作用对水质定性遥感监测；针对水体区，利用波段组合模型和偏最小二乘模型对微山湖水体总悬浮物浓度和浊度进行定量遥感监测。

第 6 章是复杂河网一维水动力水质模型数据同化技术。研究适用于复杂流态普适河网水流-水质模拟的数值模型。河网汊点处的回水效应采用 JPWSPC 方法处理；水质控制方程采用分步法求解。研究了河网模型的并行化改造方法。针对河网非线性动态系统的实时校正问题，采用基于集合思想的集合卡尔曼滤波，无须线性化系统方程，且误差方差阵计算简便。

第 7 章是基于改进自适应网格的二维水动力模型构建技术。论述了基于改进自适应网格的二维水动力模型构建方法，并对模型进行了并行化改造，构建了基于改进自适应网格和 OpenMP 并行计算的二维水动力模型（HydroM2D-AP），分别利用水槽试验、物理模型和实际案例检验了模型的静水和谐性、模拟精度和计算效率。

第 8 章是二维水动力模型不确定性分析与数据同化技术。分别利用 LHS-GLUE 和 SCEM-UA 方法分析了水动力模拟关键参数曼宁糙率系数的不确定性，然后构建了考虑曼宁糙率系数时空变异性的粒子滤波数据同化算法（MPFDA-LW），利用该算法将水位观测数据同化进水动力模型，同步更新曼宁糙率系数，分析了 MPFDA-LW 同化算法在水动力模型数据同化中的应用效果。

第 9 章是基于改进自适应网格的二维水动力水质模型构建技术。在 HydroM2D-AP 模型中加入污染物对流-扩散方程，构建了基于改进自适应网格和 OpenMP 并行计算的二维水流-污染物输运模型（HydroPTM2D-AP），检验了该模型模拟不同水流条件下污染物运移的模拟精度；此外，基于 WASP 原理，构建了基于改进自适应网格和 OpenMP 并行计算的二维水质模型（HydroWQM2D-AP）。

第 10 章是基于星地协同的二维水质模型数据同化技术。以鄱阳湖为研究区，利用粒子滤波同化算法将鄱阳湖叶绿素 a 浓度原位观测数据和遥感观测数据融入鄱阳湖 HydroWQM2D-AP 水质模型，更新叶绿素 a 浓度模拟结果，同时校正模型参数，构建了鄱阳湖 HydroWQM2D-AP 水质模型粒子滤波数据同化算法。

第 11 章是基于星地协同的三维水质模型数据同化技术。以太湖为研究区域，在对基于 EFDC 模型建立的太湖三维水动力水质模型率定的基础上，利用集合卡尔曼滤波算法将太湖获取的原位观测数据和遥感观测数据同化到 EFDC 模型，更新关键水质指标，构建了太湖三维水质模型的集合卡尔曼滤波数据同化算法。

第 12 章是结论与展望。对本书的研究成果进行总结凝练，提出本书的主要结论，展望未来需要开展的研究工作。

参考文献

毕胜，2014. 河流与浅水湖泊水流数值模拟及污染物输运规律研究[D]. 武汉：华中科技大学.

曹引,冶运涛,梁犁丽,等,2017. 基于结构网格的溃坝水流数值模拟[J]. 水科学进展,28(6): 868-878.

曹引,冶运涛,张小娟,等,2015a. 南四湖水体浊度高光谱定量反演模型[J]. 南水北调与水利科技, 13(5): 883-887.

曹引,冶运涛,赵红莉,等,2015b. 基于离散粒子群和偏最小二乘的湖库型水源地水体悬浮物浓度和 浊度遥感反演方法[J]. 水力发电学报,34(11): 77-87.

曹引,冶运涛,赵红莉,等,2016. 南四湖水体实测高光谱与悬浮物浓度及浊度关系分析[J]. 水电能 源科学,34(1):40-44.

丁玲,逄勇,吴建强,等,2004. 模拟水质突跃问题的三种二阶高性能格式[J]. 水利学报,35(9): 50-55.

董炳江,卢新华,袁晶,2013. 基于非结构混合网格求解二维浅水方程的一种数值方法[J]. 水科学 进展,24(1):103-110.

侯精明,李桂伊,李国栋,等,2018. 高效高精度水动力模型在洪水演进中的应用研究[J]. 水力发电 学报,37(2):99-107.

胡耀躲,张运林,杨波,等,2018. 基于高频次 GOCI 数据的太湖悬浮物浓度短期动态和驱动力分析 [J]. 湖泊科学,30(4):992-1003.

黄炳彬,方红卫,刘斌,2003. 复杂边界水流数学模型的斜对角笛卡尔方法[J]. 水动力学研究与进 展(A 辑),18(6):679-685.

赖锡军,姜加虎,黄群,等,2011. 鄱阳湖二维水动力和水质耦合数值模拟[J]. 湖泊科学,23(6): 893-902.

李志杰,2015. 湖泊水生态模型多源数据同化[D]. 北京:中国科学院生态环境研究中心.

梁顺林,李新,谢先红,2013. 陆面观测、模拟与数据同化[M]. 北京:高等教育出版社.

刘卓,李志杰,胡柳明,等,2017. 基于集合卡尔曼滤波的湖泊富营养化模型 Delft3D-BLOOM 数据同 化[J]. 湖泊科学,29:1070-1083.

马建文,秦思娴,2012. 数据同化算法研究现状综述[J]. 地球科学进展,27:747-757.

宋利祥,周建中,郭俊,等,2012. 复杂地形上坝堤溃决洪水演进的非结构有限体积模型[J]. 应用基 础与工程科学学报,20(1):149-158.

宋利祥,杨芳,胡晓张,等,2014. 感潮河网二维水流-输运耦合数学模型[J]. 水科学进展,25(4): 550-559.

夏军强,王光谦,谈广鸣,2010. 复杂边界及实际地形上溃坝洪水流动过程模拟[J]. 水科学进展,21 (3):289-298.

夏忠喜,2014. 二维水动力学模型并行计算研究[D]. 北京:华北电力大学.

谢旭,陈芸芝,2018. 基于 PSO-RBF 神经网络模型反演闽江下游水体悬浮物浓度[J]. 遥感技术与 应用,33(5):900-907.

冶运涛,梁犁丽,张光辉,等,2014. 基于修正控制方程的复杂边界溃坝水流数值模拟[J]. 水力发电 学报,33(5):99-107.

禹定峰,周燕,马万栋,等,2018. 基于 HICO 模拟数据的杭州湾水体悬浮物浓度遥感反演[J]. 国土 资源遥感,30(4):171-175.

苑希民,庞金龙,田福昌,等,2016. 多溃口河网耦合模型在防洪保护区洪水分析中的应用[J]. 水资源与水工程学报,27(1):128-135.

张华杰,周建中,毕胜,等,2012. 基于自适应结构网格的二维浅水动力学模型[J]. 水动力学研究与进展(A 辑),27(6):667-678.

张毅博,张运林,查勇,等,2015. 基于 Landsat 8 影像估算新安江水库总悬浮物浓度[J]. 环境科学,36(1):59-63.

周建中,张华杰,毕胜,等,2013. 自适应网格在复杂地形浅水方程求解中的应用[J]. 水科学进展,24(6):861-868.

ALI K A,ORTIZ J D,2014. Multivariate approach for chlorophyll-a and suspended matter retrievals in Case II type waters using hyperspectral data[J]. Hydrological Sciences Journal,61(1):200-213.

ATTILA J,KAUPPILA P,KALLIO K Y,et al.,2018. Applicability of Earth Observation chlorophyll-a data in assessment of water status via MERIS-With implications for the use of OLCI sensors[J]. Remote Sensing of Environment,212:273-287.

BARTHÉLÉMY S,RICCI S,ROCHOUX M C,et al.,2017. Ensemble-based data assimilation for operational flood forecasting——On the merits of state estimation for 1D hydrodynamic forecasting through the example of the "Adour Maritime" river[J]. Journal of Hydrology,552:210-224.

BEHNAZ A,SUHYB S M,ROBERT W M,et al.,2018. Remote sensing of water constituent concentrations using time series of in-situ hyperspectral measurements in the Wadden Sea[J]. Remote Sensing of Environment,216:154-170.

BENKHALDOUN F,ELMAHI I,SEAID M,2007. Well-balanced finite volume schemes for pollutant transport by shallow water equations on unstructured meshes[J]. Journal of Computational Physics,226(1):180-203.

CAO Y,YE Y,ZHAO H,et al.,2018. Remote sensing of water quality based on HJ-1A HSI imagery with modified discrete binary particle swarm optimization-partial least squares(MDBPSO-PLS)in inland waters:A case in Weishan Lake[J]. Ecological Informatics,44:21-32.

CHEN S,HU C,BARNES B B,et al.,2019. Improving ocean color data coverage through machine learning[J]. Remote Sensing of Environment,222:289-302.

COOPER E S,DANCE S L,GARCIA-PINTADO J,et al.,2018. Observation impact,domain length and parameter estimation in data assimilation for flood forecasting[J]. Environmental Modelling & Software,104:199-214.

DÖRNHÖFER K,OPPELT N,2016. Remote sensing for lake research and monitoring - Recent advances[J]. Ecological Indicators,64:105-122.

DEKKER A G,PHINN S R,ANSTEE J,et al.,2011. Intercomparison of shallow water bathymetry,hydro-optics,and benthos mapping techniques in Australian and Caribbean coastal environments[J]. Limnology & Oceanography Methods,9(9):396-425.

DIMITRIADIS P,TEGOS A,OIKONOMOU A,et al.,2016. Comparative evaluation of 1D and quasi-2D hydraulic models based on benchmark and real-world applications for uncertainty assessment in flood mapping[J]. Journal of Hydrology,534:478-492.

GÜTTLER F N, NICULESCU S, GOHIN F, 2013. Turbidity retrieval and monitoring of Danube Delta waters using multi-sensor optical remote sensing data: An integrated view from the delta plain lakes to the western-northwestern Black Sea coastal zone[J]. Remote Sensing of Environment, 132: 89-101.

GARCÍA-PINTADO J, NEAL J C, MASON D C, et al., 2013. Scheduling satellite-based SAR acquisition for sequential assimilation of water level observations into flood modelling[J]. Journal of Hydrology, 495: 252-266.

GIARDINO C, CANDIANI G, BRESCIANI M, et al., 2012. BOMBER: A tool for estimating water quality and bottom properties from remote sensing images[J]. Computers & Geosciences, 45: 313-318.

GIARDINO C, BRESCIANI M, VALENTINI E, et al., 2015. Airborne hyperspectral data to assess suspended particulate matter and aquatic vegetation in a shallow and turbid lake[J]. Remote Sensing of Environment, 157: 48-57.

GIUSTARINI L, MATGEN P, HOSTACHE R, et al., 2011. Assimilating SAR-derived water level data into a hydraulic model: a case study[J]. Hydrology and Earth System Sciences, 15(7): 2349-2365.

HICKS B J, STICHBURY G A, BRABYN L K, et al., 2013. Hindcasting water clarity from Landsat satellite images of unmonitored shallow lakes in the Waikato region, New Zealand[J]. Environmental Monitoring and Assessment, 185(9): 7245-7261.

HOU J, WANG R, JING H, et al., 2017. An efficient dynamic uniform Cartesian grid system for inundation modeling[J]. Water Science and Engineering, 10(4): 267-274.

HOU J, WANG R, LIANG Q, et al., 2018. Efficient surface water flow simulation on static Cartesian grid with local refinement according to key topographic features[J]. Computers & Fluids, 176: 117-134.

HU R, FANG F, SALINAS P, et al., 2018. Unstructured mesh adaptivity for urban flooding modelling[J]. Journal of Hydrology, 560: 354-363.

HUANG C, LI Y, YANG H, et al., 2014. Assessment of water constituents in highly turbid productive water by optimization bio-optical retrieval model after optical classification[J]. Journal of Hydrology, 519: 1572-1583.

KESSERWANI G, AYOG J L, BAU D, 2018. Discontinuous Galerkin formulation for 2D hydrodynamic modelling: Trade-offs between theoretical complexity and practical convenience[J]. Computer Methods in Applied Mechanics and Engineering, 342: 710-741.

KIM B, SANDERS B F, SCHUBERT J E, et al., 2014. Mesh type tradeoffs in 2D hydrodynamic modeling of flooding with a Godunov-based flow solver[J]. Advances in Water Resources, 68: 42-61.

KIM Y, TACHIKAWA Y, SHIIBA M, et al., 2013. Simultaneous estimation of inflow and channel roughness using 2D hydraulic model and particle filters[J]. Journal of Flood Risk Management, 6(2): 112-123.

KUHN C, DE MATOS VALERIO A, WARD N, et al., 2019. Performance of Landsat-8 and Sentinel-2 surface reflectance products for river remote sensing retrievals of chlorophyll-a and turbidity[J]. Remote Sensing of Environment, 224: 104-118.

KUIRY S N, SEN D, DING Y, 2012. A high-resolution shallow water model using unstructured quadrilateral grids[J]. Computers & Fluids, 68: 19-28.

LEI X, TIAN Y, ZHANG Z, et al., 2019. Correction of pumping station parameters in a one-dimensional hydrodynamic model using the Ensemble Kalman filter[J]. Journal of Hydrology,568:108-118.

LIANG Q,ZANG J,BORTHWICK A G L,et al.,2010. Shallow flow simulation on dynamically adaptive cut cell quadtree grids[J]. International Journal for Numerical Methods in Fluids,53(12):1777-1799.

LIANG Q,BORTHWICK A G L,2009. Adaptive quadtree simulation of shallow flows with wet-dry fronts over complex topography[J]. Computers & Fluids,38(2):221-234.

LIANG Q,ZANG J,BORTHWICK A G L,et al.,2007. Shallow flow simulation on dynamically adaptive cut cell quadtree grids[J]. International Journal for Numerical Methods in Fluids,53(12):1777-1799.

LIU Y,WEERTS A,CLARK M,et al.,2012. Advancing data assimilation in operational hydrologic forecasting: progresses, challenges, and emerging opportunities[J]. Hydrology and Earth System Sciences,16(10):3863-3887.

Lobo F L,Costa M P F,Novo E M L M,2015. Time-series analysis of Landsat-MSS/TM/OLI images over Amazonian waters impacted by gold mining activities[J]. Remote Sensing of Environment, 157:170-184.

LYU H,LI X,WANG Y,et al.,2015. Evaluation of chlorophyll-a retrieval algorithms based on MERIS bands for optically varying eutrophic inland lakes[J]. Science of the Total Environment,530:373-382.

MARTÍNEZ-ARANDA S,MURILLO J,GARCÍA-NAVARRO P,2019. A 1D numerical model for the simulation of unsteady and highly erosive flows in rivers[J]. Computers & Fluids,181(15):8-34.

MATGEN P,MONTANARI M,HOSTACHE R,et al.,2010. Towards the sequential assimilation of SAR-derived water stages into hydraulic models using the Particle Filter: proof of concept[J]. Hydrology and Earth System Sciences,14(9):1773-1785.

MENSHUTKIN V V,ASTRAKHANTSEV G P,YEGOROVA N B,et al.,1998. Mathematical modeling of the evolution and current conditions of the Ladoga Lake ecosystem[J]. Ecological Modelling, 107(1):1-24.

MORADKHANI H,HSU K,GUPTA H,et al.,2005. Uncertainty assessment of hydrologic model states and parameters: Sequential data assimilation using the particle filter[J]. Water Resources Research, 41(5):237-246.

PAIVA R C D,COLLISCHONN W,BONNET M P,et al.,2013. Assimilating in situ and radar altimetry data into a large-scale hydrologic-hydrodynamic model for streamflow forecast in the Amazon[J]. Hydrology and Earth System Sciences,17(7):2929-2946.

PETUS C,CHUST G,GOHIN F,et al.,2010. Estimating turbidity and total suspended matter in the Adour River plume (South Bay of Biscay) using MODIS 250 m imagery[J]. Continental Shelf Research, 30(5):379-392.

SCHNEIDER R,RIDLER M E,GODIKSEN P N,et al.,2018. A data assimilation system combining CryoSat-2 data and hydrodynamic river models[J]. Journal of Hydrology,557:197-210.

SHI K,ZHANG Y,ZHU G,et al.,2015. Long-term remote monitoring of total suspended matter concentration in Lake Taihu using 250m MODIS-Aqua data[J]. Remote Sensing of Environment,164:43-56.

TIAN H,CAO C,XU M,et al.,2014. Estimation of chlorophyll-aconcentration in coastal waters with HJ-1A HSI data using a three-band bio-optical model and validation[J]. International Journal of Remote

Sensing,35(16):5984-6003.

VRUGT J A, BRAAK C J F T, DIKS C G H, et al., 2013. Hydrologic data assimilation using particle Markov chain Monte Carlo simulation: Theory, concepts and applications[J]. Advances in Water Resources,51(1):457-478.

XIA X, LIANG Q, 2018. A new depth-averaged model for flow-like landslides over complex terrains with curvatures and steep slopes[J]. Engineering Geology,234:174-191.

XU X, ZHANG X, FANG H, et al., 2017. A real-time probabilistic channel flood-forecasting model based on the Bayesian particle filter approach[J]. Environmental Modelling & Software,88:151-167.

YOON T H, 2004. Finite volume model for two-dimensional shallow water flows on ynstructured grids[J]. Journal of Hydraulic Engineering,130(7):678-688.

ZHANG M, ZHANG L, ZHANG B, et al., 2019. Assimilation of MWHS and MWTS radiance data from the FY-3A satellite with the POD-3DEnVar method for forecasting heavy rainfall[J]. Atmospheric Research,219:95-105.

ZHANG S, XIA Z, YUAN R, et al., 2014. Parallel computation of a dam-break flow model using OpenMP on a multi-core computer[J]. Journal of Hydrology,512(6):129-133.

ZHANG Y, SHI K, LIU X, et al., 2014. Lake topography and wind waves determining seasonal-spatial dynamics of total suspended matter in turbid Lake Taihu, China: assessment using long-term high-resolution MERIS data[J]. PLoS One,9(5):e98055.

第 2 章　基于统计模型的湖库水质遥感反演技术

2.1　引言

　　水质遥感监测能够快速获取水质的空间分布，可以弥补水质原位观测的不足，为水质模型数据同化提供观测数据。水质遥感监测的关键在于水质遥感模型的构建，如何提高水质遥感模型反演精度和适用性，是水质遥感研究的重点。随着卫星技术的不断发展，水质遥感监测可用的数据源也越来越丰富。本章以南四湖为研究区，对于南四湖水草区，利用水草对水质的指示作用对水草区水质进行遥感间接监测（见第 5 章研究内容），对水体区，利用遥感反演模型进行水质反演。本章利用 2015 年 6 月 12—13 日在南四湖实地测量的光谱和水质数据构建南四湖水体水质参数（叶绿素 a 浓度、总悬浮物浓度、浊度，下同）常规半经验/半分析反演的统计模型。

2.2　研究区域概况

　　南四湖（见图 2-1）位于山东省西南部，地处 34°27′—35°20′N，116°34′—117°21′E，由微山湖、昭阳湖、独山湖、南阳湖四个湖组成，全湖面积 1 266 km²，流域面积 31 700 km²，储水量 1.93×10⁹ m³，平均水深 1.5 m，属大型浅水湖，是南水北调东线工程重要的水源地和调蓄湖泊，兼有防洪、抗旱、灌溉、供水、养殖及旅游等一系列功能。南四湖属于暖温带大陆性冬夏季风气候，光照充足，降水集中。南四湖湖底平坦，湖泊底泥营养盐十分丰富，水草丛生，水产资源较丰富，有鱼类70 多种、虾 57 种，水生植物 70 多种，水生植物以沉水植物为主，主要有光叶眼子菜、苲草、穗花狐尾藻、篦齿眼子菜等。

图 2-1 南四湖位置示意

2.3 数据获取

课题组于 2014 年 7 月至 2015 年 6 月共 7 次进入南四湖湖区进行水质采样，其中 4 次同步采集了水体光谱，由于实验过程中的失误，部分数据无效，具体实验情况见表 2-1。本研究主要基于 2015 年 6 月获取的 41 个采样点的水体光谱和水质数据进行南四湖（以微山湖为主要研究区）水体水质遥感反演模型技术和应用研究，采样点分布如图 2-2 所示。

表 2-1 南四湖实验情况

试验时间	采样点个数	采集光谱	水质检测数据	实测光谱数据
2014 年 7 月 21-23 日	21	是	有效	有效
2014 年 8 月 29 日	11	否	有效	—
2014 年 11 月 17 日	13	否	有效	—
2015 年 4 月 6-9 日	31	是	无效	有效
2015 年 5 月 15-16 日	32	是	无效	有效
2015 年 5 月 24 日	29	否	有效	—
2015 年 9 月 11-13 日	41	是	有效	有效

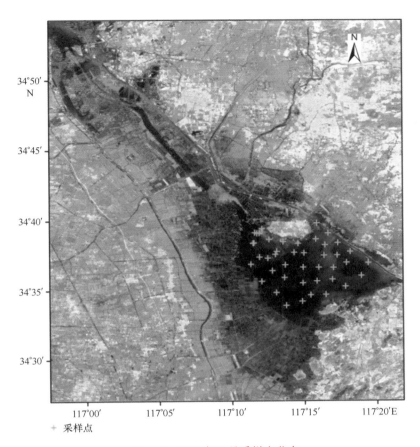

图 2-2　2015 年 6 月采样点分布

2.3.1　遥感反射率

遥感反射率采用美国 SVC 公司生产的 HR - 1024（波段范围为 345.0 ~ 2 509.9 nm）地物光谱辐射计进行采集，在 350 ~ 1 000 nm 范围内光谱分辨率不大于 3.5 nm。由于水体光谱测量要避免太阳直射反射，即太阳耀斑，同时还要减小船体反射和阴影等的影响，本研究中参考唐军武等（2004）提出的水面以上倾斜测量法进行水体光谱采集，采样时以一定观测角度进行水体光谱测量，测量方式如图 2-3 所示。测量反射率的同时，对风速、气压、温度等辅助数据进行同步测量，同时对周边环境进行记录和描述，具体步骤见图 2-4。

计算遥感反射率 R_{rs}：

$$L_w = L_u - rL_{shy} \tag{2-1}$$

$$E_s = L_p \cdot \pi/p \tag{2-2}$$

$$R_{rs} = L_w/E_s \tag{2-3}$$

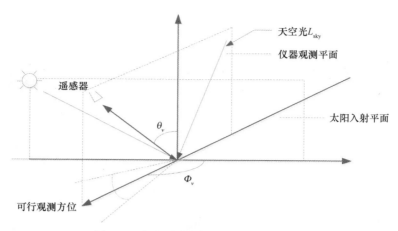

图 2-3　仪器观测角度（唐军武，2004）

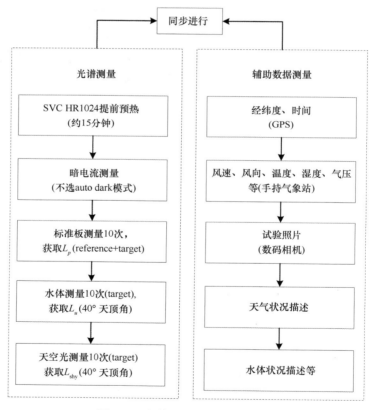

图 2-4　光谱和辅助数据测量步骤

式中：L_w 代表离水辐亮度；r 代表气水界面对天空光的反射率，其数值大小和观测方位、太阳位置、风速、风向以及水面粗糙度等有关，本研究中 r 取 0.0245；E_s 代表水面总入射辐照度；p 代表标准灰板反射率。

2.3.2　水质参数

本研究中测量的水质参数主要有叶绿素 a 浓度、总悬浮物浓度、浊度、TN、TP、COD 等。

2.3.2.1　叶绿素 a 浓度测量

叶绿素 a 浓度测量严格按照国家标准（SL88-2012）进行分析，水样采集后低温冷藏，在采集后 24 h 内送至实验室进行分析，首先用醋酸纤维膜过滤，然后放置于 90% 丙酮中萃取，再将萃取液放置冰箱中遮光冷藏 24 h，用 UV-2550 分光光度计测量叶绿素 a 浓度。

2.3.2.2　总悬浮物浓度测量

总悬浮物浓度测定严格按国家标准 GB11901-89 进行分析，总悬浮物浓度测量采用过滤烘干法，先将滤膜置于 105 ℃烘箱中烘干 2 h，除去水分并称重（g_1），用称重后的滤膜过滤 100 mL 水样后于 105 ℃烘干 2 h 再次称重（g_2），两次重量相减（g_2-g_1）除以过滤水样体积（v），即求得总悬浮物质量浓度（C），$C = （g_2 - g_1）/v$。

2.3.2.3　浊度和其他水质参数测量

浊度用美国哈希 HACH 浊度仪 1900C 现场测量，其他水质参数分别参考对应的国家标准进行分析。

以 2015 年 6 月 11-13 日在南四湖获取的水质数据为例，对叶绿素 a 浓度、总悬浮物浓度和浊度进行统计，统计结果见表 2-2。

表 2-2　2015 年 6 月南四湖水质参数统计

水质参数	最大值	最小值	平均值	标准差
叶绿素 a 浓度（$\mu g \cdot L^{-1}$）	12.34	1.56	7.44	3.70
总悬浮物浓度（$mg \cdot L^{-1}$）	141.01	1.99	37.09	35.69
浊度（NTU）	140.00	3.57	47.31	41.89

2.4　半经验/半分析模型

半经验/半分析模型是针对高光谱数据源的水体水质参数反演模型，主要包括单波段模型、一阶微分模型、波段比值模型、三波段模型、四波段模型和统一模式等。

不同水质参数光学特性不同，反演模型也存在一定差异，水质参数常用的半经验/半分析模型如图 2-5 所示。

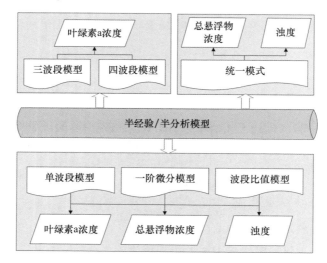

图 2-5　叶绿素 a 浓度、总悬浮物浓度、浊度半经验/半分析模型

2.4.1　建模原理

2.4.1.1　单波段模型

光谱测量会受测量时间和太阳高度角的影响，对光谱数据进行归一化处理有利于消除这些环境因素对光谱测量的干扰（巩彩兰 等，2006），提高遥感反射率对水质参数浓度的敏感性，因此采用式（2-4）利用实测高光谱或卫星高光谱 400～750 nm 光谱反射率对光谱数据进行归一化处理。分析归一化遥感反射率与水质参数之间的相关性，寻找水质参数反演的最佳波段。

$$R^*(\lambda_i) = \frac{R(\lambda_i)}{\dfrac{1}{n}\sum\limits_{\lambda_i=400}^{750} R(\lambda_i)} \tag{2-4}$$

式中：$R^*(\lambda_i)$ 为 λ_i 处归一化反射率；$R(\lambda_i)$ 为 λ_i 处反射率；n 为 400～750 nm 的波段数。选择和水质参数具有最大相关系数的 λ_m 处归一化反射率和水质参数建立线性回归模型、一元二次回归模型和指数回归模型，模型分别用式（2-5）、式（2-6）和式（2-7）表示。

$$C_{wq} = A_1 R^*(\lambda_m) + A_2 \quad （线性回归模型） \tag{2-5}$$

$$C_{wq} = B_1 R^{*2}(\lambda_m) + B_{2*} R^*(\lambda_m) + B_3 \quad （一元二次回归模型） \tag{2-6}$$

$$C_{wq} = C_1 \mathrm{EXP}\left[C_{2*} R^*(\lambda_m)\right] \quad （指数回归模型） \tag{2-7}$$

式中：C_{wq} 为水质参数；$A_1 \sim A_3$、$B_1 \sim B_3$、$C_1 \sim C_2$ 为回归系数；$R^*(\lambda_m)$ 为和水质参数相关性最好的 λ_m 处归一化反射率。

2.4.1.2　一阶微分模型

光谱一阶微分是一种重要的光谱处理方法，该方法可以消除线性或接近线性的背景噪声对水体光谱的影响（蒲瑞良　等，2000）。由于实测光谱是离散型数据，所以用式（2-8）近似求得 400~850 nm 范围内光谱反射率的一阶微分值。

$$R'(\lambda_i) = \frac{R(\lambda_{i+1}) - R(\lambda_{i-1})}{\lambda_{i+1} - \lambda_{i-1}} \tag{2-8}$$

式中：λ_{i-1}、λ_i 和 λ_{i+1} 为相邻波长；$R(\lambda_{i-1})$ 和 $R(\lambda_{i+1})$ 分别为波长 λ_{i-1}、λ_{i+1} 处反射率；$R'(\lambda_i)$ 为波长 λ_i 处反射率一阶微分值。

用 400~850 nm 范围内光谱反射率的一阶微分值和水质参数进行相关性分析，用和水质参数具有最大相关系数的波段反射率一阶微分值和水质参数建立线性回归模型、一元二次回归模型和指数回归模型，线性模型用式（2-9）表示，一元二次回归模型和指数回归模型参考式（2-6）和（2-7）（下同）。

$$C_{wq} = A_1 R'(\lambda_m) + A_2 \tag{2-9}$$

式中：C_{wq} 为水质参数；A_1、A_2 为回归系数；$R'(\lambda_m)$ 为和水质参数具有最大相关系数的 λ_m 处反射率一阶微分值。

2.4.1.3　波段比值模型

对光谱进行波段比值处理后可以一定程度上消除大气对光谱的影响，同时可以减少在时空上水面粗糙度对水面光谱测量的干扰作用，提高模型反演的精度。

（1）原始光谱反射率比值模型。

利用 400~850 nm 两两波段反射率的比值和水质参数进行相关性分析，选择和水质参数相关性最好的波段比值和水质参数建立回归模型，回归模型见式（2-10）。

$$C_{wq} = A_1 \frac{R(\lambda_1)}{R(\lambda_2)} + A_2 \tag{2-10}$$

式中：C_{wq} 为水质参数；A_1、A_2 为回归系数；$R(\lambda_1)/R(\lambda_2)$ 为和水质参数相关性最好的波段比值。

（2）归一化光谱反射率比值模型。

利用和水质参数有最大正相关系数的波长反射率和有最大负相关系数的归一化反射率之比与水质参数建立线性回归模型，模型用式（2-11）表示。

$$C_{wq} = A_1 \frac{R^*(\lambda_1)}{R^*(\lambda_2)} + A_2 \tag{2-11}$$

式中：C_{wq} 为水质参数；A_1、A_2 为回归系数；$R^*(\lambda_1)$ 和 $R^*(\lambda_2)$ 分别为和水质参数有最大正相关系数和最大负相关系数的 λ_1、λ_2 处归一化光谱反射率。

2.4.1.4 三波段模型

Dall'Olmo 等 （2003） 在 2003 年将三波段应用于陆地植被和混浊水体叶绿素 a 反演，三波段模型反演叶绿素 a 浓度的基本形式如下：

$$C_{chl-a} \propto \left[R_{rs}^{-1}(\lambda_1) - R_{rs}^{-1}(\lambda_2) \right] \times R_{rs}(\lambda_3)$$

λ_1 位于叶绿素 a 的吸收峰波段 660～690 nm；λ_2 位于叶绿素 a 的荧光峰波段 690～730 nm；λ_3 位于近红外波段 720～780 nm。$R_{rs}^{-1}(\lambda_1) - R_{rs}^{-1}(\lambda_2)$ 可以避免 CDOM 和非色素悬浮物对叶绿素 a 浓度反演的干扰；λ_3 的引入主要是为了消除总后向散射的影响。最佳三波段位置的确定采用 MATLAB2013a 编程进行循环迭代，直至三个波段位置保持不变，用 $\left[R_{rs}^{-1}(\lambda_1) - R_{rs}^{-1}(\lambda_2) \right] \times R_{rs}(\lambda_3)$ 和叶绿素 a 浓度回归建模。线性模型见式 （2-12）

$$C_{chl-a} = A_1 \left[R_{rs}^{-1}(\lambda_1) - R_{rs}^{-1}(\lambda_2) \right] \times R_{rs}(\lambda_3) + A_2 \qquad (2-12)$$

式中：C_{chl-a} 为叶绿素 a 浓度 （$\mu g \cdot L^{-1}$）；A_1、A_2 为回归系数；$\left[R_{rs}^{-1}(\lambda_1) - R_{rs}^{-1}(\lambda_2) \right] \times R_{rs}(\lambda_3)$ 为最佳三波段组合。

2.4.1.5 四波段模型

四波段法是在三波段算法的基础上，为了减弱纯水和无机悬浮物吸收对叶绿素 a 浓度反演的影响，引入第四个近红外波段，提出反演叶绿素 a 浓度的四波段模型 （Le et al.，2009），四波段模型基本形式如下：

$$\left[R_{rs}^{-1}(\lambda_1) - R_{rs}^{-1}(\lambda_2) \right] \times \left[R_{rs}^{-1}(\lambda_4) - R_{rs}^{-1}(\lambda_3) \right]^{-1}$$

因为四波段模型采用 $\left[R_{rs}^{-1}(\lambda_4) - R_{rs}^{-1}(\lambda_3) \right]^{-1}$ 替代三波段模型中的 $R_{rs}(\lambda_3)$，所以 λ_1、λ_2 所在范围不变，λ_3 位于 720～740 nm 的红光波段，λ_4 位于 740～780 nm 的近红外波段。四波段位置的确定和三波段模型类似，采用循环迭代，直至四个波段位置保持不变，用式 （2-13） 和叶绿素 a 浓度回归建模。

$$\left[R_{rs}^{-1}(\lambda_1) - R_{rs}^{-1}(\lambda_2) \right] \times \left[R_{rs}^{-1}(\lambda_4) - R_{rs}^{-1}(\lambda_3) \right]^{-1} \qquad (2-13)$$

线性模型见式 （2-14）。

$$C_{chl-a} = A_1 \left[R_{rs}^{-1}(\lambda_1) - R_{rs}^{-1}(\lambda_2) \right] \times \left[R_{rs}^{-1}(\lambda_4) - R_{rs}^{-1}(\lambda_3) \right]^{-1} + A_2$$

$$(2-14)$$

式中：C_{chl-a} 为叶绿素 a 浓度 （$\mu g \cdot L^{-1}$）；A_1、A_2 为回归系数；式 （2-13） 为最佳四波段组合。

2.4.1.6 统一模式

黎夏在李京所提负指数模式基础上，以水体辐射传输模型为基础，简化部分参数提出了悬浮泥沙反演的统一模式 （黎夏，1992）。引入统一模式进行总悬浮物浓度反演，统一模式见式 （2-15）。

$$R(\lambda) = Gordon(TSM) \times Index(TSM) = A + B\left(\frac{TSM}{G + TSM}\right) + C\left(\frac{TSM}{G + TSM}\right)e^{-D \cdot TSM}$$

$$(2-15)$$

式中：TSM 为水体总悬浮物浓度；$R(\lambda)$ 为波长 λ 处的离水辐射率；A、B 和 C 为相关式的待定系数；G、D 为待定参数。利用 MATLAB 编写多元回归程序，进行计算机运算，选取使得模型决定系数最大的 G、D 值。具体步骤：先固定 D，对 G 进行迭代，使模型决定系数最大；然后固定 G，迭代 D，使模型决定系数最大。循环迭代，得到最优 G、D 值和对应的 A、B 和 C 值。

由于总悬浮物浓度和浊度的相关系数大于 0.9，具有很强的相关性，同时引进统一模式进行水体浊度反演，反演公式和式（2-13）类似。

2.4.2　精度评价

一个好的模型须同时具有较好的建模精度和反演精度，选择总样本的 2/3 用于建模，剩余的 1/3 用于验证模型的反演精度，反演精度用相对均方根误差、平均相对误差和综合误差等指标来衡量。

（1）均方根误差 $RMSE$：

$$RMSE = \sqrt{\frac{\sum_{i=1}^{n}(\hat{y}_i - y_i)^2}{n}}$$

$$(2-16)$$

（2）相对均方根误差 $rRMSE$：

$$rRMSE = \frac{RMSE}{\bar{y}}$$

$$(2-17)$$

（3）相对误差 ARE：

$$ARE = \sum_{i=1}^{n}|(\hat{y}_i - y_i)/y_i|/n \times 100\%$$

$$(2-18)$$

（4）综合误差 CE：

$$CE = \frac{CE\_c + CE\_v}{2} = \frac{rRMSE\_c + ARE\_c + rRMSE\_v + ARE\_v}{4} \quad (2-19)$$

式中：y_i 为样本点 i 水质参数浓度实测值；$\bar{y}$ 为实测参数浓度的平均值；$\hat{y}_i$ 为样本点 i 水质参数浓度反演值；n 为建模或验证样本点的个数；CE_c 和 CE_v 分别为建模和验证的综合误差。

2.5　南四湖水体叶绿素 a 浓度反演

剔除光谱和叶绿素 a 浓度异常值后选择剩余的 40 个样点构建南四湖水体叶绿素

a 浓度半经验/半分析反演模型，其中 2/3 用于建模，剩余 1/3 用于验证。由于内插精度往往高于外推，所以建模样本中包含了叶绿素 a 浓度极值。

2.5.1 叶绿素 a 浓度反演模型构建

1. 单波段模型

对光谱进行归一化处理（图 2-6）。计算各个波段上归一化遥感反射率和叶绿素 a 浓度的相关系数，如图 2-7 所示，寻找叶绿素 a 浓度反演的最佳波段。图 2-7 中的归一化反射率相关系数曲线显示，在 400～588 nm 范围内，叶绿素 a 浓度与归一化反射率表现为负相关关系，最大负相关出现在 403.4 nm 处，相关系数为 −0.83。在 588～900 nm 范围内，叶绿素 a 浓度与归一化反射率为正相关关系，最大正相关系数 0.88 出现在 692.1 nm 处，用 692.1 nm 处归一化反射率和叶绿素 a 浓度进行回归建模，结果见表 2-3，散点图如图 2-8 所示。

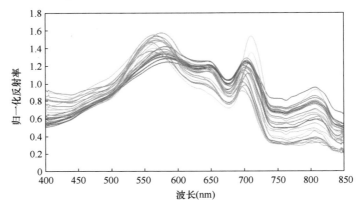

图 2-6　归一化反射率曲线

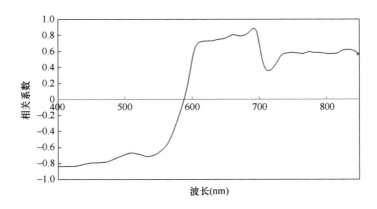

图 2-7　不同波段归一化反射率和叶绿素 a 浓度相关系数

表 2-3　叶绿素 a 浓度 $R_{692.1\,nm}^{*}$ 反演模型分析

模型类型	公式	R^2
线性	$y = 33.841x - 28.543$	0.78
指数	$y = 0.0073e^{6.3213x}$	0.77
一元二次	$y = -36.542x^2 + 110.08x - 67.924$	0.79

注："x" 表示 692.1 nm 处归一化反射率；"y" 表示叶绿素 a 浓度，下同。

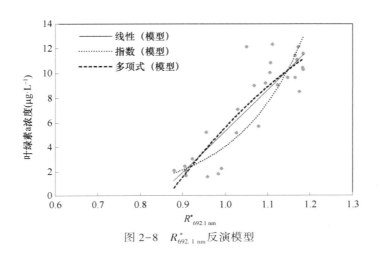

图 2-8　$R_{692.1\,nm}^{*}$ 反演模型

2. 一阶微分模型

对光谱进行一阶微分处理，结果如图 2-9 所示。通过对各波段一阶微分值和叶绿素 a 浓度的相关性分析，得到各波段光谱反射率一阶微分值与叶绿素 a 浓度的相关性如图 2-10 所示。分析发现，584.1 nm 处反射率的一阶微分值与叶绿素 a 浓度的相关性最好，相关系数为 0.83。用 584.1 nm 处反射率的一阶微分值和叶绿素 a 浓度进行回归建模，结果见表 2-4，散点图如图 2-11 所示。

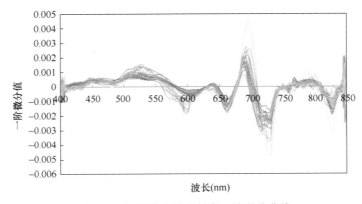

图 2-9　各波段光谱反射率一阶微分曲线

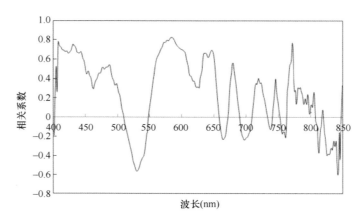

图 2-10　各波段光谱反射率一阶微分值与叶绿素 a 浓度相关系数

表 2-4　$R'_{581.4nm}$ 反演模型分析

模型类型	公式	R^2
线性	$y=9\,491.8x+11.612$	0.68
指数	$y=12.926e^{1\,725.2x}$	0.64
一元二次	$y=-(5\times10^6)\,x^2+4\,565.4x+11.036$	0.69

注："x"表示 581.4 nm 处反射率一阶微分。

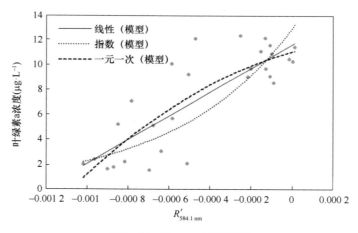

图 2-11　$R'_{584.1\,nm}$ 反演模型

3. 波段比值模型

（1）原始光谱反射率比值模型。

选择 400~850 nm 范围内波段反射率进行两两比值后和叶绿素 a 浓度进行相关

性分析，得到叶绿素 a 浓度与各波段比值的相关系数如图 2-12 所示。其中 $R_{696.2\,nm}$/$R_{401.9\,nm}$ 和叶绿素 a 浓度相关性最好，相关系数为 0.892 9，选择 $R_{696.2\,nm}$/$R_{401.9\,nm}$ 和叶绿素 a 浓度进行回归建模，结果见表 2-5，散点图如图 2-13 所示。

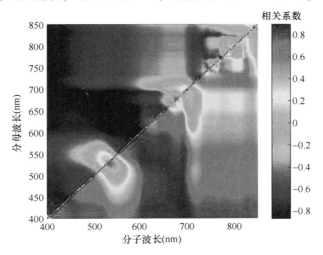

图 2-12　波段比值和叶绿素 a 浓度相关系数

表 2-5　$R_{696.2\,nm}$/$R_{401.9\,nm}$ 反演模型分析

模型类型	公式	R^2
线性	$y=7.869\,3x-6.130\,9$	0.80
指数	$y=0.486\,6e^{1.462\,x}$	0.78
一元二次	$y=-1.873\,2x^2+14.052x-10.869$	0.80

注："x" 表示 $R_{696.2\,nm}$/$R_{401.9\,nm}$ 波段反射率比值。

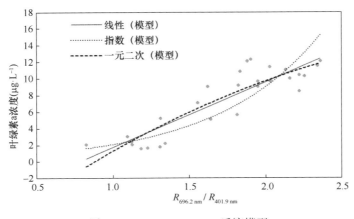

图 2-13　$R_{696.2\,nm}$/$R_{401.9\,nm}$ 反演模型

（2）归一化反射率比值模型。

根据图 2-7 选择具有最大正相关系数的 692.1 nm 和具有最大负相关系数的 403.4 nm 处的归一化反射率，用 $R^*_{692.1\,nm}/R^*_{403.4\,nm}$ 和叶绿素 a 浓度进行相关性分析，相关系数分别为 0.88。选择 $R^*_{692.1\,nm}/R^*_{403.4\,nm}$ 和叶绿素 a 浓度进行回归建模，结果见表 2-6，散点图如图 2-14 所示。

表 2-6　$R^*_{692.1\,nm}/R^*_{403.4\,nm}$ 反演模型分析

模型类型	公式	R^2
线性	$y=7.7905x-5.339$	0.78
指数	$y=0.577e^{1.4332x}$	0.75
一元二次	$y=-2.0502x^2+14.262x-10.05$	0.79

注：“x”表示 $R^*_{692.1\,nm}/R^*_{403.4\,nm}$ 归一化反射率比值。

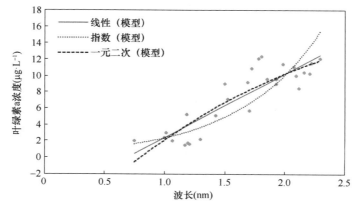

图 2-14　$R^*_{692.1\,nm}/R^*_{403.4\,nm}$ 反演模型

4. 三波段模型

运行 MATLAB 2013a 程序进行循环迭代，直至三个波段位置保持不变，由于该期数据最佳三波段组合和水体叶绿素 a 浓度相关系数低于 0.5，无法建模，选择 2014 年 7 月 21 日在南四湖获取的 21 个采样点数据，剔除光谱异常值后选取 20 个样点进行分析。

运行 MATLAB 2013a 程序循环迭代，直至三个波段位置保持不变，迭代情况见表 2-7。

由表 2-7 可以看出，第二次迭代时最佳三波段的位置已经不再发生变化，λ_1、λ_2、λ_3 分别为 671 nm、730 nm、763 nm。此时 $\left[R_{rs}^{-1}(671)-R_{rs}^{-1}(730)\right]\times R_{rs}$

（763）和叶绿素 a 浓度的相关系数为 0.96，用 $[R_{rs}^{-1}(671) - R_{rs}^{-1}(730)] \times R_{rs}$（763）和叶绿素 a 浓度进行回归分析，模型见表 2-8，散点图如图 2-15 所示。

表 2-7　三波段位置变化情况

迭代次数	λ_1/nm	λ_2/nm	λ_3/nm	最佳波段/nm	最大相关系数
	680	705	720~780	772	0.77
1	680	690~730	772	730	0.96
	660~690	730	772	671	0.96
	671	730	720~780	763	0.96
2	671	690~730	763	730	0.96
	660~690	730	763	671	0.96

表 2-8　三波段模型分析

模型	模型类型	公式	R^2
$[R_{rs}^{-1}(671) - R_{rs}^{-1}(730)] \times$ $R_{rs}(763)$ 模型	线性	$y = 217.99x + 51.258$	0.93
	指数	$y = 53.301e^{7.6798x}$	0.93
	一元二次	$y = 484.16x^2 + 305.13x + 52.354$	0.96

注："x" 表示 $[R_{rs}^{-1}(671) - R_{rs}^{-1}(730)] \times R_{rs}$（763）三波段反射率组合。

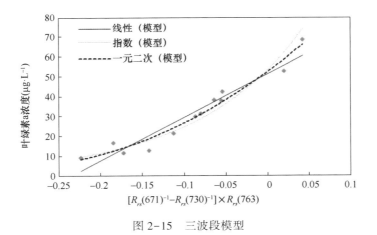

图 2-15　三波段模型

5. 四波段模型

和三波段模型类似，该期数据获得的最佳四波段组合和水体叶绿素 a 浓度相关系数低于 0.5，无法建模，利用 2014 年 7 月 21 日在南四湖获取的 21 个采样点数据，剔除光谱异常值后选取 20 个样点进行分析。

运行 MATLAB 2013a 程序进行循环迭代，循环迭代三次后四个波段位置保持不变，最终确定的四个波段位置为 $\lambda_1 = 682$ nm，$\lambda_2 = 720$ nm，$\lambda_3 = 733$ nm，$\lambda_4 = 761$ nm。用 $[R_{rs}^{-1}(682) - R_{rs}^{-1}(720)] \times [R_{rs}^{-1}(761) - R_{rs}^{-1}(733)]^{-1}$ 和叶绿素 a 浓度进行回归分析，模型见表2-9，散点图如图2-16所示。

表 2-9　四波段模型分析

模型	模型类型	公式	R^2
$[R_{rs}^{-1}(682) - R_{rs}^{-1}(720)]$ $\times [R_{rs}^{-1}(761) - R_{rs}^{-1}(733)]^{-1}$模型	线性	$y = 32.09x + 12.137$	0.95
	指数	$y = 13.858e^{1.0778x}$	0.86
	一元二次	$y = 484.16x^2 + 305.13x + 52.354$	0.95

注："x"表示 $[R_{rs}^{-1}(682) - R_{rs}^{-1}(720)] \times [R_{rs}^{-1}(761) - R_{rs}^{-1}(733)]^{-1}$ 四波段反射率组合。

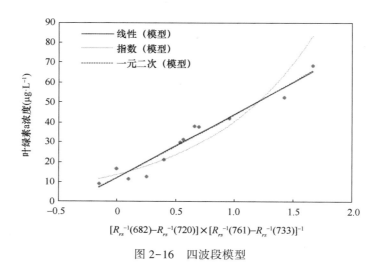

图 2-16　四波段模型

2.5.2　叶绿素 a 浓度反演模型精度评价

利用剩余 1/3 样点对模型反演进行验证，同时计算叶绿素 a 浓度反演模型的建模精度和反演精度，结果见表2-10。

表 2-10　叶绿素 a 浓度反演模型精度评价

模型类型		R^2	rRMSE_c	ARE_c	CE_c	rRMSE_v	ARE_v	CE_v	CE
$R_{692.1\,nm}^*$ 反演模型	线性	0.78	0.242	0.304	0.273	0.285	0.330	0.308	0.290
	指数	0.77	0.298	0.279	0.288	0.333	0.328	0.331	0.310
	一元二次	0.79	0.239	0.323	0.281	0.264	0.338	0.301	0.291

续表

模型类型		R^2	rRMSE_c	ARE_c	CE_c	rRMSE_v	ARE_v	CE_v	CE
$R'_{581.4\ nm}$ 反演模型	线性	0.68	0.292	0.393	0.342	0.389	0.503	0.446	0.394
	指数	0.64	0.335	0.353	0.344	0.414	0.497	0.455	0.400
	一元二次	0.69	0.287	0.431	0.359	0.402	0.528	0.465	0.412
$R_{696.2\ nm}/$ $R_{401.9\ nm}$ 反演模型	线性	0.80	0.233	0.324	0.278	0.270	0.323	0.297	0.287
	指数	0.78	0.313	0.295	0.304	0.364	0.353	0.358	0.331
	一元二次	0.80	0.229	0.334	0.281	0.262	0.330	0.296	0.289
$R^*_{692.1\ nm}/$ $R^*_{403.4\ nm}$ 反演模型	线性	0.78	0.241	0.343	0.292	0.288	0.367	0.327	0.310
	指数	0.75	0.318	0.314	0.316	0.366	0.379	0.373	0.344
	一元二次	0.79	0.236	0.366	0.301	0.282	0.363	0.323	0.312

由表 2-10 可以看出，$R^*_{692.1\ nm}$ 反演模型、$R'_{581.4\ nm}$ 反演模型、$R_{696.2\ nm}/R_{401.9\ nm}$ 反演模型和 $R^*_{692.1\ nm}/R^*_{403.4\ nm}$ 反演模型的线性、指数和一元二次三种不同模型中均是线性模型精度最高，模型决定系数（R^2）均在 0.68 以上，综合误差均低于 40%，这和南四湖叶绿素 a 浓度梯度较小有一定关系。四种模型中，$R_{696.2\ nm}/R_{401.9\ nm}$ 线性反演模型 R^2 达到 0.80，综合误差为 28.7%，模型精度最高；$R'_{581.4\ nm}$ 线性反演模型 R^2 为 0.68，综合误差为 39.4%，模型精度最低。

2.6　南四湖水体总悬浮物浓度反演

2.6.1　总悬浮物浓度反演模型构建

1. 单波段模型

分析归一化遥感反射率与总悬浮物浓度之间的相关性，如图 2-17 所示，寻找总悬浮物浓度反演的最佳波段。图 2-17 中的归一化反射率相关系数曲线显示，在 400~594 nm 范围内，总悬浮物浓度与归一化反射率表现为负相关关系，最大负相关出现在 540.5 nm 处，相关系数为 -0.80。在 594~850 nm 范围内，总悬浮物浓度与归一化反射率为正相关关系，最大正相关系数出现在 681.2 nm 处，相关系数为 0.85，用 681.2 nm 处归一化反射率和总悬浮物浓度进行回归建模，结果见表 2-11，散点图如图 2-18 所示。

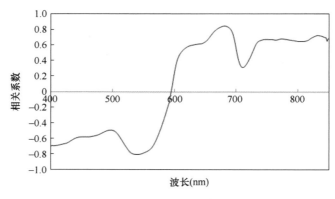

图 2-17　相关系数

表 2-11　$R^*_{681.2\,nm}$ 反演模型分析

模型类型	公式	R^2
线性	$y = 332.62x - 266.99$	0.75
指数	$y = 0.000\,2e^{12.363x}$	0.87
一元二次	$y = 1\,656.6x^2 - 2\,678.8x + 1\,084.3$	0.89

注："x"表示 681.2 nm 处归一化反射率。

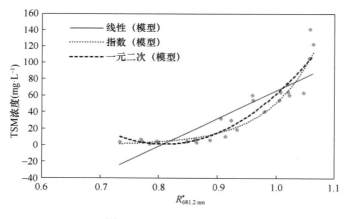

图 2-18　$R^*_{681.2\,nm}$ 反演模型

2. 一阶微分模型

通过对各波段一阶微分值和总悬浮物浓度的相关性分析，得到光谱反射率一阶微分值与总悬浮物浓度的相关性，如图 2-19 所示。585.6 nm 处反射率的一阶微分值与总悬浮物浓度的相关性最好，相关系数为 0.84。用 585.6 nm 处反射率一阶微

分值和总悬浮物浓度进行回归建模，结果见表2-12，散点图如图2-20所示。

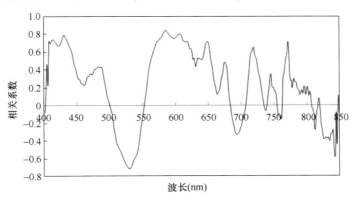

图 2-19　相关系数

表 2-12　$R'_{585.6\,nm}$ 反演模型分析

模型类型	公式	R^2
线性	$y = 97\ 265x + 87.692$	0.76
指数	$y = 118.28e^{3\ 639.9\,x}$	0.89
一元二次	$y = (2 \times 10^8)\ x^2 + 282\ 444x + 113.52$	0.88

注："x" 表示 585.6 nm 处反射率一阶微分。

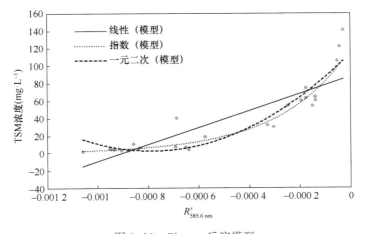

图 2-20　$R'_{585.6\,nm}$ 反演模型

3. 波段比值模型

（1）原始光谱反射率模型。

选择400~850 nm范围内波段反射率进行两两比值后和总悬浮物浓度进行相关

性分析，得到总悬浮物浓度与各波段比值的相关系数，如图 2-21 所示。分析发现 $R_{625.6}/R_{597.1}$ 和总悬浮物浓度相关性最好，相关系数为 0.91，选择 $R_{625.6}/R_{597.1}$ 和总悬浮物浓度进行回归建模，结果见表 2-13，散点如图 2-22 所示。

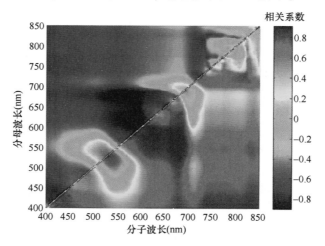

图 2-21　波段比值与总悬浮物浓度相关系数

表 2-13　$R_{625.6}/R_{597.1}$ 反演模型分析

模型类型	公式	R^2
线性	$y = 992.95x - 838.41$	0.91
指数	$y = (2 \times 10^{-12}) \, e^{34.014x}$	0.90
一元二次	$y = 8\,270x^2 - 13\,728x + 5\,700.5$	0.96

注："x" 表示 $R_{625.6}/R_{597.1}$ 波段反射率比值。

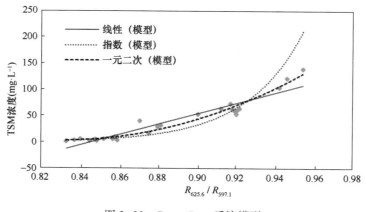

图 2-22　$R_{625.6}/R_{597.1}$ 反演模型

（2）归一化光谱反射率比值。

根据图 2-17 选择具有最大正相关系数的 681.2 nm 处的归一化反射率和具有最大负相关系数的 540.5 nm 处的归一化反射率作比值，用 $R^*_{681.2}/R^*_{540.5}$ 和总悬浮物浓度进行相关性分析，相关系数为 0.94。选择波段比值 $R^*_{681.2}/R^*_{540.5}$ 和总悬浮物浓度进行回归建模，结果见表 2-14，散点图如图 2-23 所示。

表 2-14　$R^*_{681.2}/R^*_{540.5}$ 反演模型分析

模型类型	公式	R^2
线性	$y = 272.37x - 162.18$	0.88
指数	$y = 0.015e^{9.687x}$	0.94
一元二次	$y = 794.37x^2 - 917.76x + 269.28$	0.96

注："x" 表示 $R^*_{681.2}/R^*_{540.5}$ 归一化反射率比值。

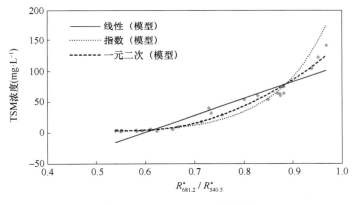

图 2-23　$R^*_{681.2}/R^*_{540.5}$ 反演模型

4. 统一模式

利用 2015 年 6 月 12-13 日在南四湖实地获取的高光谱数据和水体总悬浮物浓度进行相关性分析，发现 839.6 nm 处光谱反射率和水体总悬浮物浓度相关性最好，选择该波段建立总悬浮物浓度反演的统一模式。利用 MATLAB 2013a 编写的循环迭代程序进行参数寻优，最终得到总悬浮物浓度统一模式见式（2-20）。散点图如图 2-24 所示。

$$R_{839.6\,nm} = 0.031 + 0.0346 \cdot \left(\frac{TSM}{TSM - 39}\right) - 0.0545 \cdot \left(\frac{TSM}{TSM - 39}\right)e^{-0.0111 \cdot TSM}$$

（2-20）

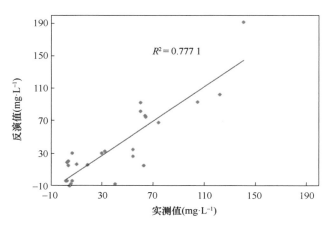

图 2-24　总悬浮物浓度统一模式反演散点图

2.6.2　总悬浮物浓度反演模型精度评价

利用剩余 1/3 样点对模型反演进行验证，同时计算总悬浮物浓度反演模型的建模精度和反演精度，结果见表 2-15。

表 2-15　总悬浮物浓度反演模型精度评价

模型类型		R^2	rRMSE_c	ARE_c	CE_c	rRMSE_v	ARE_v	CE_v	CE
$R^*_{681.2\,nm}$ 反演模型	线性	0.75	0.487	1.532	1.009	0.600	1.175	0.888	0.949
	指数	0.87	0.368	0.398	0.383	0.515	0.623	0.569	0.476
	一元二次	0.89	0.326	0.408	0.367	0.553	0.669	0.611	0.489
$R'_{585.6\,nm}$ 反演模型	线性	0.76	0.478	1.205	0.842	0.483	0.843	0.663	0.752
	指数	0.89	0.288	0.311	0.299	0.414	0.393	0.404	0.352
	一元二次	0.88	0.340	0.609	0.475	0.381	0.323	0.352	0.413
$R_{625.6\,nm}/R_{597.1\,nm}$ 反演模型	线性	0.91	0.296	0.770	0.533	0.702	1.149	0.926	0.730
	指数	0.90	0.492	0.388	0.440	0.560	0.503	0.531	0.486
	一元二次	0.96	0.197	0.304	0.250	0.580	0.684	0.632	0.441
$R^*_{681.2\,nm}/R^*_{540.5\,nm}$ 反演模型	线性	0.88	0.337	1.027	0.682	0.485	0.917	0.701	0.692
	指数	0.94	0.323	0.289	0.306	0.611	0.560	0.585	0.446
	一元二次	0.96	0.192	0.254	0.223	0.398	0.511	0.454	0.338
统一模式		0.78	0.553	1.406	0.979	0.401	0.730	0.565	0.772

由表 2-15 可以看出，$R^*_{681.2\,nm}$ 反演模型和 $R'_{585.6\,nm}$ 反演模型的线性、指数和一元二次三种不同模型中，指数模型综合误差最小，模型 R^2 在 0.85 以上；$R_{625.6\,nm}/R_{597.1\,nm}$ 反演模型和 $R^*_{681.2\,nm}/R^*_{540.5\,nm}$ 反演模型的线性、指数和一元二次三种不同模型中

一元二次模型综合误差最小，模型决定系数（R^2）在 0.95 以上。本次试验中总悬浮物浓度和 $R^*_{681.2\,nm}$、$R'_{585.6\,nm}$、$R_{625.6\,nm}/R_{597.1\,nm}$、$R^*_{681.2\,nm}/R^*_{540.5\,nm}$ 呈明显的非线性关系，这和总悬浮物浓度的高浓度梯度有关。四种模型中，$R^*_{681.2\,nm}/R^*_{540.5\,nm}$ 一元二次反演模型 R^2 达到 0.96，综合误差为 33.83%，模型精度最高；$R^*_{681.2\,nm}$ 指数反演模型 R^2 为 0.87，综合误差为 47.60%，模型精度最低。统一模式无论是建模综合误差还是验证综合误差均偏大，模型精度偏低，统一模式在河口悬浮泥沙反演中取得较好的精度，但直接移植至内陆湖泊进行总悬浮物浓度反演，反演精度较低，这是因为内陆水体水环境十分复杂，叶绿素 a 浓度和 CDOM 存在降低了统一模式在水体总悬浮物浓度反演中的适用性。

2.7　南四湖水体浊度反演

2.7.1　浊度反演模型构建

1. 单波段模型

分析归一化遥感反射率与浊度之间的相关性，如图 2-25 所示，寻找浊度反演的最佳波段。图 2-25 中的归一化反射率相关系数曲线显示，在 400～594 nm 范围内，浊度与归一化反射率表现为负相关关系，最大负相关出现在 540.5 nm 处，相关系数为-0.80。在 594～850 nm 范围内，浊度与归一化反射率为正相关关系，最大正相关系数出现在 681.2 nm 处，相关系数为 0.85，用 681.2 nm 处归一化反射率和浊度进行回归建模，结果见表 2-16，散点图如图 2-26 所示。

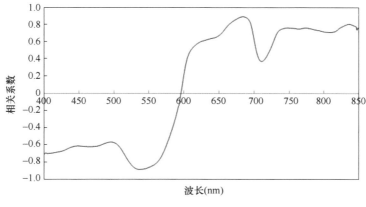

图 2-25　相关系数

表 2-16 $R^{*}_{681.2\text{ nm}}$ 反演模型分析

模型类型	公式	R^2
线性	$y = 375.75x - 305.66$	0.79
指数	$y = 0.000\ 9e^{10.894x}$	0.85
一元二次	$y = 1\ 595.3x^2 - 2\ 595.2x + 1\ 060.9$	0.89

注:"x"表示 681.2 nm 处归一化反射率。

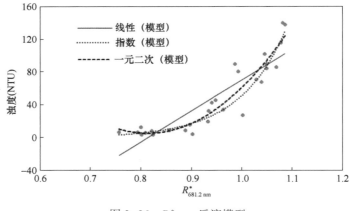

图 2-26 $R^{*}_{681.2\text{ nm}}$ 反演模型

2. 一阶微分模型

通过对各波段一阶微分值和浊度的相关性分析,得到光谱反射率一阶微分值与浊度的相关性,如图 2-27 所示。585.6 nm 处反射率的一阶微分值与浊度的相关性最好,相关系数为 0.91。用 585.6 nm 处反射率一阶微分值和浊度进行回归建模,结果见表 2-17,散点图见图 2-28。

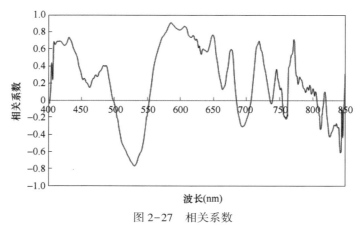

图 2-27 相关系数

表 2-17 $R'_{585.6nm}$ 反演模型分析

模型类型	公式	R^2
线性	$y = 116\ 292x + 105.7$	0.83
指数	$y = 139.87e^{3\ 322x}$	0.87
一元二次	$y = (2 \times 10^8)\ x^2 + 290\ 415x + 131.19$	0.93

注："x" 表示 585.6 nm 处反射率一阶微分。

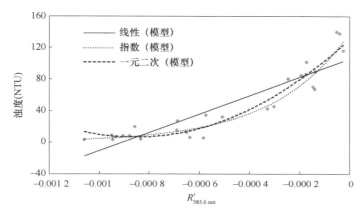

图 2-28 $R'_{585.6nm}$ 反演模型

3. 波段比值模型

（1）原始光谱反射率比值模型。

选择 400~850 nm 范围内波段反射率进行两两比值后和浊度进行相关性分析，得到浊度与各波段比值的相关系数，如图 2-29 所示。分析发现 $R_{688\ nm}/R_{568.2\ nm}$ 和浊度相关性最好，相关系数为 0.96，选择 $R_{688\ nm}/R_{568.2\ nm}$ 和浊度进行回归建模，结果见表 2-18，散点图见图 2-30。

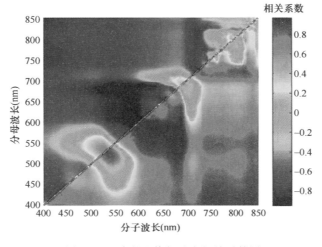

图 2-29   波段比值与浊度相关系数图

表 2-18　$R_{688\,nm}/R_{568.2\,nm}$ 反演模型分析

模型类型	公式	R^2
线性	$y=372.25x-220.43$	0.93
指数	$y=0.017\,4e^{10.182\,x}$	0.89
一元二次	$y=744.94x^2-721.47x+171.73$	0.96

注："x"表示 $R_{688\,nm}/R_{568.2\,nm}$ 波段反射率比值。

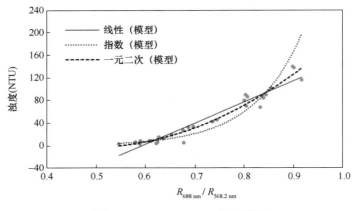

图 2-30　$R_{688\,nm}/R_{568.2\,nm}$ 反演模型

（2）归一化反射率比值。

选择具有最大正相关系数的 688 nm 处的归一化反射率和具有最大负相关系数的 536 nm 处的归一化反射率作比值，用 $R^*_{688\,nm}/R^*_{536\,nm}$ 和浊度进行相关性分析，相关系数为 0.95。选择波段比值 $R^*_{688\,nm}/R^*_{536\,nm}$ 和浊度进行回归建模，结果见表 2-19，散点图见图 2-31 所示。

表 2-19　$R^*_{688\,nm}/R^*_{536\,nm}$ 反演模型分析

模型类型	公式	R^2
线性	$y=306.76x-190.09$	0.91
指数	$y=0.036\,6e^{8.505\,8\,x}$	0.90
一元二次	$y=561.93x^2-578.66x+148.61$	0.95

注："x"表示 $R^*_{688\,nm}/R^*_{536\,nm}$ 归一化反射率比值。

4. 统一模式

利用 2015 年 6 月 12-13 日在南四湖实地获取的高光谱数据和水体浊度进行相关性分析，发现 834.8 nm 处光谱反射率和水体浊度相关性最好，选择该波段建立浊度

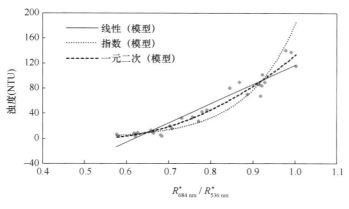

图 2-31　$R^*_{688\,nm}/R^*_{536\,nm}$ 反演模型

反演的统一模式。利用 MATLAB 2013a 编写的循环迭代程序进行参数寻优，最终得到浊度统一模式见式（2-21）。散点图见图 2-32。

$$R_{834.8\,nm} = 0.030\,7 + 0.060\,5 \cdot \left(\frac{tur}{tur-13}\right) - 0.065\,1 \cdot \left(\frac{tur}{tur-13}\right) e^{-0.005\,3 \cdot tur}$$

$$(2-21)$$

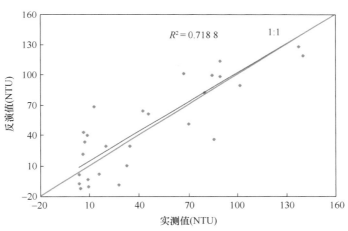

图 2-32　浊度统一模式反演散点图

2.7.2　浊度反演模型精度评价

利用剩余 1/3 样点对模型反演进行验证，同时计算浊度反演模型的建模精度和反演精度，结果见表 2-20。

表 2-20　浊度反演模型精度评价

模型类型		R^2	rRMSE_c	ARE_c	CE_c	rRMSE_v	ARE_v	CE_v	CE
$R^*_{684\,nm}$ 反演模型	线性	0.79	0.406	1.0117	0.709	0.4697	0.8947	0.6822	0.6955
	指数	0.85	0.319	0.376	0.347	0.391	0.454	0.423	0.385
	一元二次	0.89	0.292	0.387	0.339	0.335	0.498	0.416	0.378
$R'_{585.6\,nm}$ 反演模型	线性	0.83	0.368	1.015	0.692	0.308	0.508	0.408	0.550
	指数	0.87	0.234	0.373	0.304	0.211	0.251	0.231	0.267
	一元二次	0.93	0.415	1.779	1.097	0.275	0.656	0.466	0.781
$R_{688\,nm}/R_{568.2\,nm}$ 反演模型	线性	0.93	0.241	0.698	0.470	0.302	0.501	0.402	0.436
	指数	0.89	0.415	0.362	0.388	0.323	0.310	0.317	0.352
	一元二次	0.96	0.188	0.363	0.276	0.201	0.358	0.279	0.277
$R^*_{684\,nm}/R^*_{536\,nm}$ 反演模型	线性	0.91	0.265	0.737	0.501	0.324	0.570	0.447	0.474
	指数	0.90	0.383	0.339	0.361	0.379	0.355	0.367	0.364
	一元二次	0.95	0.208	0.352	0.280	0.259	0.396	0.328	0.304
统一模式		0.72	0.542	1.366	0.954	0.308	0.570	0.439	0.697

由表 2-20 可以看出，$R'_{585.6\,nm}$ 反演模型的线性、指数和一元二次三种不同模型中，指数模型综合误差最小，模型 R^2 在 0.85 以上；$R^*_{684\,nm}$ 反演模型、$R_{688\,nm}/R_{568.2\,nm}$ 反演模型、$R^*_{684\,nm}/R^*_{536\,nm}$ 反演模型的线性、指数和一元二次三种不同模型中一元二次模型综合误差最小，模型决定系数（R^2）在 0.90 左右。本次试验中浊度和 $R^*_{684\,nm}$、$R'_{585.6\,nm}$、$R_{688\,nm}/R_{568.2\,nm}$、$R^*_{684\,nm}/R^*_{536\,nm}$ 呈明显的非线性关系，这和浊度的高浓度梯度有关。四种模型中，$R_{688\,nm}/R_{568.2\,nm}$ 一元二次反演模型 R^2 达到 0.96，综合误差为 27.74%，$R'_{585.6\,nm}$ 指数反演模型 R^2 为 0.87，低于其余三种模型，但模型综合误差最小，仅为 26.73%，模型的建模决定系数和模型误差无绝对关系。综合比较模型 R^2 和模型综合误差，$R'_{585.6\,nm}$ 指数反演模型和 $R_{688\,nm}/R_{568.2\,nm}$ 一元二次反演模型精度较为理想。统一模式反演浊度和总悬浮物类似，模型 R^2 低于 0.80，综合误差大于 50%，模型精度偏低。

2.8　本章小结

利用 2015 年 6 月份在南四湖实地采集的高光谱数据和同步水质采样分析数据，构建了南四湖水体叶绿素 a 浓度、总悬浮物和浊度的常规半经验/分析模型，并对模型进行精度评价，主要得到如下结论：

（1）南四湖水体叶绿素 a 浓度 $R^*_{692.1\,nm}$ 反演模型、$R'_{692.1\,nm}$ 反演模型、

$R_{696.2\,nm}/R_{401.9\,nm}$ 反演模型和 $R^{*}_{692.1\,nm}/R^{*}_{403.4\,nm}$ 反演模型的线性、指数和一元二次三种不同模型中线性模型精度最高，除一阶微分模型外，其余三个模型 R^2 均在 0.78 以上，综合误差在 30% 左右，可用于南四湖水体叶绿素 a 浓度反演，其中 $R_{696.2\,nm}/R_{401.9\,nm}$ 线性反演模型精度最高，模型 R^2 达到 0.79，综合误差低于 30%。三波段和四波段无法建模。

（2）南四湖总悬浮物浓度 $R^{*}_{681.2\,nm}$ 反演模型和 $R'_{585.6\,nm}$ 反演模型的线性、指数和一元二次三种不同模型中，指数模型综合误差最小，模型 R^2 在 0.85 以上；$R_{625.6\,nm}/R_{597.1\,nm}$ 反演模型和 $R^{*}_{681.2\,nm}/R^{*}_{540.5\,nm}$ 反演模型的线性、指数和一元二次三种不同模型中一元二次模型综合误差最小，模型决定系数（R^2）在 0.95 以上。其中 $R^{*}_{681.2\,nm}/R^{*}_{540.5\,nm}$ 一元二次反演模型 R^2 达到 0.96，综合误差为 33.83%，模型精度最高。统一模式综合误差大于 50%，反演精度偏低。

（3）南四湖水体浊度 $R'_{585.6\,nm}$ 反演模型的线性、指数和一元二次三种不同模型中，指数模型综合误差最小，模型 R^2 在 0.85 以上；$R^{*}_{684\,nm}$ 反演模型、$R_{688\,nm}/R_{568.2\,nm}$ 反演模型、$R^{*}_{684\,nm}/R^{*}_{536\,nm}$ 反演模型的线性、指数和一元二次三种不同模型中一元二次模型综合误差最小，模型决定系数（R^2）在 0.90 左右。综合比较模型 R^2 和模型综合误差，$R'_{585.6\,nm}$ 指数反演模型和 $R_{688\,nm}/R_{568.2\,nm}$ 一元二次反演模型精度较为理想。统一模式反演浊度和总悬浮物类似，模型 R^2 低于 0.8，综合误差大于 50%，模型精度偏低。

（4）南四湖三种水质参数反演模型中波段比值模型整体上优于单波段模型和一阶微分模型。

参考文献

巩彩兰，尹球，匡定波，2006. 黄浦江水质指标与反射光谱特征的关系分析［J］. 遥感学报，10（6）：910–916.

蒲瑞良，宫鹏，2000. 高光谱遥感及其应用［M］. 北京：高等教育出版社.

黎夏，1992. 悬浮泥沙遥感定量的统一模式及其在珠江口中的应用［J］. 遥感学报，7（2）：109–114.

唐军武，田国良，汪小勇，等，2004. 水体光谱测量与分析 I：水面以上测量法［J］. 遥感学报，8（1）：37–44.

DALL'OLMO G，GITELSON A A，RUNDQUIST D C，2003. Towards a unified approach for remote estimation of chlorophyll-a in both terrestrial vegetation and turbid productive waters［J］. Geophysical Research Letters，30（18）：1938.

LE C，LI Y，ZHA Y，et al.，2009. A four-band semi-analytical model for estimating chlorophyll a in highly turbid lakes：The case of Taihu Lake，China［J］. Remote Sensing of Environment，113（6）：1175–1182.

第3章 基于机器学习的湖库水质遥感反演技术

3.1 引言

由第二章可以看出，当水质参数（总悬浮物浓度和浊度）呈明显梯度时，光谱波段或特征变量和水质参数之间呈现明显的非线性关系，半经验/半分析模型只能利用有限光谱波段和特征变量。鉴于此，本章将引进具有很强非线性拟合能力的水质参数支持向量机反演模型，利用粒子群优化算法对支持向量机核参数和惩罚系数进行自动优选，实现基于粒子群优化和支持向量机的水质参数智能遥感反演技术（PSO-SVM）；利用多个光谱波段或特征变量的偏最小二乘模型进行水质参数反演，来拟合光谱波段、特征变量和水质参数之间的关系，并改进灾变离散粒子群来优化光谱波段选取。研究所用数据和2.2节相同。

3.2 基于粒子群优化和支持向量机的水质参数智能遥感反演技术

3.2.1 水质参数智能反演流程

3.2.1.1 粒子群优化算法

粒子群优化算法（Particle Swarm Optimization，PSO）是 Kennedy 和 Eberhart 在研究鸟群捕食规律基础上提出的一种群体智能优化算法，广泛应用于各种连续组合优化问题。它假定随机初始化 n 个 m 维粒子，第 k 次迭代粒子的位置向量 $X_k = (x_{k,1}, x_{k,2}, \cdots, x_{k,m})$，飞行速度向量 $V_k = (v_{k,1}, v_{k,2}, \cdots, v_{k,m})$。每次迭代粒子都会逼近个体极值和全局极值，经过 k 次迭代后每个粒子搜索到的最优解为个体极值，用向量 $P_k = (p_{k,1}, p_{k,2}, \cdots, p_{k,m})$ 表示；经历 k 次迭代后粒子群中所有粒子中的最优解为全局极值，用向量 $P_{g,k} = (p_{gk,1}, p_{gk,2}, \cdots, p_{gk,m})$ 表示。第 $k+1$ 次迭代时，

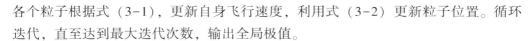

各个粒子根据式 (3-1)，更新自身飞行速度，利用式 (3-2) 更新粒子位置。循环迭代，直至达到最大迭代次数，输出全局极值。

$$v_{k+1, i} = wv_{k, i} + c_1 \times rand_1 \times (p_{k, i} - x_{k, i}) + c_2 \times rand_2 \times (P_{g, k} - x_{k, i})$$
$$(3-1)$$

$$x_{k+1, i} = x_{k, i} + v_{k, i} \qquad (3-2)$$

式中：$v_{k+1, i}$ 为第 $k+1$ 次迭代粒子 i 的飞行速度；$v_{k, i}$ 为第 k 次迭代粒子 i 的速度；$P_{g, k}$ 为第 k 次迭代全局极值；w 为惯性权重，用于平衡粒子的局部搜索和全局搜索能力；c_1、c_2 为学习因子，$rand_1$ 和 $rand_2$ 为 （0，1） 之间分布的随机数；$x_{k, i}$、$x_{k+1, i}$ 分为第 k 次和第 $k+1$ 次迭代时粒子 i 的位置。

3.2.1.2 支持向量机

支持向量机是一种基于统计学理论且遵循结构风险最小化的新的模式识别方法，在处理小样本和非线性拟合问题时具有显著优势。在非线性拟合中，支持向量机可以通过非线性函数将输入样本映射到高维特征空间，然后进行函数拟合，得到原来空间中的非线性拟合结果 （Kennedy et al.，1997）。利用核函数可以避免显示非线性映射，减少高维空间中的计算困难。常用的核函数如下：

线性核函数：
$$K(\boldsymbol{x}_i, \boldsymbol{x}_j) = \boldsymbol{x}_i^{\mathrm{T}} \cdot \boldsymbol{x}_j \qquad (3-3)$$

多项式核函数：
$$K(\boldsymbol{x}_i, \boldsymbol{x}_j) = (\gamma \boldsymbol{x}_i^{\mathrm{T}} \cdot \boldsymbol{x}_j + r)^d, \ \gamma > 0 \qquad (3-4)$$

径向基核函数：
$$K(\boldsymbol{x}_i, \boldsymbol{x}_j) = \exp(- \parallel \boldsymbol{x}_i - \boldsymbol{x}_j \parallel^2 / \sigma^2) \qquad (3-5)$$

Sigmoid 核函数：
$$K(\boldsymbol{x}_i, \boldsymbol{x}_j) = \tanh(\gamma \boldsymbol{x}_i^{\mathrm{T}} \cdot \boldsymbol{x}_j + r) \qquad (3-6)$$

其中线性核函数难以通过非线性函数将样本映射到更高维的空间中，Sigmoid 核函数性能只有在一定的条件下才能和径向基函数相当，多项式核函数和 Sigmoid 核函数需要设置的参数相对较多，径向基核函数可以很好地克服上述核函数的不足。因此，本研究选用径向基核函数。核函数的核参数 δ^2 和惩罚系数 C 是影响 SVM 模型反演精度的重要因素，用 PSO 算法对 δ^2 和 C 进行优选，适应度函数采用 V-折交叉检验法中均方根误差的均值，其中 $V=5$。

3.2.1.3 技术流程

选择建模样本，利用 PSO 对 SVM 的核参数 δ^2 和惩罚系数 C 进行优选，选出最佳 δ^2 和 C 建立水体水质参数反演模型，PSO-SVM 算法如下：

（1）初始化粒子群，包括粒子群的数目、初始位置和初始飞行速度。每个粒子代表一个支持向量机模型的惩罚系数 C 和核参数 g 值，其中，$g = 1/2\sigma^2$。

（2）计算每个粒子的适应度函数值 *fitness*，适应度函数值为 *V*-折交叉检验法中均方根误差的均值。

（3）记录个体极值和全局极值。

（4）按式（3-1）更新粒子的飞行速度。

（5）按式（3-2）更新粒子的位置，从而产生新的粒子，返回步骤（2）。循环迭代直至达到最大迭代次数，计算结束。

（6）利用优选出的最佳核参数 g 和惩罚系数 C 建立叶绿素 a 浓度 SVM 反演模型。

PSO-SVM 算法流程如图 3-1 所示。

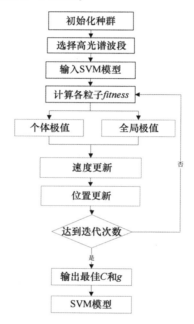

图 3-1　PSO-SVM 算法流程图

3.2.2　南四湖水体叶绿素 a 浓度反演

3.2.2.1　模型构建

选择建模样本的光谱反射率作为 SVM 输入变量，叶绿素 a 浓度作为输出变量，利用 MATLAB 2013a 编写 PSO 程序，结合 SVM 回归工具箱，对核参数 g 和惩罚系数 C 进行优选，当 $C=36.4229$、$g=2.6097$ 时，V-折交叉检验法中均方根误差均值最小。利用可见光波段平均反射率对光谱反射率进行归一化处理，用归一化反射率作为 SVM 输入变量，叶绿素 a 浓度作为输出变量，用 PSO 对核参数 g 和惩

罚系数 C 进行优选，当 $C=5.3378$、$g=0.1352$ 时，V-折交叉检验法中均方根误差均值最小。

用最佳核参数和惩罚系数分别建立基于原始光谱反射率（osr-PSO-SVM、PSO-SVM based on original spectral reflectance）和归一化反射率（nsr-PSO-SVM，PSO-SVM based on normalized spectral reflectance）的叶绿素 a 浓度 SVM 反演模型，模型散点图见图 3-2。

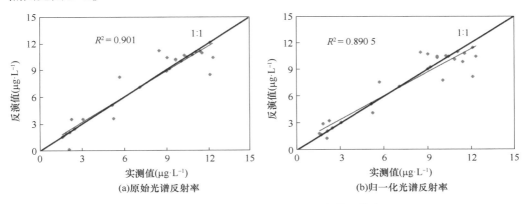

图 3-2　叶绿素 a 浓度 PSO-SVM 反演模型散点图

3.2.2.2　精度评价

利用验证样本对模型反演精度进行评价，同时计算叶绿素 a 浓度反演模型的建模精度和反演精度，结果见表 3-1。

表 3-1　叶绿素 a 浓度 PSO-SVM 反演模型精度评价

模型类型	输入变量	R^2	rRMSE_c	ARE_c	CE_c	rRMSE_v	ARE_v	CE_v	CE
PSO-SVM	osr	0.901 0	0.164 4	0.130 9	0.147 7	0.288 0	0.382 6	0.335 3	0.241 5
	nsr	0.890 5	0.172 4	0.136 7	0.154 5	0.268 3	0.349 7	0.309 0	0.231 8

由表 3-1 可以看出，叶绿素 a 浓度 PSO-SVM 反演模型中 osr-PSO-SVM 反演模型和 nsr-PSO-SVM 反演模型在建模精度上差异较小，模型决定系数 R^2 分别达到 0.901 0 和 0.890 5，建模综合误差分别为 14.77% 和 15.45%，验证综合误差在 30% 左右，模型综合误差低于 25%；常规单波段模型、一阶微分模型、波段比值模型 R^2 均低于 0.80，综合误差大于 25%，相比之下，两种 SVM 模型精度更高。

3.2.3 南四湖水体总悬浮物浓度反演

3.2.3.1 模型构建

选择建模样本的光谱反射率作为 SVM 输入变量，总悬浮物浓度作为输出变量，运行 PSO 程序，结合 SVM 回归工具箱，对核参数 g 和惩罚系数 C 进行优选，当 $C=30\,532$、$g=0.254\,1$ 时，V-折交叉检验法中均方根误差均值最小。同时利用归一化反射率作为 SVM 输入变量，总悬浮物浓度作为输出变量，用 PSO 对核参数 g 和惩罚系数 C 进行优选，当 $C=211\,8$、$g=5.337\,8$ 时，V-折交叉检验法中均方根误差均值最小。

用最佳核参数和惩罚系数分别建立总悬浮物浓度 osr-PSO-SVM 和 nsr-PSO-SVM 反演模型，模型散点图见图 3-3。

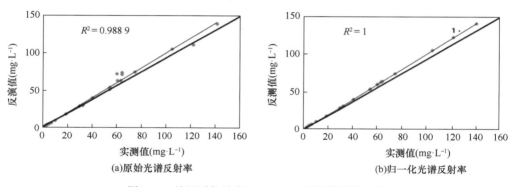

图 3-3　总悬浮物浓度 PSO-SVM 反演模型散点图

3.2.3.2 精度评价

利用验证样本对模型反演精度进行评价，同时计算总悬浮物浓度反演模型的建模精度和反演精度，结果见表 3-2。

表 3-2　总悬浮物浓度 PSO-SVM 反演模型精度评价

模型类型	输入变量	R^2	rRMSE_c	ARE_c	CE_c	rRMSE_v	ARE_v	CE_v	CE
PSO-SVM	osr	0.988 9	0.103 6	0.028 9	0.066 3	0.337 8	0.576 3	0.457 1	0.261 7
	nsr	1.000 0	0.000 3	0.001 1	0.000 7	0.297 3	0.386 8	0.342 1	0.171 4

由表 3-2 可以看出，nsr-PSO-SVM 模型和 osr-PSO-SVM 模型决定系数 R^2 分别达到 1.00 和 0.99，模型决定系数相差不大，但 nsr-PSO-SVM 模型反演精度要优于 osr-PSO-SVM 模型，两者反演综合误差分别为 34.21% 和 45.71%，对光谱反射率进行归一化处理可以在一定程度上提高总悬浮物浓度 PSO-SVM 模型的反演精度；总

悬浮物浓度 nsr-PSO-SVM 和 osr-PSO-SVM 反演模型综合误差分别为 17.14% 和 26.17%，nsr-PSO-SVM 模型精度高于 osr-PSO-SVM 模型；常规单波段模型、一阶微分模型、波段比值模型综合误差大于 30%，相比之下，两种 SVM 模型精度更高，PSO-SVM 模型具有较强的非线性拟合能力，能更好地拟合总悬浮物浓度和光谱变量之间的非线性关系。

3.2.4 南四湖水体浊度反演

3.2.4.1 模型构建

选择建模样本的光谱反射率作为 SVM 输入变量，浊度作为输出变量，运行 PSO 程序，结合 SVM 回归工具箱，对核参数 g 和惩罚系数 C 进行优选，当 $C = 145$、$g = 3.8506$ 时，V-折交叉检验法中均方根误差均值最小。同时利用归一化反射率作为 SVM 输入变量，浊度作为输出变量，用 PSO 对核参数 g 和惩罚系数 C 进行优选，当 $C = 126$、$g = 0.1352$ 时，V-折交叉检验法中均方根误差均值最小。

用最佳核参数和惩罚系数分别建立浊度 osr-PSO-SVM 和 nsr-PSO-SVM 反演模型，模型散点图如图 3-4 所示。

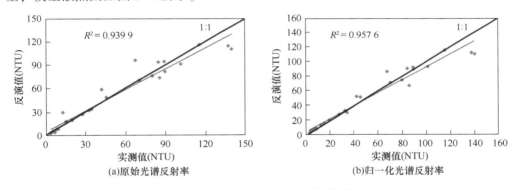

图 3-4　浊度 PSO-SVM 反演模型散点图

3.2.4.2 精度评价

利用验证样本对模型反演精度进行评价，同时计算浊度反演模型的建模精度和反演精度，结果见表 3-3。

表 3-3　浊度 PSO-SVM 反演模型精度评价

模型类型	输入变量	R^2	rRMSE_c	ARE_c	CE_c	rRMSE_v	ARE_v	CE_v	CE
PSO-SVM	osr	0.9399	0.2237	0.1343	0.1790	0.1560	0.2122	0.1841	0.1816
	nsr	0.9576	0.1970	0.0664	0.1317	0.1744	0.2183	0.1964	0.1640

由表 3-3 可以看出，浊度 PSO-SVM 反演模型中，nsr-PSO-SVM 模型和 osr-PSO-SVM 模型决定系数 R^2 分别达到 0.96 和 0.94，两者综合误差分别为 16.4% 和 18.16%，nsr-PSO-SVM 模型精度略高于 osr-PSO-SVM 模型；常规单波段模型、一阶微分模型、波段比值模型综合误差大于 25%，相比之下，两种 SVM 模型精度更高，PSO-SVM 模型具有较强的非线性拟合能力，能更好地拟合浊度和光谱变量之间的非线性关系。

3.3 基于灾变离散粒子群–偏最小二乘法的水质遥感反演技术

偏最小二乘法（Partial Least Squares，PLS）作为一种多元回归方法，可以综合利用多个波段信息来反演水质参数浓度。有研究表明，当输入偏最小二乘模型的波段数远大于样点数时，模型的不确定性会大大增加（褚小立 等，2006）。有关偏最小二乘建模波段个数的确定，诸多学者采用了不同的方法。Ali 等（2014）直接利用 400~900 nm 全谱波段反射率来构建模型，未对偏最小二乘建模波段进行筛选；刘忠华等（2011）利用 db 小波变换对 400~850 nm 的光谱波段进行压缩，将 451 个波段压缩至 34 个特征变量，利用压缩后的特征变量构建悬浮物浓度偏最小二乘反演模型，该方法通过压缩光谱波段来减少偏最小二乘建模的波段数；杨燕明等（2005）以一定的光谱间隔来选择偏最小二乘建模所用的波段，这种处理方法主观性较强，且不同水质参数均具有各自的响应波段，该方法难以选择反演各个水质参数的最佳波段；Xu 等（2009）分别以 675~948 nm 和 1 029~1 105 nm 波段反射率构建偏最小二乘模型反演石头口门水库水体总悬浮物浓度，发现以 675~948 nm 构建的偏最小二乘模型精度最高，悬浮物浓度对整个光谱波段反射率均会产生影响，仅选择部分波段会丢失部分有用信息；Lu 等（2010）和 Song 等（2012）利用遗传算法优选输入偏最小二乘模型的特征波段，建立反演叶绿素 a 浓度、藻青蛋白、总悬浮物浓度和透明度的 GA-PLS 模型，反演精度显著高于波段比值模型，由于遗传算法相对复杂，若优选变量和迭代次数较大，则算法效率较低。离散粒子群算法（DBPSO）是 Kennedy 和 Eberhart 在粒子群算法基础上提出的一种离散群体智能全局优化算法，具有计算效率高、收敛速度快和鲁棒性强等优势（Kennedy et al.，1997），广泛应用于各种离散优化求解。离散粒子群算法容易早熟收敛，针对这个问题，在传统离散粒子群算法中引入"灾变策略"以提高算法的全局搜索能力，提出灾变离散粒子群算法（MDBPSO）。

本节以微山湖为研究区，利用 MDBPSO 算法优选微山湖水体叶绿素 a 浓度、总悬浮物浓度和浊度偏最小二乘模型建模所需的特征波段，然后基于优选的特征波段构建了微山湖 3 种水质参数 PLS 反演模型，对微山湖 3 种水质参数进行了定量反演。

3.3.1　偏最小二乘模型

偏最小二乘法是集主成分分析、典型相关分析于一体的一种多元回归方法，其建模原理如下：假设自变量光谱矩阵 $X_{n \times p}$（x_1，x_2，$\cdots$，x_p）和因变量水质参数矩阵 $Y_{n \times q}$（y_1，y_2，$\cdots$，y_q）分别代表 PLS 模型的输入和输出。首先对光谱矩阵 $X_{n \times p}$ 和水质参数矩阵 $Y_{n \times q}$ 进行标准化处理得到 $E_{0n \times p}$（x_1^*，x_2^*，$\cdots$，x_p^*）和 $F_{0n \times p}$（y_1^*，y_2^*，$\cdots$，y_q^*），分别从 E_0 和 F_0 提取第 1 个主成分 t_1 和 u_1，计算去除主成分信息的残差矩阵 E_1 和 F_1，见式（3-7）和式（3-8）；然后利用 E_1 和 F_1 替换 E_0 和 F_0 提取第 2 个主成分，循环迭代，依次提取主成分 t_1，t_2，$\cdots$，t_h 和 u_1，u_2，$\cdots$，u_h，最佳主成分个数 h 采取"留一"交互验证法来确定，具体过程参照文献（刘忠华 等，2011）；最后利用提取的最佳主成分构建水质参数偏最小二乘反演模型。

偏最小二乘法提取的主成分既要携带光谱矩阵的变异信息，即不同样点光谱之间的差异特征，同时也要对水质矩阵具有很好的解释能力，可以根据式（3-7）至式（3-11）计算不同主成分对光谱矩阵中各个波段光谱和水质参数矩阵的解释能力（葛彦鹏，2013）。

$$E_0 = t_1 \boldsymbol{\alpha}_1^{\mathrm{T}} + E_1 \tag{3-7}$$

$$F_0 = u_1 \boldsymbol{\beta}_1^{\mathrm{T}} + F_1 \tag{3-8}$$

$$Rd(x_j ; t_i) = r^2(x_j ; t_i) \tag{3-9}$$

$$Rd(X ; t_i) = \frac{1}{p} \sum_{j=1}^{p} Rd(x_j ; t_i) \tag{3-10}$$

$$Rd(X ; t_1, \cdots, t_m) = \sum_{h=1}^{m} Rd(X ; t_h) \tag{3-11}$$

式中：x_j 表示第 j 个波段的遥感反射率；$Rd(x_j, t_i)$ 表示第 i 个主成分 t_i 对 x_j 的解释能力；$Rd(X, t_i)$ 表示第 i 个主成分 t_i 对自变量 X 的解释能力；$Rd(X ; t_1, \cdots, t_m)$ 表示第 m 个主成分对自变量 X 的解释能力；主成分对因变量 Y 的解释能力的计算方法类似。

3.3.2　灾变离散粒子群算法

离散粒子群算法（discrete binary particle swarm optimization，DBPSO）是 Kennedy 和 Eberhart 在粒子群算法基础上提出的一种离散群体智能全局优化算法（Kennedy et al.，1997），具有计算效率高、收敛速度快和鲁棒性强等优势，广泛应用于各种离散优化求解（El-Maleh et al.，2013）。利用 DBPSO 算法可以优选水质偏最小二乘建模的特征波段，具体优选步骤如下：

（1）初始化粒子位置 $X_{k,i,j}$ 和速度 $V_{k,i,j}$（$i=1$，2，$\cdots$，n；$j=1$，2，$\cdots$，m），k 为迭代次数，初始取 $k=0$；n 为粒子个数；m 为粒子维度（波段数）。粒子位置 $X_{k,i,j}$ 包含 m 个 0 或 1，0 代表对应的波段未被选中，1 代表对应的波段被选中。

（2）利用 $X_{k,i,j}$ 选中的波段遥感反射率和水质参数构建 PLS 模型，计算粒子适应度值（$Fitness$），适应度值采用水质 PLS 模型验证均方根误差 $RMSE$ 和建模决定系数 R^2 比值来表示，确定个体极值 $P_{k,i}$ 和全局极值 $P_{g,k}$，个体极值指某个粒子在迭代过程中适应度值最小的粒子，全局极值指在迭代过程中所有粒子中适应度值最小的粒子。

（3）根据个体极值和全局极值计算粒子搜索速度，然后根据粒子速度更新粒子位置，循环迭代，直至达到最大迭代次数，此时全局极值（粒子）选中的波段为水质偏最小二乘反演模型建模的敏感波段。计算公式如下：

$$fitness = RMSE/R^2 \tag{3-12}$$

$$RMSE = \sqrt{\sum_{k_1=1}^{n} (\hat{y}_{k_1} - y_{k_1})^2 / n} \tag{3-13}$$

$$R^2 = \sum_{k_2=1}^{m} (\hat{y}_{k_2} - \overline{y})^2 / \sum_{k_2=1}^{m} (y_{k_2} - \overline{y})^2 \tag{3-14}$$

$$V_{k+1,i,j} = wV_{k,i,j} + c_1 \times rand_1 \times (P_{k,i,j} - X_{k,i,j}) + c_2 \times rand_2 \times (P_{g,k,j} - X_{k,i,j}) \tag{3-15}$$

$$\mathrm{sig}(V_{k+1,i,j}) = 1/[1 + \mathrm{EXP}(-V_{k,i,j})] \tag{3-16}$$

$$X_{k+1,i,j} = \begin{cases} 1, & \mathrm{Rand}_{k+1,i,j} < \mathrm{sig}(V_{k+1,i,j}) \\ 0, & \text{其他} \end{cases} \tag{3-17}$$

式中：$\hat{y}_{k_1}$（$\hat{y}_{k_2}$）和 y_{k_1}（y_{k_2}）分别为第 k_1（k_2）采样点处水质参数反演值和观测值；m 和 n 分别为建模和验证采样点的个数；w 为惯性权重；c_1 和 c_2 为控制 DBPSO 算法全局和局部搜索能力的加速系数；$\mathrm{Rand}_{k+1,i,j}$ 为 $[0, 1]$ 之间的随机数；$\mathrm{sig}(V_{k+1,i,j})$ 表示 $x_{k+1,i,j}=1$ 的概率。粒子搜索速度限制在 $[-V_{\max}, V_{\max}]$ 范围内，设 $V_{\max}=4$，当 $V_{k+1,i,j}=V_{\max}$ 时，$\mathrm{sig}(V_{k+1,i,j})=0.98$，即此时第 i 个粒子选中第 j 个波段（$X_{k+1,i,j}=1$）的概率为 0.98；同样地，当 $V_{k+1,i,j}=-V_{\max}$ 时，$\mathrm{sig}(V_{k+1,i,j})=0.018$，即此时第 i 个粒子选中第 j 个波段（$X_{k+1,i,j}=1$）的概率为 0.018。可以看出，当粒子速度为 $V_{\max}$ 或者 $-V_{\max}$ 时，粒子位置 $X_{k+1,i,j}$ 基本上只能是 1 或者 0，降低了粒子的局部搜索能力。当粒子速度 $V_{k+1,i,j}=0$ 时，$\mathrm{sig}(V_{k+1,i,j})=0.5$，粒子 $X_{k+1,i,j}$ 取 1 和 0 的概率相等。

如果 $0<w<1$，$V_{k+1,i,j}$ 在迭代过程中会逐渐变为 0，此时离散粒子群算法陷入随机搜索状态（El-Maleh et al.，2013），算法难以收敛。如果 $w \geqslant 1$，$V_{k+1,i,j}$ 在迭代过程中会迅速增大至 $V_{\max}$ 或者减少为 $-V_{\max}$，算法容易陷入局部最优解，即早熟收敛。

为了克服 $w \geqslant 1$ 时离散粒子群算法容易早熟收敛的问题，引入灾变策略对离散粒子群算法进行改进，提出灾变离散粒子群算法。生物进化中的灾变指冰河时代、森林火灾和地震等外部环境的巨大变化对生物种群造成毁灭性打击，只有极少数具有特殊能力的个体能够生存（Poston et al.，1978）。受此启发，当算法早熟收敛时，我们将灾变用于所有粒子，仅保留此时全局极值所代表的粒子，重新初始化其余粒子，提高粒子多样性。粒子多样性包括粒子的方差和熵值，见式（3-18）至式（3-21），可利用粒子群多样性判断粒子群是否早熟收敛（Ravi Ganesh et al.，2014）。

$$\overline{X}_{k,j} = \sum_{i=1}^{N} X_{k,i,j} \qquad (3-18)$$

$$p_{k,m,j} = \frac{S_{m,j}}{N}, \quad m = 0, \ 1 \qquad (3-19)$$

$$Variance(k) = \sum_{j=1}^{J} \left[\sum_{i=1}^{N} (X_{k,i,j} - \overline{X}_{k,j})^2/N \right]/J \qquad (3-20)$$

$$Entropy(k) = - \left[\sum_{j=1}^{J} \sum_{m=0}^{1} p_{k,m,j} \log(p_{k,m,j}) \right]/J \qquad (3-21)$$

式中：$\overline{X}_{k,j}$ 为第 j 维粒子位置的均值；$S_{m,j}$ 指第 j 维粒子位置 $X_{k,i,j} = m$ 的粒子个数；$P_{k,m,j}$ 为中间变量；N 和 J 分别为粒子的个数和维数。

离散粒子群算法在迭代过程中，如果粒子群方差和熵值趋于稳定，则说明粒子群收敛，此时对粒子群实施灾变。利用"三点法"判断粒子群方差和熵值是否趋于稳定，"三点"指三个迭代时刻，第 2 个迭代时刻为第 1 个迭代时刻和第 3 个迭代时刻的均值，如果粒子群方差和熵值随迭代变化曲线比较平滑，那么经过数次迭代（Interval）后，如果粒子群方差和熵值变化很小，则说明粒子群方差和熵值趋于稳定，Interval 指的是第 1 个迭代时刻和第 3 个迭代时刻之间的迭代次数，具体可利用 delta1 和 delta4 进行判断，见式（3-22）至式（3-25），当 delta1 和 delta4 均小于一定阈值时，说明粒子群早熟收敛。

$$delta1 = variance\ (k)\ -variance\ (k-Interval) \qquad (3-22)$$

$$delta2 = entropy\ (k)\ -entropy\ (k-Interval) \qquad (3-23)$$

$$delta3 = variance\ (k-Interval/2)\ -variance\ (k-Interval) \qquad (3-24)$$

$$delta4 = entropy\ (k-Interval/2)\ -entropy\ (k-Interval) \qquad (3-25)$$

由于离散粒子群算法搜索的随机性，粒子群方差和熵值随迭代变化曲线往往呈波浪状，利用 Matlab wden 小波变换函数对粒子群方差和熵值随迭代变化曲线进行平滑，wden 小波变换函数表示如下：

$$variance = wden\ (variance,'heursure','s','sln',\ lev,'sym8')$$

$$entropy = wden\ (entropy,'heursure','s','sln',\ lev,'sym8')$$

式中：heursure 为自适应阈值；s 为软阈值；sln 为根据第一层小波分解噪声水平对阈值进行自适应调整；sym8 为小波基；lev 为小波分解层数。

3.3.3 灾变离散粒子群-偏最小二乘法水质反演模型

利用灾变离散粒子群算法优选水质参数偏最小二乘建模的敏感波段，然后基于敏感波段遥感反射率和水质参数构建水质参数偏最小二乘反演模型。基于灾变离散粒子群-偏最小二乘法的水质反演模型（MDBPSO-PLS）构建流程如 3-5 所示。MDBPSO-PLS 模型构建需要设置如下参数：粒子数（Np）、最大迭代次数（$MaxIter$）、加速系数（c_1，c_2）、惯性权重（w）、灾变确定区间（$Interval$）。

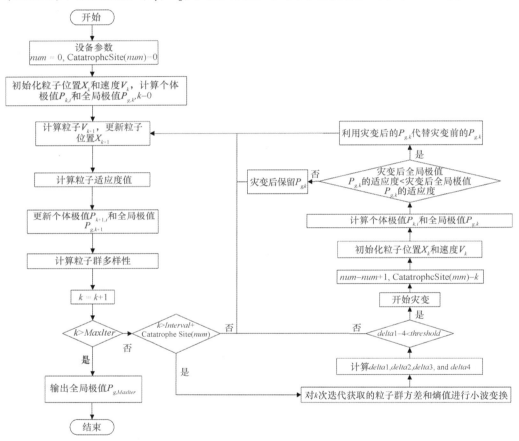

图 3-5 灾变离散粒子群-偏最小二乘法的水质反演模型构建流程

3.3.4 数据获取和处理

2015 年 10 月 16—17 日，在微山湖布设了 23 个采样点（见图 3-6），利用水质取样器取表层水样并冷藏，然后送回实验室进行分析，利用分光光度法获取水体叶绿素 a 浓度，总悬浮物浓度采用称重烘干法进行计算，浊度由哈希浊度计现场测量。

统计 23 个采样点处三种水质参数浓度，微山湖水体叶绿素 a 浓度处于较低水平，均值为 7.35 μg/L，标准差仅为 1.89 μg/L，分布差异较小；而水体总悬浮物浓度和浊度则较大，且不同采样点差异显著，这是因为 10 月末，微山湖生长的水生植物腐烂降解形成大量悬浮物质，导致水体十分浑浊。

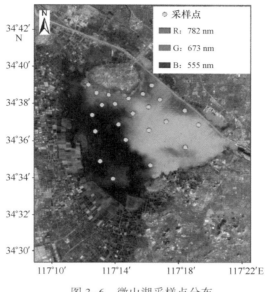

图 3-6　微山湖采样点分布

HJ-1A HSI 作为我国第一个高光谱卫星传感器，空间分辨率为 100 m，具有 115 个波段，但由于 B1 ~ B25（460.04 ~ 516.17 nm）和 B109 ~ B115（中心波长：877.52 ~ 951.54 nm）受噪声干扰，仅 B29 ~ B105（中心波长：518.805 ~ 870.005 nm）共 80 个波段适用于水质反演。本次研究从中国资源卫星应用中心（http：//www.cresda.com/CN）获取到一景 2015 年 10 月 16 日的高光谱影像，对 HJ-1A HSI 高光谱影像进行预处理，以 Landsat-8 影像作为基准影像对 HJ-1A HSI 影像进行几何精校正，利用 FLAASH 模型进行大气校正。微山湖中存在水生植物和湿地，此外周边还存在部分农田，这部分区域因混合光谱效应导致难以直接进行水质遥感监测（Liang et al.，2011），因此，采用支持向量机分类方法提取微山湖水体区域。

3.3.5　模型应用

利用 2015 年 10 月 16—17 日获取的微山湖 23 个样点水体叶绿素 a 浓度、总悬浮物浓度和浊度以及一景准同步的 2015 年 10 月 16 日 HJ-1A HSI 高光谱影像，构建微山湖水体叶绿素 a 浓度（Chl-a）、总悬浮物浓度（TSM）和浊度（Turbidity）

MDBPSO-PLS 反演模型，其中 15 个样本用于建模，7 个样本用于验证。首先利用灾变离散粒子群算法优选 3 种水质参数偏最小二乘模型反演的敏感波段，为了检验灾变离散粒子群算法的优选性能，同时利用传统离散粒子群算法和遗传算法优选 3 种水质参数偏最小二乘模型反演的敏感波段。优选目标函数（适应度值，*fitness*）分别采用 3 种水质参数 PLS 反演模型的验证均方根误差和建模决定系数的比值。

3.3.5.1 MDBPSO、DBPSO 和 GA 算法性能对比

分别利用 3 种优化算法优选 3 种水质参数偏最小二乘建模的敏感波段，3 种算法采用的粒子数或基因数以及最大迭代次数保持一致，粒子群算法中粒子数和遗传算法中基因数均设置为 20，最大迭代次数设置为 300；MDBPSO 和 DBPSO 算法中，惯性权重和加速系数分别设置为 1 和 2（Bansal et al.，2012）；GA 算法中交叉概率采用均匀概率分布，突变概率设置为 1%（Leardi et al.，1998）；由于搜索算法的随机性，每种算法独立运行 50 次。统计 3 种算法优选得到的全局最优解对应的适应度值的最大值、最小值、均值和运算时间（表 3-4）。由表 3-4 可以看出，MDBPSO 算法优选得到的全局最优解对应适应度值的最大值、最小值、均值和方差均小于其余两种优化算法，说明改进离散粒子群算法具有更强的全局搜索能力和稳定性，且计算时间无明显增加。

表 3-4　3 种水质参数偏最小二乘反演模型全局最优解对应的适应度值统计

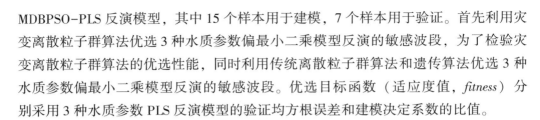

统计指标	Chl-a（μg/L）			TSM（mg/L）			Turbidity（NTU）		
	MDBPSO	DBPSO	GA	MDBPSO	DBPSO	GA	MDBPSO	DBPSO	GA
Min	0.05	0.21	0.96	0.57	0.71	12.03	0.68	1.06	10.97
Max	0.69	1.14	2.79	2.73	10.35	32.33	3.40	4.93	39.50
Mean	0.37	0.53	1.96	1.84	2.82	21.20	2.29	3.06	16.12
Var	0.03	0.07	0.12	0.27	3.17	30.40	0.48	0.87	16.06
AET[a]	31.33	30.54	31.08	30.20	28.75	29.86	32.96	31.02	32.12

注：a 时间单位为秒。

MDBPSO 和 DBPSO 算法中粒子群方差和熵值小波变换前后如图 3-7 和图 3-8 所示。可以看出，小波变换后粒子群方差和熵值随迭代变化曲线更加平滑，有助于判断算法是否陷入局部最优解，若变化曲线趋于稳定，则对粒子群实施灾变，使粒子跳出局部最优解，提高算法的全局搜索能力。由图 3-8 可以看出，DBPSO 算法迭代 150 次后，全局极值对应的适应度值基本不再变化，粒子早熟收敛，而 MDBPSO 算法可以通过对粒子实施灾变来增加粒子群的多样性，避免算法早熟收敛。

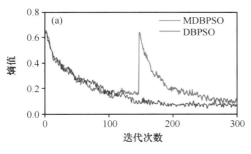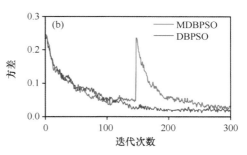

图 3-7　小波变换前 MDBPSO 和 DBPSO 算法中粒子群方差和熵值变化

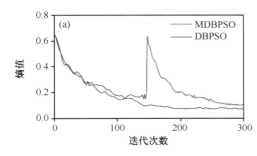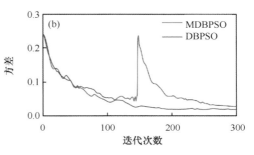

图 3-8　小波变换后 MDBPSO 和 DBPSO 算法中粒子群方差和熵值变化

3.3.5.2　基于 MDBPSO-PLS 模型的微山湖 3 种水质参数高光谱反演

利用 MDBPSO 算法优选得到的 3 种水质参数偏最小二乘模型反演的最佳波段分别构建 3 种水质参数偏最小二乘模型（MDBPSO-PLS），水质参数反演值和实测值散点图如图 3-9 所示，3 种水质参数 MDBPSO-PLS 反演模型建模 R^2 达到 0.97，模型反演叶绿素 a 浓度、总悬浮物浓度和浊度的综合误差 CE 分别为 3.5%、5.8% 和 7.4%（见表 3-5）。同时直接利用全部 80 个波段遥感反射率构建了 3 种水质参数 PLS 反演模型，叶绿素 a 浓度、总悬浮物浓度和浊度 PLS 反演模型建模 R^2 分别为 0.55、0.49 和 0.50（见图 3-9），模型综合误差分别为 18.7%、49.5% 和 50.5%（见表 3-5）。由图 3-9 可以看出，相比于 PLS 模型，MDBPSO-PLS 模型具有更高的反演精度。

经过 MDBPSO 算法优选后，叶绿素 a 浓度、总悬浮物浓度和浊度 PLS 反演模型建模的波段数由 80 个分别减少至 29、35 和 33 个（见图 3-10）。由图 3-10 可以看出，叶绿素 a 浓度 PLS 反演模型的建模波段集中于 620~720 nm，包含了叶绿素 a 的吸收波段（660~700 nm）（Sun et al.，2014）和藻青蛋白的吸收波段（620~640 nm）（Song et al.，2012）；总悬浮物浓度 PLS 反演模型的建模波段主要分布在绿波段、红波段和近红外波段，这是因为叶绿素 a 在绿波段的吸收作用较弱，而总悬浮物浓度在红波段和近红外波段具有显著的散射作用，这些波段都是浑浊水体总悬浮物浓度反演的敏感波段，在总悬浮物浓度反演中得到广泛应用（Matthews，2011）；总悬浮物浓度 PLS 反演模型的建模波段分布和浊度 PLS 反演模型的建模波段分布类似，这是因为微山湖水体总悬浮物浓度和浊度具有显著的相关关系（$R^2 = 0.96$，$p<0.01$，见图 3-11）。综上分析，MDBPSO 算法能够优选水质参数 PLS 建模的敏感波段，提高水质参数 PLS 模型的反演精度。

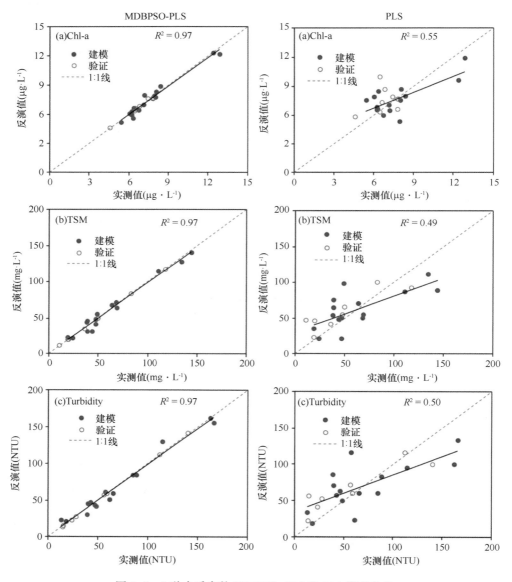

图 3-9　3 种水质参数 MDBPSO-PLS 和 PLS 模型散点

表 3-5　MDBPSO-PLS 和 PLS 模型评价

参数	模型	R^2	$rRMSE\_c$	ARE_c	CE_c	$rRMSE\_v$	ARE_v	CE_v	CE
Chl-a	MDBPSO-PLS	0.97	0.050	0.041	0.046	0.019	0.015	0.017	0.035
	PLS	0.55	0.184	0.152	0.168	0.231	0.180	0.206	0.187
TSM	MDBPSO-PLS	0.97	0.093	0.113	0.103	0.011	0.016	0.014	0.058
	PLS	0.49	0.420	0.405	0.412	0.423	0.731	0.577	0.495
Turbid-ity	MDBPSO-PLS	0.97	0.105	0.148	0.127	0.012	0.015	0.014	0.074
	PLS	0.50	0.453	0.473	0.463	0.419	0.672	0.546	0.505

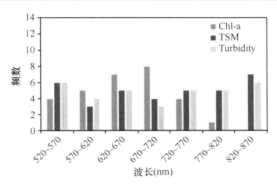

图 3-10　MDBPSO 优选的 3 种水质参数 PLS 建模波段分布

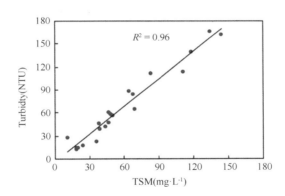

图 3-11　微山湖浊度和总悬浮物浓度相关关系

　　3 种水质参数 MDBPSO-PLS 和 PLS 反演模型提取的主成分个数以及主成分对光谱和水质参数的解释能力见表 3-6。由表 3-6 可以看出，3 种水质参数 MDBPSO-PLS 反演模型提取的主成分对光谱和水质参数的解释能力均高于 PLS 模型提取的主成分对光谱和水质参数的解释能力，这是因为通过 MDBPSO 优选，光谱中的无效信息被去除，优选得到的遥感反射率包含了叶绿素 a 浓度、总悬浮物浓度和浊度反演的有效信息（Song et al.，2012）。

表 3-6　MDBSPO-PLS 和 PLS 模型提取的主成分对光谱和水质参数的解释能力

水质参数	模型	主成分个数	对光谱的解释能力（%）	对水质参数的解释能力（%）
Chl-a	MDBPSO-PLS	5	87.76	96.56
	PLS	2	47.50	54.62
TSM	MDBPSO-PLS	5	90.91	97.49
	PLS	2	79.61	49.11
Turbidity	MDBPSO-PLS	5	90.83	97.28
	PLS	2	82.67	50.21

分别将构建的 3 种水质参数 MDBPSO-PLS 模型应用于 HJ-1AHSI 影像，得到微山湖 3 种水质参数的空间分布（图 3-12），其中 NULL 指混合像元区域，该研究中未考虑。由图 3-12 可以看出，对于东北湖区，叶绿素 a 浓度介于 6~12 μg/L，标准差为 1.8 μg/L，梯度较小；总悬浮物浓度和浊度具有明显的空间变异性，均值和方差分别为 53.1 mg/L（64.7NTU）和 31.2 mg/L（39.7NTU）。总悬浮物浓度和浊度的空间分布十分相似，这是因为微山湖水体总悬浮物浓度和浊度具有显著的相关性，微山湖浊度主要由悬浮物浓度主导，MDBPSO-PLS 模型可以准确反演微山湖三种水质参数的空间分布。

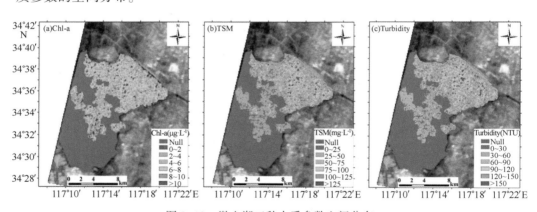

图 3-12　微山湖三种水质参数空间分布

3.4　本章小结

本章首先利用粒子群算法对支持向量机惩罚系数和核参数进行优选，以原始光谱反射率和归一化光谱反射率分别作为支持向量机模型的输入，以水质参数作为输出，分别建立水体叶绿素 a 浓度、总悬浮物浓度和浊度的 osr-PSO-SVM 和 nsr-PSO-SVM 模型，并对模型进行精度评价，主要得到以下结论：

（1）叶绿素 a 浓度 PSO-SVM 反演模型中，osr-PSO-SVM 反演模型和 nsr-PSO-SVM 反演模型在建模精度上差异较小，模型综合误差均低于 25%；

（2）总悬浮物浓度 nsr-PSO-SVM 和 osr-PSO-SVM 反演模型综合误差分别为 17.14% 和 26.17%，nsr-PSO-SVM 模型反演精度高于 osr-PSO-SVM 模型，对光谱反射率进行归一化处理可以在一定程度上提高总悬浮物浓度 PSO-SVM 模型的反演精度；

（3）浊度 PSO-SVM 反演模型中，nsr-PSO-SVM 模型和 osr-PSO-SVM 模型决定系数 R2 分别达到 0.957 6 和 0.939 9，两者综合误差分别为 16.4% 和 18.16%，nsr-PSO-SVM 模型精度略高于 osr-PSO-SVM 模型；

（4）水质参数 PSO-SVM 模型精度高于传统半经验/半分析模型和 WT-NDBPSO-PLS 模型，PSO-SVM 具有很强的非线性拟合能力，当水质参数和光谱变量之间呈显著非线性关系时，利用 PSO-SVM 模型反演水质参数能明显提高反演精度；

（5）综合对比叶绿素 a 浓度、总悬浮物浓度和浊度的 osr-PSO-SVM 和 nsr-PSO-SVM 模型精度发现，nsr-PSO-SVM 模型精度整体上高于 osr-PSO-SVM 模型，对光谱反射率进行归一化处理可以一定程度上提高 PSO-SVM 模型精度。

其次构建了基于改进离散粒子群-偏最小二乘法（MDBPSO-PLS）的水质遥感监测方法，通过引入灾变策略对传统离散粒子群算法进行改进，提高了离散粒子群算法的全局搜索能力，利用改进离散粒子群算法优选水质偏最小二乘反演的敏感波段，显著提高了水质偏最小二乘模型反演精度，该方法在微山湖水体叶绿素 a 浓度、总悬浮物浓度和浊度反演中具有较高的精度。

参考文献

褚小立，田高友，袁洪福，等，2006. 小波变换结合多维偏最小二乘方法用于近红外光谱定量分析 [J]. 分析化学，34（S1）：175-178.

刘忠华，李云梅，吕恒，等，2011. 基于偏最小二乘法的巢湖悬浮物浓度反演 [J]. 湖泊科学，23（3）：357-365.

杨燕明，刘贞文，陈本清，等，2005. 用偏最小二乘法反演二类水体的水色要素 [J]. 遥感学报，9（2）：123-130.

ALI K A，ORTIZ J D，2014. Multivariate approach for chlorophyll−a and suspended matter retrievals in Case II type waters using hyperspectral data [J]. Hydrological Sciences Journal，61（1）：200-213.

EL-MALEH A H，SHEIKH A T，SAIT S M，2013. Binary particle swarm optimization（BPSO）based state assignment for area minimization of sequential circuits [J]. Applied Soft Computing，13（12）：4832-4840.

KENNEDY J，EBERHART R C，1997. A discrete binary version of the particle swarm algorithm // 1997

IEEE International conference on systems，man，and cybernetics ［J］．Computational cybernetics and simulation. IEEE，5：4104-4108.

LEARDI R，GONZÁLEZ A L，1998. Genetic algorithms applied to feature selection in PLS regression：how and when to use them ［J］．Chemometrics&Intelligent Laboratory Systems，41（2）：195-207.

LIANG C，ZHANG Z，2011. Vegetation dynamic changes of Lake Nansi wetland in Shandong of China ［J］．Procedia Environmental Sciences，11：983-988.

LU D M，SONG K S，LI L，et al.，2010. Training a GA-PLS model for chl-a concentration estimation over inland lake in Northeast China ［J］．Procedia Environmental Sciences，2（1）：842-851.

MATTHEWS M W，2011. A current review of empirical procedures of remote sensing in inland and near-coastal transitional waters ［J］．International Journal of Remote Sensing，32（21）：6855-6899.

POSTON T，STEWART I，PLAUT R H，1978. Catastrophe Theory and Its Applications ［M］．London：Pitman.

RAVI G M，KRISHNA R，MANIKANTAN K，et al.，2014. Entropy based Binary Particle Swarm Optimization and classification for ear detection ［J］．Engineering Applications of Artificial Intelligence，27：115-128.

SONG K，LU D，LI L，et al.，2012. Remote sensing of chlorophyll-a concentration for drinking water source using genetic algorithms（GA）-partial least square（PLS）modeling ［J］．Ecological Informatics，10：25-36.

SONG K，LI L，LI S，et al.，2012. Hyperspectral retrieval of phycocyanin in potable water sources using genetic algorithm-partial least squares（GA-PLS）modeling ［J］．International Journal of Applied Earth Observation & Geoinformation，18（18）：368-385.

SONG K，LI L，TEDESCO L P，et al.，2012. Hyperspectral determination of eutrophication for a water supply source via genetic algorithm-partial least squares（GA-PLS）modeling ［J］．Science of the Total Environment，426：220-32.

SUN D，QIU Z，LI Y，et al.，2014. Detection of total phosphorus concentrations of turbid inland waters using a remote sensing method ［J］．Water，Air，& Soil Pollution，225（5）：1953.

XU J，ZHANG B，LI F，et al.，2009. Retrieval of total suspended matters using field spectral data in Shitoukoumen Reservoir，Jilin Province，Northeast China ［J］．Chinese Geographical Science，19（1）：77-82.

第4章　基于集合建模的湖库水质遥感反演技术

4.1　引言

目前，从事内陆水质遥感相关研究的学者提出以水体叶绿素 a 浓度、总悬浮物浓度和浊度等水质参数为主要监测对象的众多遥感反演模型，但由于内陆水体光学特征的复杂性，不同遥感反演模型在不同内陆水体中的适用性不同，目前还没有普适性的水质遥感反演模型（黄昌春 等，2013）。现阶段用于水质反演的经验/半经验模型、半分析模型和机器学习模型在不同时间、不同水体、不同遥感数据源以及不同水质参数反演中的表现具有显著差异（Dörnhöfer et al.，2016），各模型反演能力均存在一定的局限性，使得模型选择具有不确定性。集合建模是指通过集合方法确定各模型权重，将各模型模拟值进行加权求和，进而综合各模型信息的一种建模方法。集合建模技术可以综合各模型信息，提高模型的稳定性，并在一定条件下提高水质参数反演精度（袁喆 等，2014）。

集合建模思想常用于水文预报，在水质遥感领域的应用鲜有报道。集合建模的关键在于集合方法的选择，即各模型权重的确定方法。目前有关集合建模权重确定的方法主要有 5 种：①利用各模型的相对误差来确定权重，相对误差越小，其权重越大，主要有熵权法（张凤太 等，2008）和集对分析法（王文圣 等，2009）；②将各模型权重计算转化为非线性优化问题，基于目标函数和约束条件采用优化算法求解，如遗传算法（金菊良 等，2003）和粒子群算法（吴静敏 等，2006）；③根据各模型预测值和实测值，利用神经网络等多元回归模型来构建各模型预测值和实测值之间的关系，达到集合建模的目的（张青，2001）；④基于数据同化思想推导权重计算公式，利用均方根误差来确定权重（李渊 等，2014）；⑤基于贝叶斯理论，利用贝叶斯模型平均方法来确定权重，获取预测变量的最优估计，并且可以获取预测变量的不确定性区间（董磊华 等，2011），因此，称该方法为概率性集合建模方法，称前四种方法为确定性集合建模方法。不同集合建模方法确定的模型权重可能并不一致，导致集合模型性能各异，难以确定最适合的集合建模方法，影响决策。博弈论方法可以根据不同集合建模方法确定的各模型权重，确定各模型的综合权重，构建综合集合模型，为决策者提供决策依据。

本章以潘家口－大黑汀水库为研究区，构建叶绿素 a 浓度经验/半经验模型，引入集合建模思想，选择以熵权法和集对分析法为代表的确定性集合建模方法及以贝叶斯模型平均为代表的概率性集合建模方法开展潘家口－大黑汀水库叶绿素 a 浓度集合建模研究。

4.2　叶绿素 a 浓度遥感反演集合建模方法

4.2.1　反演集合建模框架

假设有 m 个叶绿素 a 浓度反演模型（M_1，M_2，$\cdots$，M_m），首先分别利用熵权法、集对分析法和贝叶斯模型平均方法确定叶绿素 a 浓度各反演模型权重；然后基于三种集合模型确定的各模型权重，利用博弈论确定各模型的综合权重。叶绿素 a 浓度反演集合建模框架如图 4-1 所示。

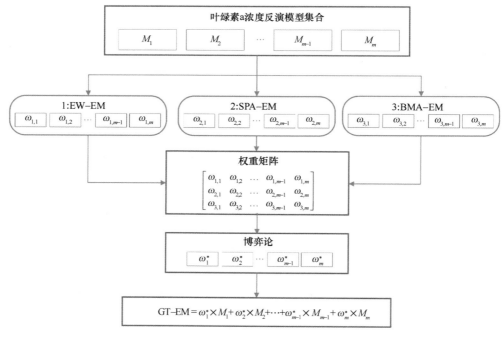

图 4-1　叶绿素 a 浓度反演集合建模框架

4.2.2　叶绿素 a 浓度单一反演模型

单波段模型、波段比值模型和偏最小二乘模型是叶绿素 a 浓度反演常用的经验模型。其中单波段模型和波段比值模型分别利用和实测叶绿素 a 浓度具有最大相关性的最优单波段反射率、波段反射率比值和实测叶绿素 a 浓度构建统计回归模型。假设 $X^{1:s} = \{x_1^{1:s},\ x_2^{1:s},\ x_3^{1:s},\ \cdots,\ x_n^{1:s}\}$ 和 $Y_{obs} = \{y_1,\ y_2,\ y_3,\ \cdots,\ y_n\}$ 分别为 n 个采样点处水体 $400 \sim 850$ nm 范围内所有波段的遥感反射率和实测叶绿素 a 浓度。单波段模型和波段比值模型建模所需的最优单波段和波段比值确定步骤如下：

（1）利用 $400 \sim 750$ nm 范围内 s_1 个波段遥感反射率 $X^{1:s_1}$ 的均值对 $400 \sim 850$ nm 范围内 s 个波段遥感反射率进行归一化处理，以消除光谱测量时间、太阳高度角等因素对测量结果的影响（巩彩兰 等，2006）；

$$\tilde{X}^{1:s} = x_k^{1:s} \bigg/ \frac{1}{s_1} \sum_{i=1}^{s_1} x_k^i,\quad x_k^{1:s_1} \in [400,\ 750] \tag{4-1}$$

（2）计算波段比值 X^i/X^j（$i = 1,\ 2,\ \cdots,\ s$；$j = 1,\ 2,\ \cdots,\ s$）；

（3）分别计算归一化遥感反射率 $\tilde{X}^{1:s}$、X^i/X^j 和 Y_{obs} 的相关系数 $r^{1:s}$ 和 $r^{i/j}$；

（4）分别选择 $\tilde{X}^k\{r^k = \max[abs(r^{1:s})]\}$、$X^{k_1}/X^{k_2}\{r^{k_1/k_2} = \max[abs(r^{i/j})]\}$ 和 Y_{obs} 构建统计回归模型，即叶绿素 a 浓度单波段反演模型和波段比值反演模型。

偏最小二乘法是集主成分分析、典型相关分析于一体的一种多元回归方法，其建模原理如下：

（1）对 $X^{1:s} = \{x_1^{1:s},\ x_2^{1:s},\ x_3^{1:s},\ \cdots,\ x_n^{1:s}\}$ 和 $Y_{obs} = \{y_1,\ y_2,\ y_3,\ \cdots,\ y_n\}$ 进行标准化处理得到 $E_0 = \{\tilde{x}_1^{1:s},\ \tilde{x}_2^{1:s},\ \tilde{x}_3^{1:s},\ \cdots,\ \tilde{x}_n^{1:s}\}$ 和 $F_0 = \{\tilde{y}_1,\ \tilde{y}_2,\ \tilde{y}_3,\ \cdots,\ \tilde{y}_n\}$；

（2）采用主成分分析方法，见式（4-2）和式（4-3），分别从 E_0 和 F_0 中提取第 1 个主成分 t_1 和 u_1、负荷矩阵 $\boldsymbol{\alpha}_1$ 和 $\boldsymbol{\beta}_1$ 以及误差矩阵 E_1 和 F_1；

$$\boldsymbol{E}_0 = t_1 \boldsymbol{\alpha}_1^{\mathrm{T}} + \boldsymbol{E}_1 \tag{4-2}$$

$$\boldsymbol{F}_0 = u_1 \boldsymbol{\beta}_1^{\mathrm{T}} + \boldsymbol{F}_1 \tag{4-3}$$

（3）利用 $\boldsymbol{E}_1$ 和 $\boldsymbol{F}_1$ 替换 $\boldsymbol{E}_0$ 和 $\boldsymbol{F}_0$ 提取第 2 个主成分 t_2 和 u_2，然后循环迭代提取第 h 个主成分 $t_1,\ t_2,\ \cdots,\ t_h$ 和 $u_1,\ u_2,\ \cdots,\ u_h$；

（4）通过"留一"交互验证法来确定最佳主成分（$t_1,\ t_2,\ \cdots,\ t_{h*}$）（Song et al.，2012）；

（5）最后利用 h^* 个最佳主成分和 Y_{obs} 构建偏最小二乘反演模型，模型构建的具体过程见参考文献 Geladi 等（1986）。

Dall'Olmo 等（2006）基于生物光学模型和叶绿素 a 浓度在红波段和近红外波段的吸收等特性，提出了可用于反演叶绿素 a 浓度的三波段模型，三波段模型基本形式如下：

$$chl - a \propto [R_{rs}^{-1}(\lambda_1) - R_{rs}^{-1}(\lambda_2)] \times R_{rs}(\lambda_3) \tag{4-4}$$

式中：λ_1 位于叶绿素 a 的吸收峰波段 660~690 nm；λ_2 位于叶绿素 a 的荧光峰波段 690~730 nm；λ_3 位于近红外波段 720~780 nm。$R_{rs}^{-1}(\lambda_1) - R_{rs}^{-1}(\lambda_2)$ 可以避免 CDOM 和非色素悬浮物对叶绿素 a 浓度反演的干扰；λ_3 的引入主要是为了消除总后向散射的影响。最佳三波段位置的确定采用 MATLAB 2013a 编程进行循环迭代，直至 3 个波段位置保持不变，用 $[R_{rs}^{-1}(\lambda_1) - R_{rs}^{-1}(\lambda_2)] \times R_{rs}(\lambda_3)$ 和叶绿素 a 浓度构建统计回归模型（曹引 等，2015）。

Le 等（2009）在三波段算法的基础上，为了减弱纯水和无机悬浮物吸收对叶绿素 a 浓度反演的影响，引入第四个近红外波段，提出反演叶绿素 a 浓度的四波段模型，四波段模型基本形式如下：

$$C_{chl-a} \propto [R_{rs}^{-1}(\lambda_1) - R_{rs}^{-1}(\lambda_2)] \times [R_{rs}^{-1}(\lambda_4) - R_{rs}^{-1}(\lambda_3)]^{-1} \tag{4-5}$$

因为四波段模型采用 $[R_{rs}^{-1}(\lambda_4) - R_{rs}^{-1}(\lambda_3)]^{-1}$ 替代三波段模型中的 $R_{rs}(\lambda_3)$，所以 λ_1、λ_2 位置不变，λ_3 位于 720~740 nm 的红光波段，λ_4 位于 740~780 nm 的近红外波段。四波段位置的确定和三波段模型类似，采用循环迭代，直至四个波段位置保持不变，用 $[R_{rs}^{-1}(\lambda_1) - R_{rs}^{-1}(\lambda_2)] \times [R_{rs}^{-1}(\lambda_4) - R_{rs}^{-1}(\lambda_3)]^{-1}$ 和叶绿素 a 浓度回归建模。

4.2.3 确定性集合建模方法

4.2.3.1 基于熵权法的集合建模方法

集合建模关键在于各模型权重的确定，基于熵权法的集合建模方法（EW-EM）利用各模型反演采样点处水质参数的相对误差 e_i，计算各模型相对误差权重 $p_i(k)$ 和熵值 H_i，利用熵值计算各模型误差变异程度系数 D_i，最后确定各模型权重，构建反演水质参数 EW-EM 集合模型，见式（4-6）至式（4-11）（袁喆 等，2014）。

$$e_i^k = \frac{\hat{y}_i^k - y^k}{y^k} \tag{4-6}$$

$$p_i^k = \frac{|e_i^k|}{\sum\limits_{k=1}^{n_1} |e_i^k|} \tag{4-7}$$

$$H_i = -\frac{1}{\ln(n)} \sum_{k=1}^{n} p_i(k) \ln p_i(k) \tag{4-8}$$

$$D_i = 1 - H_i \tag{4-9}$$

$$\omega_{1,i} = \frac{1}{m-1}\left(1 - \frac{D_i}{\sum\limits_{i=1}^{m} D_i}\right) \tag{4-10}$$

$$\hat{y}_{EW-EM}^k = \omega_{1,1} \times \hat{y}_1^k + \omega_{1,2} \times \hat{y}_2^k + \cdots + \omega_{1,m} \times \hat{y}_m^k \tag{4-11}$$

式中：i 为模型编号，$i = 1, 2, \cdots, N$；y^k 为第 k 个采样点处水质参数实测值；$\hat{y}_i^k$ 为第 i 个模型对第 k 个采样点处水质参数反演值；n 为建模采样点个数；$\hat{y}_{EW-EM}^k$ 为第 k 个采样点处水质参数 EW-EM 集合模型反演值。

4.2.3.2　基于集对原理的集合建模方法

基于集对原理的集合建模（SPA-EM）主要利用各模型反演不同采样点处水质参数的相对误差来确定各模型权重（袁喆 等，2014）。设 $Y_i = \{y_1, y_2, y_3, \cdots, y_n\}$ 为各采样点处水质参数实测值，$\hat{Y}_i = \{\hat{y}_i^1, y_i^2, y_i^3, \cdots, y_i^n\}$ 为各模型对不同采样点处叶绿素 a 浓度的反演值，i 为模型编号。

利用 Y 和 $\hat{Y}_i$ 构成集对 $H_{i,obs}(\hat{Y}_i, Y_{obs})$，计算集对联系数 $\mu_i' = S_i + F_i I_i + P_i J$，$S_i = s_i/n$；$F_i = f_i/n$；$P_i = p_i/n$；$s_i$ 为模型 i 同一性个数；f_i 为模型 i 差异性个数；p_i 为模型 i 对立性个数；I_i 为差异不确定系数；J 为对立系数；其中同一性个数 $s_{i,obs}$ 指建模采样点中模型 i 反演相对误差小于 30% 的样点个数；差异性个数 $f_{i,obs}$ 指建模采样点中模型 i 反演相对误差介于 30%~60% 的样点个数；对立性个数 $p_{i,obs}$ 指建模采样点中模型 i 反演相对误差大于 60% 的样点个数；$J = -1$，I_i 计算公式如下：

$$\mu_{i,obs} = S_{i,obs} + F_{i,obs} I + P_{i,obs} J \tag{4-12}$$

$$S_{i,obs} = \frac{s_{i,obs}}{n}; \quad F_{i,obs} = \frac{f_{i,obs}}{n}; \quad P_{i,obs} = \frac{p_{i,obs}}{n} \tag{4-13}$$

$$I = \frac{S_{i,obs} - P_{i,obs}}{S_{i,obs} + P_{i,obs}}; \quad J = -1 \tag{4-14}$$

将三元联系度转换成联系数 μ_i'，进而求出各模型的相对隶属度 $v_{i,obs}$。根据相对隶属度确定各模型权重 $\omega_{2,i}$，建立反演水质参数的 SPA-EM 集合模型：

$$v_{i,obs} = \frac{1}{m} + \frac{\mu_{i,obs}}{m} \tag{4-15}$$

$$\omega_{2,i} = \frac{v_{i,obs}}{\sum_{i=1}^{m} v_{i,obs}} \tag{4-16}$$

$$\hat{y}_{SPA-EM}^k = \omega_{2,1} \times \hat{y}_1^k + \omega_{2,2} \times \hat{y}_2^k + \cdots + \omega_{2,m} \times \hat{y}_m^k \tag{4-17}$$

4.2.4　概率性集合建模方法

贝叶斯模型平均（BMA）方法基于贝叶斯理论确定各模型权重和误差，实现多模型集合建模，并能提供集合模型反演不同样点处水质参数的不确定区间。BMA 集合建模思路如下（董磊华 等，2011）：

假设 Q 为待反演水质参数，$D = [X, Y]$ 为实测数据（其中 X 表示实测光谱反射率，Y 表示实测水质参数），$y = [y_1, y_2, \cdots, y_k]$ 为 m 个模型水质参数反演值的集合。BMA 的集合反演表示如下：

$$p(Q \mid D) = \sum_{i=1}^{m} p(y_i \mid D) \cdot p_i(Q \mid y_i, D) \tag{4-18}$$

式中：$p(y_i \mid D)$ 为已知实测数据 D 时第 i 个模型反演值为 y_i 的后验概率，代表 BMA 中第 i 个模型权重 $w_{3,i}$，反映的是该模型对水质参数的反演值与实测值的偏离程度。$w_{3,i}$ $(i = 1, \cdots, m)$ 均为正值，各模型权重总和为 1；$p_i(Q \mid y_i, D)$ 指已知第 i 个模型对水质参数的反演值 y_i 和实测数据 D 的前提下待反演水质参数 Q 的后验分布。

利用权重对各模型水质参数反演值进行加权求和，得到 BMA 集合模型水质参数反演值。如果各模型对水质参数的反演值和水质参数的实测值均服从正态分布，则 BMA 集合模型反演值可利用式（4-19）计算：

$$\hat{y}_{\text{BMA-EM}} = E(Q \mid D) = \sum_{i=1}^{m} p(y_i \mid D) \cdot E[g_i(Q \mid y_i, \sigma_i^2)] = \sum_{i=1}^{m} w_{3,i} y_i \tag{4-19}$$

期望最大化（EM）算法是一种计算 BMA 集合模型中各模型权重的方法（Raftery et al.，2005）。EM 算法要求各模型对水质参数的反演值和水质参数的实测值均服从正态分布，因此，在用 EM 算法计算各模型权重前，首先对水质参数的实测值和反演值进行正态检验，若不符合正态分布，则利用 Box-Cox 函数对水质参数的实测值和反演值进行正态转换。EM 算法的详细过程如下：

用 $\theta = \{w_{3,i}, \sigma_i^2, i = 1, 2, \cdots, m\}$ 表示 BMA 中各模型的权重和方差，构建 θ 的极大似然函数，并对极大似然函数取对数：

$$l(\theta) = \log[p(Q \mid D)] = \log\left[\sum_{i=1}^{m} w_{3,i} \cdot g(Q \mid y_i, \sigma_i^2)\right] \tag{4-20}$$

式中：$g(Q \mid y_i, \sigma_i^2)$ 表示均值为 y_i、方差为 σ_i^2 的正态分布。

式（4-20）很难求出 θ 的数值解，利用 EM 算法 E 步（期望）和 M 步（最大化）进行循环迭代，直至似然值收敛，求得 θ 的数值解。在 EM 算法中，可以引进 z_t^i 辅助计算 BMA 集合模型中各模型权重，计算流程如下（董磊华 等，2011）。

（1）初始化，设置 $Iter = 0$

$$w_{3,i}^{(0)} = 1/m, \quad \sigma_i^{2(0)} = \frac{\sum_{i=1}^{m} \sum_{k=1}^{n} (Y^k - y_i^k)^2}{m \cdot n} \tag{4-21}$$

式中：n 为参与建模的采样点数据个数；Y^k 和 Y_i^k 分别为第 k 个点的实测水质参数浓度和第 i 个模型的反演值。

（2）计算初始似然值：

$$l(\theta)^{(0)} = \sum_{k=1}^{n} \log\left\{\sum_{i=1}^{m} \left[w_{3,i}^{(0)} \cdot g\left(Q \mid y_i^{(k)}, \sigma_i^{2(0)}\right)\right]\right\} \tag{4-22}$$

（3）计算中间变量：设 $Iter = Iter + 1$

$$z_i^{k(Iter)} = \frac{g(Q \mid y_i^k, \ \sigma_i^{2(Iter-1)})}{\sum\limits_{i=1}^{m} g(Q \mid y_i^k, \ \sigma_i^{2(Iter-1)})} \qquad (4-23)$$

（4）计算权重：

$$\omega_{3,\,i}^{(Iter)} = \frac{1}{n} \sum_{k=1}^{n} z_i^{k(Iter)} \qquad (4-24)$$

（5）计算模型误差：

$$\sigma_i^{2(Iter)} = \frac{\sum\limits_{k=1}^{n} z_i^{k(Iter)} \cdot (Y^k - y_i^k)}{\sum\limits_{k=1}^{n} z_i^{k(Iter)}} \qquad (4-25)$$

（6）计算似然值：

$$l(\theta)^{(Iter)} = \sum_{k=1}^{n} \log \left\{ \sum_{i=1}^{m} \left[\omega_{3,\,k}^{(Iter)} \cdot g\left(Q \mid y_i^k, \ \sigma_i^{2(Iter)}\right) \right] \right\} \qquad (4-26)$$

（7）检验收敛性：若 $|l(\theta)^{(Iter)} - l(\theta)^{(Iter-1)}|$ 小于等于预先设定的允许误差，就停止，否则回到步骤（3）。

利用 EM 算法计算得到 BMA 集合模型中各模型权重 $w_{3,\,i}$ 和各模型反演误差 σ_i^2，结合蒙特卡罗组合抽样随机选择参与 BMA 集合建模的模型，反演任意采样点处水质参数，获取水质参数 90% 反演区间。水质参数 90% 反演区间具体计算流程如图 4-2 所示。

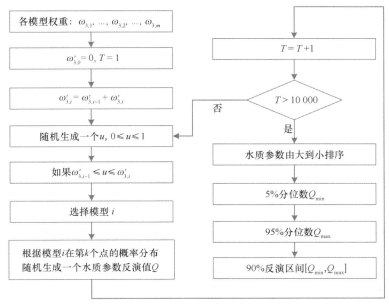

图 4-2　水质参数反演区间计算流程

4.2.5 基于博弈论的集合建模方法

EW-EM、SPA-EM 和 BMA-EM 集合建模方法确定权重的原理不同，3 种方法确定的各模型权重可能会存在一定的差异，给集合模型的选择造成一定的困扰。基于 3 种集合建模方法确定的各模型权重，利用博弈论理论可以确定各模型的综合权重，为决策者提供决策支持（Lai et al.，2015）。从不同权重组合中寻找一致或妥协是采用博弈论确定各模型综合权重的基本思想，其主要步骤如下：

（1）基于 3 种集合建模方法确定的各模型权重构建权重矩阵 $\boldsymbol{\omega}$，利用权重系数 α 对权重矩阵进行线性组合，生成新矩阵 $\tilde{\boldsymbol{\omega}}$，见式（4-27）和式（4-28）。

（2）优化权重系数 α 使 $\boldsymbol{\omega}$ 和 $\tilde{\boldsymbol{\omega}}$ 离差最小，见式（4-29）和式（4-30）。根据矩阵微分性质，式（4-30）最优化的一阶导数条件为式（4-31）。

$$\boldsymbol{\omega} = \begin{bmatrix} \boldsymbol{\omega}_1 \\ \boldsymbol{\omega}_2 \\ \boldsymbol{\omega}_3 \end{bmatrix} = \begin{bmatrix} \omega_{1,1} & \omega_{1,2} & \cdots & \omega_{1,m-1} & \omega_{1,m} \\ \omega_{2,1} & \omega_{2,2} & \cdots & \omega_{2,m-1} & \omega_{2,m} \\ \omega_{3,1} & \omega_{3,2} & \cdots & \omega_{3,m-1} & \omega_{3,m} \end{bmatrix} \tag{4-27}$$

$$\tilde{\boldsymbol{\omega}} = \alpha \cdot \boldsymbol{\omega} \tag{4-28}$$

$$\boldsymbol{\alpha} = \begin{bmatrix} \alpha_1 & \alpha_2 & \alpha_3 \end{bmatrix}, \ \alpha > 0 \tag{4-29}$$

$$\min \| \alpha \cdot \boldsymbol{\omega} - \omega_{i,1:m} \|_2, \ i = 1, 2, 3 \tag{4-30}$$

$$\begin{bmatrix} \boldsymbol{\omega}_1 \cdot \boldsymbol{\omega}_1^{\mathrm{T}} & \boldsymbol{\omega}_1 \cdot \boldsymbol{\omega}_2^{\mathrm{T}} & \boldsymbol{\omega}_1 \cdot \boldsymbol{\omega}_3^{\mathrm{T}} \\ \boldsymbol{\omega}_2 \cdot \boldsymbol{\omega}_1^{\mathrm{T}} & \boldsymbol{\omega}_2 \cdot \boldsymbol{\omega}_2^{\mathrm{T}} & \boldsymbol{\omega}_2 \cdot \boldsymbol{\omega}_3^{\mathrm{T}} \\ \boldsymbol{\omega}_3 \cdot \boldsymbol{\omega}_1^{\mathrm{T}} & \boldsymbol{\omega}_3 \cdot \boldsymbol{\omega}_2^{\mathrm{T}} & \boldsymbol{\omega}_3 \cdot \boldsymbol{\omega}_3^{\mathrm{T}} \end{bmatrix} \begin{bmatrix} \alpha_1 \\ \alpha_2 \\ \alpha_3 \end{bmatrix} = \begin{bmatrix} \boldsymbol{\omega}_1 \cdot \boldsymbol{\omega}_1^{\mathrm{T}} \\ \boldsymbol{\omega}_2 \cdot \boldsymbol{\omega}_2^{\mathrm{T}} \\ \boldsymbol{\omega}_3 \cdot \boldsymbol{\omega}_3^{\mathrm{T}} \end{bmatrix} \tag{4-31}$$

（3）利用式（4-32）对权重系数 α 进行归一化，然后根据式（4-33）计算各模型综合权重。基于博弈论确定的各模型综合权重构建 GT-EM 集合模型如式（4-34）所示。

$$\alpha_k^* = \alpha_k \Big/ \sum_{k=1}^{3} \alpha_k \tag{4-32}$$

$$\tilde{\boldsymbol{\omega}}^* = \begin{bmatrix} \tilde{\omega}_1^*, & \tilde{\omega}_2^*, & \cdots, & \tilde{\omega}_{m-1}^*, & \tilde{\omega}_m^* \end{bmatrix} = \alpha^* \cdot \boldsymbol{\omega} \tag{4-33}$$

$$\hat{y}_{\mathrm{GT-EM}}^k = \tilde{\boldsymbol{\omega}}_1^* \times \hat{y}_1^k + \tilde{\boldsymbol{\omega}}_2^* \times \hat{y}_2^k + \cdots + \tilde{\boldsymbol{\omega}}_m^* \times \hat{y}_m^k \tag{4-34}$$

4.3 叶绿素 a 浓度集合建模方法应用

4.3.1 潘家口-大黑汀水库概况

潘家口水库是引滦入津工程的源头，位于河北省迁西县滦河干流上，是天津和承德市重要的饮用水源地。潘家口大坝以上流域面积 33 700 km²，占滦河流域总面积的 75%，总库容为 29.3×10⁸ m³。大黑汀水库位于潘家口水库大坝下游 30 km，总库容 3.37×10⁸ m³，作为调节水库，负责承接潘家口水库来水，通过提高水位向天津市和承德市供水。2016 年以前，由于网箱养殖，每年有大量的鱼类饵料被投放到水库中，导致潘家口和大黑汀水库总氮和总磷浓度处于较高水平，潘家口水库和大黑汀水库水体呈富营养化状态，对受水区人民的用水安全造成了严重的威胁。2016 年 11 月，河北省启动对潘家口水库网箱养殖的清理工作，到 2017 年 5 月潘家口水库中的网箱基本清理完成。

4.3.2　数据获取

2017 年 9 月 11—13 日，在潘家口-大黑汀水库布设了 37 个采样点（图 4-3），用采样桶采集水面以下 0.5 m 处的水样，水样遮光冷藏，采样结束后将水样运送至实验室进行分析。水样叶绿素 a 浓度采用分光光度法进行测量，首先用醋酸纤维膜过滤水样，然后放置于 90% 丙酮中萃取，再将萃取液放置冰箱中遮光冷藏24 h，最后用 UV-2550 分光光度计测量得到水样叶绿素 a 浓度。剔除一个异常点，获得 36 个样点处水体叶绿素 a 浓度（见图 4-4）。

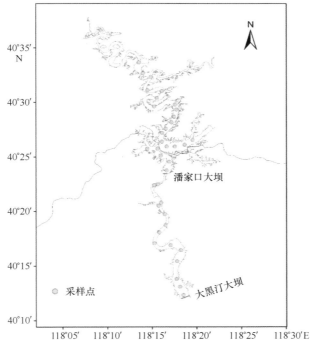

图 4-3　潘家口-大黑汀水库水质采样点分布

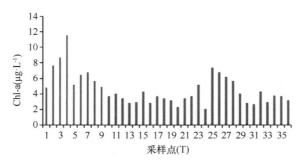

图 4-4　潘家口-大黑汀水库 36 个采样点处叶绿素 a 浓度

采集水样的同时，根据水体光谱"水面以上测量法"（唐军武 等，2004），利用 ASD 地物光谱仪对水体光谱进行同步测量，获取潘家口-大黑汀水库水体遥感反射率，潘家口-大黑汀水库 36 个采样点处水体遥感反射率如图 4-5 所示。潘家口-大黑汀水库遥感反射率曲线和典型内陆水体的遥感反射率曲线特征一致，由于叶绿素 a 和胡萝卜素在 560 nm 处的弱吸收以及悬浮颗粒物的反射作用，遥感反射率曲线在 560 nm 处存在一个明显的反射峰；叶绿素 a 浓度对 675 nm 波段附近的入射光具有强吸收作用，导致遥感反射率曲线在 675 nm 处存在一个明显的吸收谷；700 nm 附近出现一个反射峰，该反射峰是叶绿素 a 浓度特征光谱，其峰值高低取决于叶绿素 a 浓度（焦红波 等，2006）。在 730~850 nm 的长波部分，由于纯水在红外波段范围内的吸收作用，遥感反射率均较低。

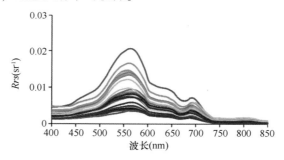

图 4-5　潘家口-大黑汀水库 36 个采样点处水体实测光谱

4.3.3　潘家口-大黑汀水库叶绿素 a 浓度反演模型构建和验证

利用 2017 年 9 月 11—13 日在潘家口-大黑汀水库获取的 24 个样点的叶绿素 a 浓度和对应的水体高光谱遥感反射率数据，分别构建潘家口-大黑汀水库水体叶绿素 a 浓度 R_{rs}（546 nm）单波段模型、R_{rs}（705 nm）/R_{rs}（695 nm）波段比值模型、$\left[R_{rs}^{-1}（679\ \text{nm}）-R_{rs}^{-1}（698\ \text{nm}）\right]\times R_{rs}^{-1}（755\ \text{nm}）$ 三波段模型、$\left[R_{rs}^{-1}（679\ \text{nm}）-\right.$

R_{rs}^{-1}（697 nm）］ × ［R_{rs}^{-1}（744 nm）－R_{rs}^{-1}（739 nm）］$^{-1}$四波段模型和偏最小二乘模型，偏最小二乘建模采用 400 ~ 850 nm 范围内共计 451 个波段遥感反射率。剩余样点数据用于检验模型精度，模型精度用决定系数（R^2）、相对均方根误差（$rRMSE$）、相对误差（ARE）和综合误差来表征，各模型精度评价结果见表 4-1。从单波段模型、波段比值模型、三波段模型、四波段模型到偏最小二乘模型，模型的建模波段数越来越多，对应的建模精度也越来越高，其中利用 451 个波段反射率建模的 PLS 模型建模精度最高，建模综合误差仅为 12.58%；仅利用一个波段反射率建模的单波段模型，建模精度最低，建模综合误差为 20.11%。5 个模型的反演误差均大于 20%。某个模型虽然具有较高的建模精度，但反演精度可能偏低，例如四波段模型虽然具有较高的建模精度（$R^2 = 0.90$，$CE\_c = 15.28\%$），但反演精度较低（$CE\_v = 24.9\%$）；单波段模型虽然建模精度较低（$R^2 = 0.80$，$CE\_c = 20.1\%$），但模型反演精度相对较高（$CE\_v = 20.9\%$）。因此，在实际应用中模型的选择存在不确定性，此外，单个模型的反演精度有限，反演精度还需提升。

表 4-1　潘家口-大黑汀水库水体叶绿素 a 浓度经验反演模型精度评价

模型	波段数	R^2	$rRMSE\_c$	ARE_c	CE_c	$rRMSE\_v$	ARE_v	CE_v
单波段	1	0.80	0.210	0.193	0.201	0.218	0.199	0.209
波段比值	2	0.82	0.199	0.203	0.201	0.259	0.249	0.254
三波段	3	0.85	0.183	0.166	0.175	0.219	0.213	0.216
四波段	4	0.90	0.149	0.157	0.153	0.263	0.235	0.249
偏最小二乘	451	0.92	0.130	0.126	0.128	0.206	0.207	0.207

注：下标_c 和_v 分别表示建模精度和反演误差。

4.3.4　潘家口-大黑汀水库叶绿素 a 浓度确定性集合模型构建和验证

首先分别利用熵权法（EW-EM）和集对分析法（SPA-EM）确定各单一模型权重（见图 4-6）。由图 4-6 可以看出，2 种集合方法确定的模型权重存在一定的差异，这是因为不同集合建模方法确定权重的准则不一样，EW-EM 根据各模型反演误差的混乱程度来确定各模型权重；SPA-EM 根据各模型反演误差在区间 [0, 0.3]，(0.3, 0.6] 和 (0.6, ∞] 中的分布来确定各模型权重（袁喆 等，2014）。EW-EM 和 SPA-EW 集合模型精度评价结果见表 4-2，2 个集合模型建模和反演精度类似，建模和反演精度分别接近于 15% 和 17.5%。和单一模型相比，EW-EM 和 SPA-EM 集合模型具有更高的反演精度，且建模精度接近 PLS 模型的建模精度。

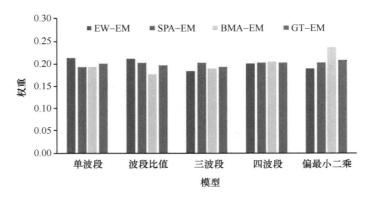

图 4-6　4 种集合建模模型确定的单一模型权重

表 4-2　EW-EM，SPA-EM，BMA-EM 和 GT-EM 集合模型精度评价

模型	R^2	$rRMSE\_c$	ARE_c	CE_c	$rRMSE\_v$	ARE_v	CE_v
EW-EM	0.90	0.149 4	0.154 3	0.151 9	0.172 4	0.177 1	0.174 7
SPA-EM	0.90	0.148 5	0.152 7	0.150 6	0.173 5	0.177 9	0.175 7
BMA-EM	0.92	0.145 5	0.149 7	0.147 6	0.169 8	0.175 2	0.172 5
GT-EM	0.90	0.147 9	0.152 4	0.150 1	0.172 1	0.176 7	0.174 4

　　叶绿素 a 浓度 5 个反演模型和 EW-EM、SPA-EM 集合模型建模和验证相对误差如图 4-7 和图 4-8 所示。可以看出，不同模型对不同样点处叶绿素 a 浓度的反演精度存在显著差异。例如，建模精度最低的单波段模型反演第 20 个建模样点处叶绿素 a 浓度的相对误差最大，但反演第 7 个建模样点处叶绿素 a 浓度的相对误差却最小；建模精度最高的 PLS 模型反演第 11 和第 12 个验证样点处叶绿素 a 浓度误差最小，但反演第 9 和第 10 个验证样点处叶绿素 a 浓度误差却最大。和单一模型相比，集合建模可以提高叶绿素 a 浓度反演精度。例如，EW-EM 和 SPA-EM 模型反演第 19 个建模样点和第 3、4、6 和第 10 个验证样点处叶绿素 a 浓度的相对误差均低于单波段、波段比值等 5 个反演模型。集合建模可以综合各模型反演结果，提高叶绿素 a 浓度的反演精度。

4.3.5　潘家口-大黑汀水库叶绿素 a 浓度概率性集合模型构建和验证

　　基于贝叶斯模型平均（BMA）的集合建模方法，假设叶绿素 a 浓度观测值和模型反演值均服从正态分布，在此基础上采用期望最大化算法确定各模型权重和方差。实际应用中，叶绿素 a 浓度观测和反演值难以满足正态分布假设，所以在利用期望

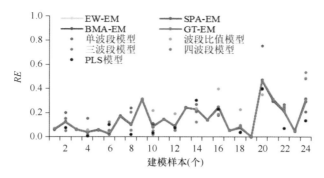

图 4-7　5 个单一模型和集合模型建模精度

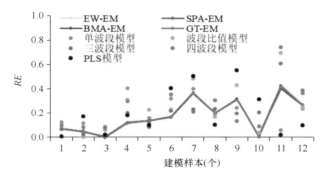

图 4-8　5 个单一模型和集合模型验证精度

最大化算法确定各模型权重前，需要对叶绿素 a 浓度观测值和反演值进行正态转换。利用 MATLAB Box-Cox 函数对叶绿素 a 浓度观测值和反演值进行正态转换，叶绿素 a 浓度观测值和反演值转换前后的概率密度图如图 4-9 所示。由图 4-9 可以看出，经过正态转换后叶绿素 a 浓度观测值和反演值的概率密度接近一条直线，说明转换后的叶绿素 a 浓度观测值和反演值趋于正态分布，利用 Jarque-Bera 定量检验其正态性，转换后的叶绿素 a 浓度观测值和各模型反演值均通过正态性检验（返回值 $h = 0$）。基于正态转换后的叶绿素 a 浓度观测值和各模型反演值，利用 EM 算法确定各模型权重（见图 4-6）和方差，构建 BMA-EM 集合反演模型。

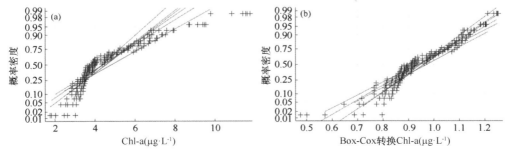

图 4-9　叶绿素 a 浓度观测值和反演值转换前（a）和转换后（b）概率密度

叶绿素 a 浓度 BMA-EM 集合模型反演精度和 EW-EM 和 SPA-EM 集合模型反演精度类似（见表 4-2），BMA-EM 集合模型 R^2、CE_c 和 CE_v 分别为 0.92、14.76% 和 17.25%。BMA-EM 集合模型对所有建模和验证样点处叶绿素 a 浓度均具有较高的反演精度。此外，BMA-EM 集合模型对第 19 个建模样点和第 3、4、6 和第 10 个验证样点处叶绿素 a 浓度反演精度要高于这 5 个模型的反演精度。

相比 EW-EM 和 SPA-EM 集合模型，BMA-EM 集合模型不仅可以提高叶绿素 a 浓度的反演精度，还可以利用蒙特卡洛抽样方法估计叶绿素 a 浓度反演的 90% 置信区间。BMA-EM 集合模型反演叶绿素 a 浓度的 90% 置信区间如图 4-10 所示。由图 4-10 可以看出，叶绿素 a 浓度反演 90% 置信区间包含了所有叶绿素 a 浓度观测值，说明 BMA-EM 集合模型可以获取可靠的叶绿素 a 浓度反演置信区间。

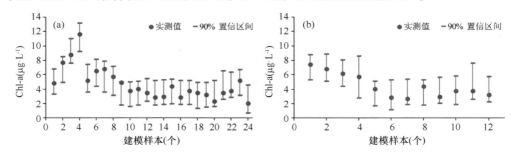

图 4-10　BMA-EM 集合模型反演叶绿素 a 浓度的 90% 置信区间

4.3.6　基于博弈论的叶绿素 a 浓度集合模型构建和验证

采用博弈论思想确定各单一模型的综合权重（图 4-6），构建潘家口-大黑汀水库叶绿素 a 浓度 GT-EM 集合反演模型。GT-EM 集合模型对所有采样点处叶绿素 a 浓度的反演精度和 EW-EM、SPA-EM 和 BMA-EM 集合模型的反演精度差异较小，GT-EM 集合模型 R^2、CE_c 和 CE_v 分别为 0.90、15.01% 和 17.44%（见表 4-2）。该案例中，由于 3 种集合建模方法确定的各模型权重差异较小，基于博弈论确定的各模型综合权重和三种集合建模方法确定的各模型权重类似，所以 GT-EM 集合模型反演精度和 3 种集合模型反演精度类似。如果不同集合建模方法确定的各模型权重存在明显差异时，可基于博弈论确定各模型的综合权重，避免集合模型选择的主观性。

4.3.7　讨论

集合建模可以综合叶绿素 a 浓度不同反演模型的反演结果，提高叶绿素 a 浓度的反演精度。集合建模方法在内陆水体其他水质参数（如悬浮物浓度、浊度、总

磷）反演中具有应用潜力。集合建模在基于高光谱和多光谱的水质遥感反演中存在
2 种应用模式：①基于高光谱影像的水质参数多模型集合建模；②基于多光谱影像
的水质参数多个反演结果集合建模。前者适用于基于高光谱影像的水质遥感监测，
因为高光谱影像在可见光和近红外波段具有超过 100 个波段遥感反射率，可以构建
反演某种水质参数的多个模型（Dörnhöfer 和 Oppelt，2016）；后者更适用于基于多
光谱的水质遥感监测，因为多光谱影像在可见光和近红外波段范围内只有几个波段
遥感反射率，能够构建的模型有限，但目前可用的多光谱影像较为丰富，例如 GF-
1 WFV、Sentinel-2A MSI 和 Sentinel-3A OLCI 等，可以基于多种影像数据获取某种
水质参数多个反演结果，然后多个反演结果进行集合建模。集合建模应用于水质遥
感监测具有一定的条件，如果存在某个模型同时具有最高的建模和验证精度，则不
建议使用集合建模，该模型可以直接应用于水质遥感监测。

4.4　本章小结

　　本章构建了集合建模技术的水质遥感监测方法，基于在潘家口-大黑汀水库获
取的水体实测高光谱遥感反射率和水体叶绿素 a 浓度，分别利用熵权法、集对分析
方法和贝叶斯模型平均方法构建了潘家口-大黑汀水库水体叶绿素 a 浓度 EW-EM、
SPA-EM 和 BMA-EM 集合反演模型，相比叶绿素 a 浓度单一反演模型，集合模型具
有更高的反演精度，集合建模技术可以综合各模型信息，提高水质反演精度。

参考文献

曹引，冶运涛，赵红莉，等，2015. 南四湖水体叶绿素 a 浓度实用化高光谱反演模型［J］. 水资
　　源与水工程学报，26（4）：62-68.

董磊华，熊立华，万民，2011. 基于贝叶斯模型加权平均方法的水文模型不确定性分析［J］. 水
　　利学报，42（9）：1065-1074.

巩彩兰，尹球，匡定波，2006. 黄浦江水质指标与反射光谱特征分析［J］. 遥感学报，10（6）：
　　610-916.

黄昌春，李云梅，徐良将，等，2013. 内陆水体叶绿素反演模型普适性及其影响因素研究［J］.
　　环境科学，34（2）：525-531.

焦红波，查勇，李云梅，等，2006. 基于高光谱遥感反射比的太湖水体叶绿素 a 含量估算模型
　　［J］. 遥感学报，10（2）：242-248.

金菊良，魏一鸣，丁晶，2003. 用基于加速遗传算法的组合预测模型预测海洋冰情［J］. 系统工
　　程理论方法应用，12（4）：367-370.

李渊，李云梅，吕恒，等，2014. 基于数据同化的太湖叶绿素多模型协同反演［J］. 环境科学，
　　35（9）：3389-3396.

唐军武，田国良，汪小勇，等，2004. 水体光谱测量与分析 I：水面以上测量法 [J]. 遥感学报，8（1）：37-44.

王文圣，李跃清，金菊良，2009. 基于集对原理的水文相关分析 [J]. 四川大学学报（工程科学版），41（2）：1-5.

吴静敏，左洪福，陈勇，2006. 基于免疫粒子群算法的组合预测方法 [J]. 系统工程理论方法应用，15（3）：229-233.

袁喆，严登华，杨志勇，等，2014. 集合建模在径流模拟和预测中的应用 [J]. 水利学报，45（3）：351-359.

张凤太，苏维词，周继霞，2008. 基于熵权灰色关联分析的城市生态安全评价 [J]. 生态学杂志，27（7）：1249-1254.

张青，2001. 基于神经网络最优组合预测方法的应用研究 [J]. 系统工程理论与实践，21（9）：90-93.

DÖRNHÖFER K, OPPELT N, 2016. Remote sensing for lake research and monitoring–Recent advances [J]. Ecological Indicators, 64：105-122.

DALL'OLMO G, GITELSON A A, 2006. Effect of bio-optical parameter variability and uncertainties in reflectance measurements on the remote estimation of chlorophyll-a concentration in turbid productive waters：Modeling results [J]. Applied Optics, 45（15）：3577-3592.

GELADI P, KOWALSKI B R, 1986. Partial least-squares regression：a tutorial [J]. Analytica chimica acta, 185：1-17.

LAI C, CHEN X, CHEN X, et al., 2015. A fuzzy comprehensive evaluation model for flood risk based on the combination weight of game theory [J]. Natural Hazards, 77（2）：1243-1259.

LE C, LI Y, ZHA Y, et al., 2009. A four-band semi-analytical model for estimating chlorophyll a in highly turbid lakes：The case of Taihu Lake, China [J]. Remote Sensing of Environment, 113（6）：1175-1182.

RAFTERY A E, GNEITING T, BALABDAOUI F, et al., 2005. Using Bayesian model averaging to calibrate forecast ensembles [J]. Monthly weather review, 133（5）：1155-1174.

SONG K, LI L, TEDESCO L P, et al., 2012. Hyperspectral determination of eutrophication for a water supply source via genetic algorithm-partial least squares（GA-PLS）modeling [J]. Science of the Total Environment, 426：220-32.

第5章　考虑水生植物物候特征的湖泊水质遥感监测技术

5.1　引言

草型或者混合型湖泊中生长有大量的水生植物，水生植物会造成"水体–水生植物"混合像元问题，导致卫星传感器获取的水生植物生长区域的光谱信息为水体和水生植物的混合光谱，直接利用经验和半经验模型反演水生植物生长区域水质参数存在不确定性（Giardino et al.，2015；曹引，2016；李俊生 等，2009）。针对水生植物生长区域的水质反演，部分学者对水生植物生长区域不做特殊处理，直接利用水质遥感模型对水生植物生长区域水质进行反演，如 Shi 等（2015）和 Zhang 等（2014）利用遥感模型直接对东太湖水生植物生长区域水体总悬浮物浓度进行反演；还有部分学者利用目视解译（Birk et al.，2014）、光谱指数（如归一化植被指数和叶绿素 a 光谱指数）（Villa et al.，2013；朱庆 等，2016）、监督或非监督分类方法（Bolpagni et al.，2014；Cao et al.，2018；Hunter et al.，2010；Oppelt，2012）、生物光学模型和混合像元分解方法（Brooks et al.，2015；Giardino et al.，2015）将水生植物生长区域和水体区域分离，仅对水体区水质参数进行遥感监测（Bolpagni et al.，2014；Giardino et al.，2015）；此外，乔娜等（2016）将南四湖分为水生植物覆盖区和非覆盖区，利用水生植物对水质的指示作用对水生植物覆盖区总悬浮物浓度定性反演，但未考虑水生植物类型和水生植物生长状况对水质的影响。不同物候期的水生植物对水体组分的迁移转化的影响机制不同，处于生长期的水生植物能够吸收湖泊沉积物间隙水中氮磷等营养盐，抑制浮游植物生长和藻类水华过程（张云等，2018）；此外，处于生长期的沉水植物可以吸附、固着和沉降水体中的悬浮物，其根部可以有效抑制沉积物的再悬浮（Zhang et al.，2014），降低沉积物营养盐的释放，提高水体的透明度（常素云 等，2016）；但处于衰亡期的水生植物，由于降解过程的氮磷代谢会导致水体氮磷浓度升高，加上衰亡过程产生的植物残体和厌氧条件，导致水体透明度下降，水质不断恶化（Cao et al.，2018；申秋实 等，2014）。因此，如何实现不同物候期内水生植物生长水域的水质遥感监测对实现整个草型或混合型湖泊水质遥感监测至关重要。

　　本节以草型湖泊微山湖为研究区，基于分区反演思路，将微山湖区分为水生植物覆盖区和水体区，针对水生植物覆盖区，利用时序 MODIS 植被指数（Normalized Difference Vegetation Index，NDVI）产品识别微山湖典型水生植物的物候特征，基于不同物候期内水生植物对微山湖水体总悬浮物浓度和浊度的指示作用，对微山湖水生植物覆盖区水体总悬浮物浓度和浊度进行定性遥感监测；针对水体区，利用波段组合模型和偏最小二乘模型对微山湖水体总悬浮物浓度和浊度进行定量遥感监测。利用定性和定量相结合的遥感监测方法，对草型湖泊微山湖总悬浮物浓度和浊度进行遥感监测，分析了微山湖水体总悬浮物浓度和浊度的时空变化规律。

5.2　数据获取和处理

　　2014 年 7 月至 2015 年 6 月，笔者在微山湖开展了 6 次野外试验，采用均匀布点原则在微山湖布置采样点。乘坐快艇到达预定位置，待水流平稳后利用采样瓶采集水样，对于水生植物生长茂密区域，采集表层水样［图 5-1（a）］；对于水生植物生长相对稀疏区域，在水生植物生长空隙处采集水面以下 0.5 m 左右处的水样［图 5-1（b）］；对于水体区域则就近采集水面以下 0.5 m 左右处的水样［图 5-1（c）］，水样用锡纸包裹，冷藏后送回实验室分析，利用称重法计算水体总悬浮物浓度；采集水样的同时，利用美国哈希（HACH）浊度仪 1900C 现场测定水体浊度。采样时间、采样点个数、总悬浮物浓度和浊度统计结果如表 5-1 所示。由表 5-1 可以看出，微山湖水体总悬浮物浓度和浊度具有时空变异性，不同月份微山湖水体总悬浮物浓度和浊度的最大值、最小值、均值和标准差存在显著差异，其中 2014 年 7月微山湖水体最为浑浊，总悬浮物浓度和浊度四项统计指标均显著大于其他月份；而 2015 年 4 月微山湖水体最为清澈，总悬浮物浓度和浊度四项统计指标均小于其他月份。从均值指标来看，微山湖水体总悬浮物浓度和浊度从 4 月到 7 月呈逐渐增加的趋势，随后逐渐降低。

(a)水生植物茂密区　　　　　　(b)水生植物稀疏区　　　　　　(c)水体区

图 5-1　现场采样照片

表 5-1   微山湖水体总悬浮物浓度和浊度统计

试验时间	样点数 N	TSM（mg·L⁻¹）				浊度（NTU）				卫星遥感数据源	
		Max	Min	Mean	Std	Max	Min	Mean	Std	HJ-1A/1B	GF-1
2014 年 7 月 21—23 日	17	352.0	12.0	80.5	95.1	343.0	13.7	77.2	98.8	—	2014 年 7 月 21 日
2014 年 8 月 29 日	11	76.0	3.0	42.7	23.2	78.7	3.0	40.1	24.4	2014 年 8 月 29 日	
2014 年 11 月 17 日	13	42.0	5.0	18.1	9.1	39.9	3.8	17.2	8.5		2014 年 11 月 14 日
2015 年 4 月 6—9 日	31	—	—	—	—	30.4	1.5	9.0	6.1	2015 年 4 月 10 日	
2015 年 5 月 24 日	29	36.9	2.0	14.3	10.2	40.7	2.3	15.9	11.8		2015 年 5 月 25 日
2015 年 6 月 11—13 日	41	141.0	1.0	35.9	35.3	140.0	2.1	44.5	41.1		2015 年 6 月 6 日

注：—代表无有效数据。

　　从中国资源卫星应用中心网站（http：//www. cresda. com/CN/）上下载和采样时间同步或准同步的 HJ-1A/1B CCD 和 GF-1 WFV 影像数据，影像获取情况和拍摄时间见表 5-1。利用 ENVI 5.0 软件对获取的 HJ-1A/1B CCD 和 GF-1 WFV 影像进行辐射定标、几何精校正和大气校正处理，获取微山湖水体遥感反射率；辐射定标利用资源卫星应用中心提供的定标系数，将影像像元 DN 值转换为辐亮度；以 Landsat 8 影像作为基准影像，对 HJ-1A/1B CCD 和 GF-1 WFV 影像进行几何精校正；大气校正采用的是 ENVI 5.0 软件中 FLAASH 模块，可以快速有效地获取水体遥感反射率（朱云芳 等，2017）。此外在 MODIS 网站上（https：//modis. gsfc. nasa. gov/）下载 2014—2015 年时序 MOD13A1 NDVI 产品。

5.3   草型湖泊水体总悬浮物浓度和浊度遥感监测方法

5.3.1   总体研究思路

　　本书基于分区反演思想，利用归一化水体指数 NDWI（Normalized Difference Water Index）将微山湖区分为水生植物覆盖区和水体区。针对水生植物覆盖区，考虑水生植物的物候特征，利用水生植物对微山湖水体总悬浮物浓度和浊度的指示作用对微山湖水生植物覆盖区水体总悬浮物浓度和浊度进行定性监测；针对水体区，构建反演微山湖水体区总悬浮物浓度和浊度的经验模型，对微山湖水体区总悬浮物浓度和浊度进行定量反演。具体思路见图5-2。

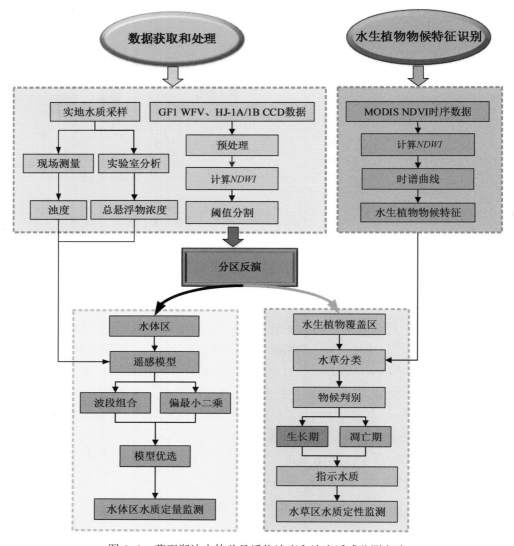

图 5-2　草型湖泊水体总悬浮物浓度和浊度遥感监测方法

5.3.2　水生植物物候特征识别

不同水生植物生长和凋亡的时间节点不同，即水生植物存在不同的物候特征（Hestir et al.，2015）。水生植物的生长周期可利用时序 NDVI 构建时谱曲线进行表征（李瑶 等，2016）。选择 500 m 空间分辨率和 16 天时间分辨率的 MODIS NDVI 产品（MOD13A1）作为数据源，每年可以获取 23 个时相的 MODISNDVI 数据，利用微山湖矢量数据对 2014—2015 年覆盖微山湖区域的 MODIS NDVI 产品进行裁剪，将不同时相的 NDVI 数据按时间顺序进行叠加，建立微山湖区 NDVI 时谱曲线。每一景 NDVI 图像相当于时谱曲线的一个 "波段"，不同地物的时谱曲线不同，从微山湖区时谱曲线中提取典型地物的时谱曲线。

5.3.3 水生植物遥感监测

归一化水体指数 NDWI 是提取水体的重要指数（Hou et al.，2017），可有效区分水体和水生植物。基于大气校正后的多光谱影像，计算微山湖区 NDWI 值。由于水生植物会增加近红外波段的反射率，在假彩色影像（RGB：近红、红、绿）中往往呈暗红色，结合目视解译，设定阈值将影像中呈暗红色区域提取出来。

5.3.4 水体区总悬浮物浓度和浊度遥感模型构建

基于多光谱影像的水体总悬浮物浓度和浊度遥感监测模型以波段组合模型为主（Bonansea et al.，2015；Hicks et al.，2013），该模型以多光谱波段组合和总悬浮物浓度或浊度之间的相关分析为基础，选择和总悬浮物浓度或浊度相关系数最高的波段组合和水质参数之间建立统计回归模型。此外，偏最小二乘模型作为一种多元回归模型，可以同时利用多个波段信息构建水质参数的多元回归反演模型，目前多应用于高光谱水质遥感（Cao et al.，2018；Song et al.，2013；刘忠华 等，2011）。本研究中，偏最小二乘模型以 GF-1 WFV 和 HJ-1A/1B CCD 影像的 4 个波段作为自变量，总悬浮物浓度和浊度作为因变量，详细建模步骤参考刘忠华等（2011）论文。

5.4 水生植物物候特征识别

利用 2014 年 7 月至 2015 年 6 月的 MODIS 植被指数时序数据获取微山湖区光叶眼子菜、菹草、水体、农田和湿地的时谱曲线（见图 5-3），其中穗花狐尾藻和光叶眼子菜的时谱曲线类似，将两者归为一类，由图 5-3 可以看出，不同地物时谱曲线存在显著差异，说明不同地物物候特征不同（李瑶 等，2016；李瑶，2017），其中，农田的 NDVI 曲线具有双峰特征，夏季农作物的收割导致农田的时谱曲线在夏季存在一个低谷；湿地的 NDVI 从春季开始上升，到夏季末达到峰值，然后开始下降；光叶眼子菜和穗花狐尾藻的 NDVI 变化趋势和湿地的一致，也是从春季开始上升，到夏季末达到峰值，然后开始下降，但是 NDVI 的数值较小；菹草的 NDVI 从初春开始上升，到春末时达到峰值，然后急速下降，此后一直保持较低的状态；水体的 NDVI 一直保持较低的状态且变化不大。

图 5-4 为不同物候期内光叶眼子菜、穗花狐尾藻和菹草生长照片。由图 5-4

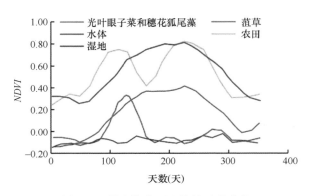

图 5-3　微山湖典型地物的时谱曲线

（a）和图 5-4（b）可以看出光叶眼子菜和穗花狐尾藻从 4 月开始生长，分布零散，在 5—7 月期间内逐渐生长茂盛，成片的光叶眼子菜和穗花狐尾藻贴近甚至浮于水面，此后逐渐衰亡。由图 5-4（c）可以看出菹草从 4 月开始迅速生长，成片的菹草逐渐贴近水面，到 5 月末大片菹草贴近甚至浮于水面，此时水草迅速进入凋亡期，到 6 月中旬，大片菹草迅速腐烂凋亡。利用时序 NDVI 获取的光叶眼子菜/穗花狐尾藻和菹草的物候特征和实地采样中观测到的光叶眼子菜/穗花狐尾藻和菹草的物候特征保持一致。

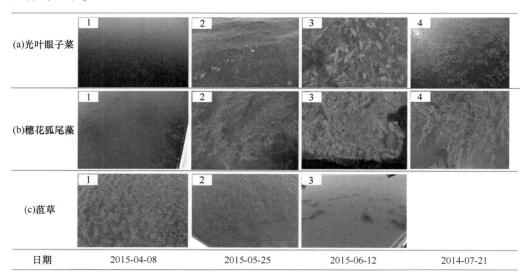

图 5-4　不同物候期内的光叶眼子菜、穗花狐尾藻和菹草照片

5.5 微山湖水生植物时空变化监测

利用预处理后的 GF-1 WFV 和 HJ-1A/1 BCCD 影像计算微山湖区水体归一化水体指数，基于实地采样获取的水草分布，利用目视解译设定阈值，结合不同水生植物的物候特征得到 2014 年 7 月 21 日、2014 年 8 月 29 日、2014 年 9 月 30 日、2014 年 10 月 24 日、2015 年 5 月 25 日和 2015 年 6 月 6 日微山湖区光叶眼子菜/穗花狐尾藻（见图 5-5）和菹草的时空变化图（见图 5-6）。由图 5-5 可以看出，2014 年 7 月 21 日微山湖光叶眼子菜和穗花狐尾藻主要集中于西南湖区，此时光叶眼子菜和穗花狐尾藻长势茂盛，成片地贴于水面；到 2014 年 8 月底，光叶眼子菜和穗花狐尾藻逐渐开始进入衰亡期，但衰亡十分缓慢，直至 2014 年 11 月才逐渐衰亡沉入水底；到 2015 年 5 月底时，微山湖区西南角的光叶眼子菜和穗花狐尾藻开始进入生长期，部分光叶眼子菜和穗花狐尾藻长势茂盛，开始贴近水面，到 6 月时，贴近水面的光叶眼子菜和穗花狐尾藻面积进一步扩大，和图 5-3 显示的光叶眼子菜和穗花狐尾藻的物候特征保持一致。由图 5-6 可以看出，2015 年 4 月 10 日，微山湖东北湖区附近的菹草迅速生长，逐渐贴近水面，到 2015 年 5 月时，菹草生长区域基本覆盖了整个微山湖东北湖区，由于菹草的生长周期较短（图 5-6），到 2015 年 5 月底时，菹

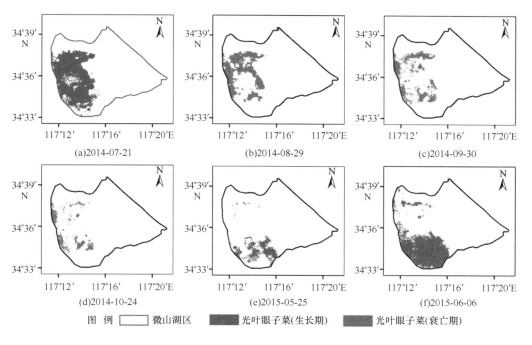

图 5-5　微山湖光叶眼子菜和穗花狐尾藻时空变化

草进入衰亡期；菹草在 6 月的时候开始迅速衰亡降解，微山湖东北湖区菹草覆盖面积迅速减少，部分菹草残体浮于水面。微山湖区水生植物具有明显的时空变化规律，菹草主要生长于微山湖东北湖区，在 4 月开始迅速生长，然后至 6 月迅速衰亡腐烂；光叶眼子菜和穗花狐尾藻主要生长在西南湖区，从 5 月开始进入生长期，到 7 月基本遍布整个西南湖区，随后逐渐进入衰亡期，直至 11 月才逐渐衰亡降解完全。

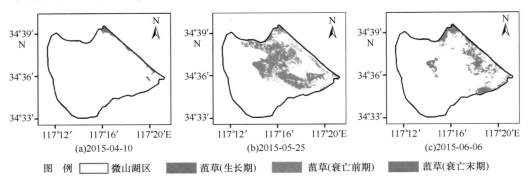

图 5-6　微山湖菹草时空变化

5.6　水生植物对水质的指示作用

处于生长期的水生植物能够吸收沉积物和水体中的营养盐（黄亮 等，2010），与浮游植物形成竞争关系，同时会分泌抑制悬浮物生长的化感物质（Wu et al.，2009），可以有效地抑制藻类生长；沉水植物枝叶对水体悬浮泥沙具有吸附、固着和沉降作用（Ellil，2006），通过改变水体上下水动力条件，沉水植物能够减小水体挟沙能力，且植物表面的分泌物能促使悬浮泥沙颗粒由分散的悬移质向絮凝团转化，当浮力小于重力时下降，悬浮泥沙将沉积于植物根部周围（郭长城 等，2007），此外沉水植物根部可以固着底泥，防止底泥再悬浮（Zhang et al.，2014）；沉水植物光合作用增加了水中的溶解氧，可以促进微生物对污染物的分解作用（Srivastava et al.，2017）。因此，处于生长期的水生植物区域水质一般较好，水体透明度较高（秦伯强，2002）。微山湖中生长的光叶眼子菜、穗花狐尾藻和菹草均属于沉水植物，其中光叶眼子菜具有椭圆形的大叶片，茎粗壮；穗花狐尾藻具有穗状花序，生长茂密的穗花狐尾藻可以浮于水体表面；菹草叶片呈针形，先端钝圆，叶片边缘具有锯齿。沉水植物一般整个植株都处于水中，在生长高峰期可以接近或者浮于水体表面。表 5-2 和表 5-3 分别为微山湖区处于不同物候期的菹草、光叶眼子菜和穗花狐尾藻分布区域水体总悬浮物浓度和浊度的统计结果，可以看出处于生长期的三种沉水植物分布区域水体总悬浮物浓度和浊度均值均小于 10 mg/L（NTU），标准差均较小，处于生长期的三种水生植物分布区域水质整体较好。

表 5-2　微山湖区菹草生长区域水体总悬浮物浓度（TSM）和浊度的统计结果

	2015 年 4 月 6—9 日		2015 年 5 月 24 日		2015 年 6 月 11—13 日	
	TSM（mg · L⁻¹）	浊度（NTU）	TSM（mg · L⁻¹）	浊度（NTU）	TSM（mg · L⁻¹）	浊度（NTU）
最大值	12.0	13.1	20.0	23.3	141.1	140.0
最小值	4.0	4.6	3.2	2.7	19.0	34.5
均值	7.5	9.1	8.9	8.9	65.0	84.3
标准差	2.2	2.3	6.5	7.8	31.3	31.8
样点数（个）	8		9		16	

表 5-3　微山湖区光叶眼子菜和穗花狐尾藻生长区域水体总悬浮物
浓度（TSM）和浊度的统计结果

	光叶眼子菜/穗花狐尾藻		光叶眼子菜		穗花狐尾藻	
	TSM（mg · L⁻¹）	浊度（NTU）	TSM（mg · L⁻¹）	浊度（NTU）	TSM（mg · L⁻¹）	浊度（NTU）
最大值	19.0	23.6	6.9	12.8	13.1	26.3
最小值	5.0	3.8	2.0	2.1	1.1	4.3
均值	12.6	12.2	3.8	6.4	6.6	9.6
标准差	5.0	6.6	1.6	3.4	3.7	7.1
样点数	5		6		6	
时间	2014 年 11 月 17 日		2015 年 6 月 11—13 日		2015 年 6 月 11—13 日	

由图 5-3 可以看出，菹草的时谱曲线在 6 月初急剧下降，菹草在短时间内迅速衰亡腐烂，菹草在生长期内吸收的营养盐重新释放进入水体（王锦旗 等，2011），造成严重的内源污染，此外水生植物衰亡过程产生的植物残体，导致水体悬浮物浓度上升，水体十分浑浊，水质短时间内迅速恶化（Cao et al.，2018；申秋实 等，2014）。由表 5-2 可以看出，2015 年 4 月 6—9 日微山湖菹草生长区域水体总悬浮物浓度和浊度均小于 15 mg/L 和 15 NTU，2015 年 5 月 24 日菹草分布区域水体总悬浮物浓度和浊度均值同样处于较低水平，但标准差较 2015 年 4 月有所增加。根据菹草的物候特征可知，2015 年 5 月 24 日菹草已经开始衰亡，结合实地采样观察，此时菹草衰亡程度较低，菹草分布区域水质依旧较好，该区域总悬浮物浓度和浊度分别不高于 20 mg/L 和 25 NTU；2015 年 6 月 11—13 日微山湖区菹草分布区域水质明显变差，总悬浮物浓度和浊度均值均高于 60 mg/L（NTU），总悬浮物浓度和浊度最大值分别为（141.1 mg/L 和 140 NTU）（表 5-2），此时微山湖区的菹草基本全部腐

烂，部分残体浮于水面。相比于菹草，光叶眼子菜和穗花狐尾藻的生长衰亡周期较长（见图 5-3），结合实地采样，发现 2014 年 11 月 17 日微山湖区光叶眼子菜和穗花狐尾藻已经腐烂沉降，此时微山湖西南湖区总悬浮物浓度和浊度均值均低于30 mg/L 和 30 NTU，水质无明显恶化（见表 5-3）。处于生长期的光叶眼子菜和穗花狐尾藻生长区域水体总悬浮物浓度和浊度范围分别为 0~15 mg/L 和 0~30 NTU，水质整体较好。

微山湖区光叶眼子菜、穗花狐尾藻和菹草在不同生长周期内对水质具有不同的指示作用。因此，基于不同水生植物的物候特征，可利用沉水植物对水质的指示作用对水生植物生长区域水质进行定性监测。其中处于生长期的光叶眼子菜和穗花狐尾藻分布区域水体总悬浮物浓度和浊度分别为 0~15 mg/L 和 0~30 NTU，处于生长期的菹草分布区域水体总悬浮物浓度和浊度分别为 0~15 mg/L 和 0~15 NTU；处于衰亡前期的菹草分布区域水体总悬浮物浓度和浊度分别为 0~20 mg/L 和 0~25 NTU；处于衰亡末期的菹草分布区域水体总悬浮物浓度和浊度分别为 15~145 mg/L 和 30~140 NTU。由于缺乏处于衰亡期的光叶眼子菜和穗花狐尾藻分布区域水体总悬浮物浓度和浊度，处于衰亡期的光叶眼子菜和穗花狐尾藻对水质的指示作用需要后续研究。本研究中水生植物对水质的指示作用适用于水生植物分布区域，不包括水生植物分布边界以外水域，此外，由于大风或强降雨等恶劣天气条件会造成湖泊底泥的再悬浮，此时水体会变得浑浊，水生植物对悬浮颗粒的吸附和沉降需要一定的时间，所以恶劣天气过后短时间内不适合利用水生植物对水质的指示作用来监测水体总悬浮物浓度和浊度（乔娜 等，2016）。

水生植物和水质的作用是相互的，生长期的沉水植物对水质具有净化作用，恶劣的水质同样影响着沉水植物的生长和分布（Shields et al.，2016）。富营养化浅水湖泊中水生植物会逐渐减少或消失（Scheffer et al.，2003），导致大面积的蓝藻水华爆发。因此，水生植物可以作为湖泊水质状况的指示物。

5.7　微山湖水质时空变化分析

针对水生植物覆盖区，利用不同物候期内不同水生植物对水质的指示作用对微山湖水生植物覆盖区水体总悬浮物浓度和浊度进行定性监测；针对水体区，基于2014 年 7 月至 2015 年 6 月在微山湖区 6 次实地采样试验获取的微山湖区水体总悬浮物浓度、浊度以及获取的和采样时间准同步的 GF-1 和 HJ-1A/1B 多光谱影像，分别构建微山湖水体区总悬浮物浓度和浊度单波段/波段组合模型和偏最小二乘反演模型，不同模型决定系数如表 5-4 所示。选择决定系数最高的单波段/波段组合模型或偏最小二乘模型对微山湖水体区总悬浮物浓度和浊度进行定量反演。2014 年 7 月至 2015 年 6 月微山湖水草区总悬浮物浓度的定性监测结果和水体区总悬浮物浓度的定量监测结果如图 5-7 和图 5-8 所示。由于 2015 年 4 月总悬浮物浓度测量数据无效，总悬浮物浓度只有 5 期定量反演结果；2014 年 7 月至 2015 年 6 月微山湖水生植物覆盖区浊度定性监测结果和水体区浊度定量监测结果如图 5-9 和图 5-10 所示。由于缺少处于衰亡期的光叶眼子菜和穗花狐尾藻对水体总悬浮物浓度和浊度的指示作用，未对 2014 年 8 月 29 日光叶眼子菜和穗花狐尾藻覆盖区水体总悬浮物浓度和浊度进行定性监测。

表 5-4　微山湖水体区总悬浮物浓度和浊度反演模型

	2014-07-21		2014-08-29		2014-11-17		2015-04-10		2015-05-25		2015-06-06	
	B3/B4^e	PLS	B2^l	PLS	B3/B1^l	PLS	—		B3/B1^l	PLS	B3^e	PLS
总悬浮物浓度	0.60	<u>0.63</u>	<u>0.76</u>	0.73	0.69	<u>0.72</u>			0.74	0.83	0.83	0.67
浊度	0.60	<u>0.84</u>	0.90	<u>0.91</u>	<u>0.72</u>	0.67	0.68	0.64	0.75	<u>0.79</u>	<u>0.79</u>	0.63

注：e 代表指数拟合；l 代表线性拟合；下划线代表采用的模型。

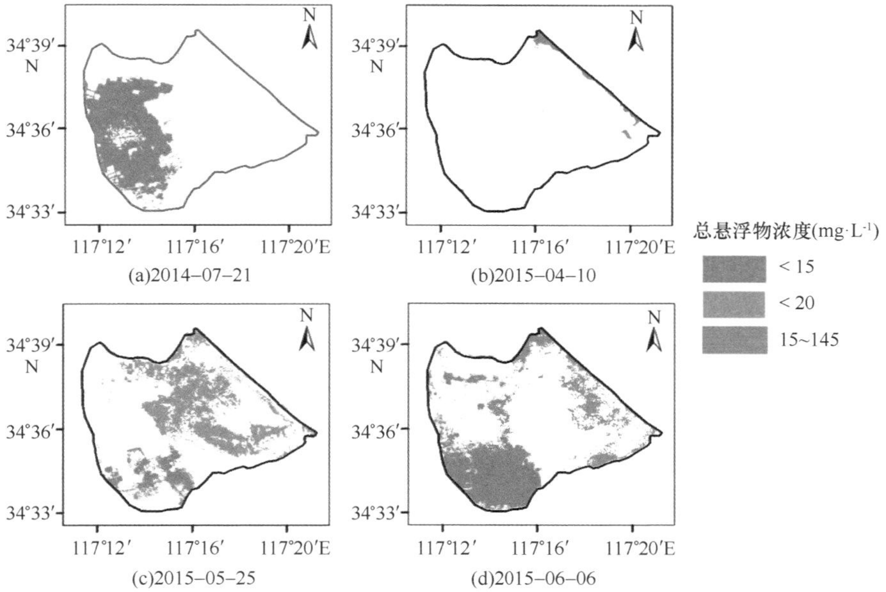

图 5-7　微山湖水生植物覆盖区总悬浮物浓度定性监测结果

由图 5-7 和图 5-8 可以看出，微山湖水体总悬浮物浓度具有显著的时空变异性。如图 5-7（a）所示，2014 年 7 月 21 日，位于微山湖区东北方向的菹草全部腐烂，生长期内吸收的大量营养盐集中释放，同时生成用于繁殖的鳞枝（张敏　等，

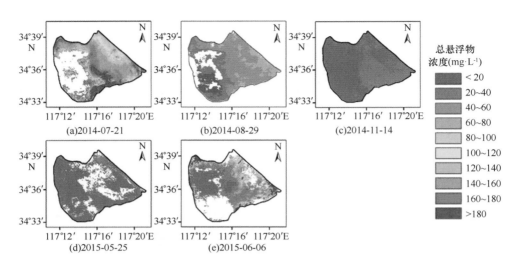

图 5-8 微山湖水体区总悬浮物浓度定量监测结果

2015），导致微山湖水体总悬浮物浓度显著增高，由定量监测结果可以看出微山湖东北湖区水体总悬浮物浓度普遍高于 100 mg/L［图 5-7（a）］，而西南湖区水体总悬浮物浓度整体较低，总悬浮物浓度大都低于 20 mg/L［图 5-7（a）］，这是因为此时该区域长有光叶眼子菜和穗花狐尾藻等沉水植物，沉水植物对悬浮物具有吸附和沉降作用（Ellil，2006），同时抑制因风浪等原因造成的底泥再悬浮（Zhang et al.，2014），降低了沉水植物生长区域水体总悬浮物浓度。由图 5-8（b）可以看出，2014 年 8 月 29 日，微山湖东北湖区水体总悬浮物浓度较 2014 年 7 月 21 日有明显的降低，菹草短期内迅速降解造成的悬浮物浓度上升的持续时间较短，随着时间的推移，菹草衰亡产生的鳞枝和悬浮颗粒最终沉降至湖底（张敏 等，2015），总悬浮物浓度逐渐降低。由图 5-8（c）可以看出，2014 年 11 月 14 日微山湖区基本已无水草，加上悬浮物的沉降作用，水体总悬浮物浓度处于较低水平。由图 5-7（b）可以看出，2015 年 4 月 10 日微山湖东北边界处菹草开始快速生长，到 2015 年 5 月 25 日时，微山湖整个东北湖区均被大量的菹草覆盖，西南湖区中的光叶眼子菜和穗花狐尾藻也开始生长，整个湖区的悬浮物浓度均处于较低水平［图 5-7（c）和图 5-8（d）］；由于菹草的生长周期较短，到 6 月初，微山湖区菹草迅速衰亡降解，导致微山湖东北区域总悬浮物浓度急剧上升，水质短时间内迅速恶化，而此时微山湖西南湖区长有大量的光叶眼子菜和穗花狐尾藻，总悬浮物浓度均处于较低水平［图 5-7（d）和图 5-8（e）］。

对比图 5-7 和图 5-9 以及图 5-8 和图 5-10，可以看出微山湖水体浊度的时空变化规律和总悬浮物浓度变化规律具有一致性，这是因为微山湖水体总悬浮物浓度和浊度具有显著的相关性，相关系数达 0.9 以上，微山湖水体浊度主要由总悬浮浓度主导（Cao et al.，2018）。微山湖水体总悬浮物浓度和浊度具有明显的时空变化规律，西南湖区生长着具有较长生长周期的光叶眼子菜和穗花狐尾藻，该区域水体总悬浮物浓度和浊度长期保持着较低水平，而东北湖区在 6 月之前长有大量的菹草，水质整体较好，但菹草在 6 月初会迅速衰亡降解，短期内产生大量的植物残体，导致该区域水质急剧恶化，随后菹草的降解完全，东北湖区的悬浮物浓度会逐渐降低。

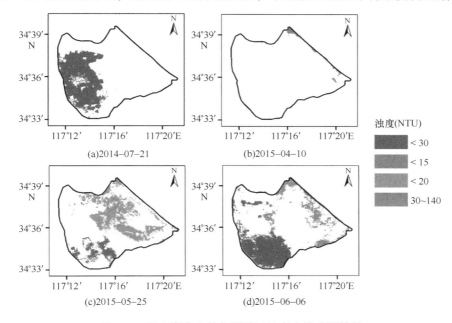

图 5-9　微山湖水生植物覆盖区浊度定性监测结果

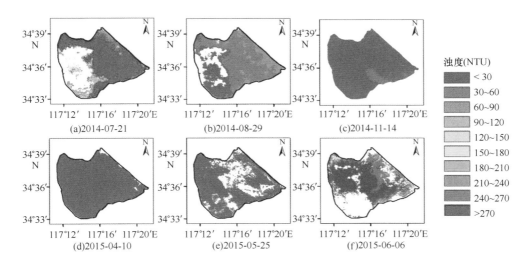

图 5-10　微山湖水体区浊度定量监测结果

5.8　本章小结

　　针对草型湖泊水生植物生长区域水质难以直接利用遥感进行监测的问题，提出了考虑水生植物物候特征的草型湖泊水质遥感监测方法，以草型湖泊微山湖为研究区，基于分区反演思路，将微山湖分为水生植物生长区域和水体区，对于水生植物生长区域，利用不同物候期内水生植物对微山湖水体总悬浮物浓度和浊度的指示作用，对微山湖水生植物生长区域水体总悬浮物浓度和浊度进行了定性遥感监测；对于水体区，构建了总悬浮物浓度和浊度反演模型，对水体区总悬浮物浓度和浊度进行了定量监测，基于定性和定量监测相结合的方法，实现了微山湖水体总悬浮物浓度和浊度时空变化的遥感监测。

参考文献

曹引，2016. 草型湖泊水质遥感监测技术及应用研究 [D]. 上海：东华大学.

常素云，吴涛，赵静静，2016. 不同沉水植物组配对北大港水库水体净化效果的影响 [J]. 环境工程学报，10 (1)：439-444.

郭长城，喻国华，王国祥，2007. 菹草对水体悬浮泥沙及氮、磷污染物的净化 [J]. 水土保持学报，21 (3)：108-111，117.

黄亮，吴乃成，唐涛，等，2010. 水生植物对富营养化水系统中氮、磷的富集与转移 [J]. 中国环境科学，30 (S1)：1-6.

李俊生，吴迪，吴远峰，等，2009. 基于实测光谱数据的太湖水华和水生高等植物识别 [J]. 湖泊科学，21 (2)：215-222.

李瑶，张立福，黄长平，等，2016. 基于 MODIS 植被指数时间谱的太湖 2001 年—2013 年蓝藻爆发监测 [J]. 光谱学与光谱分析，36 (5)：1409-1411.

李瑶，2017. 内陆水体水色参数遥感反演及水华监测研究 [D]. 北京：中国科学院大学（中国科学院遥感与数字地球研究所）.

刘忠华，李云梅，吕恒，等，2011. 基于偏最小二乘法的巢湖悬浮物浓度反演 [J]. 湖泊科学，23 (3)：357-365.

乔娜，黄长平，张立福，等，2016. 典型浅水草型湖泊水体悬浮物浓度遥感反演 [J]. 湖北大学学报（自然科学版），38 (6)：510-516.

秦伯强，2002. 长江中下游浅水湖泊富营养化发生机制与控制途径初探 [J]. 湖泊科学，14 (3)：193-202.

申秋实，周麒麟，邵世光，等，2014. 太湖草源性"湖泛"水域沉积物营养盐释放估算 [J]. 湖泊科学，26 (2)：177-184.

王锦旗，郑有飞，王国祥，2011. 菹草种群对湖泊水质空间分布的影响 [J]. 环境科学，32 (2)：419-422.

张敏，尹传宝，张翠英，等，2015. 沉水植物菹草的生态功能及其应用现状［J］. 中国水土保持，(3)：50-53，69.

张云，王圣瑞，段昌群，等，2018. 滇池沉水植物生长过程对间隙水氮、磷时空变化的影响［J］. 湖泊科学，30（2）：314-325.

朱庆，李俊生，张方方，等，2016. 基于海岸带高光谱成像仪影像的太湖蓝藻水华和水草识别［J］. 遥感技术与应用，31（5）：879-885.

朱云芳，朱利，李家国，等，2017. 基于 GF-1 WFV 影像和 BP 神经网络的太湖叶绿素 a 反演［J］. 环境科学学报，37（1）：130-137.

BIRK S，ECKE F，2014. The potential of remote sensing in ecological status assessment of coloured lakes using aquatic plants［J］. Ecological Indicators，46：398-406.

BOLPAGNI R，BRESCIANI M，LAINI A，et al.，2014. Remote sensing of phytoplankton-macrophyte coexistence in shallow hypereutrophic fluvial lakes［J］. Hydrobiologia，737（1）：67-76.

BONANSEA M，RODRIGUEZ M C，PINOTTI L，et al.，2015. Using multi-temporal Landsat imagery and linear mixed models for assessing water quality parameters in Río Tercero reservoir（Argentina）［J］. Remote Sensing of Environment，158：28-41.

BROOKS C，GRIMM A，SHUCHMAN R，et al.，2015. A satellite-based multi-temporal assessment of the extent of nuisance Cladophora and related submerged aquatic vegetation for the Laurentian Great Lakes［J］. Remote Sensing of Environment，157：58-71.

CAO Y，YE Y，ZHAO H，et al.，2018. Remote sensing of water quality based on HJ-1A HSI imagery with modified discrete binary particle swarm optimization-partial least squares（MDBPSO-PLS）in inland waters：A case in Weishan Lake［J］. Ecological Informatics，44：21-32.

ELLIL A H A，2006. Evaluation of the efficiency of some hydrophytes for trapping suspended matters from different aquatic ecosystems［J］. Biotechnology，5（1）：90-97.

GIARDINO C，BRESCIANI M，VALENTINI E，et al.，2015. Airborne hyperspectral data to assess suspended particulate matter and aquatic vegetation in a shallow and turbid lake［J］. Remote Sensing of Environment，157：48-57.

HESTIR E L，BRANDO V E，BRESCIANI M，et al.，2015. Measuring freshwater aquatic ecosystems：The need for a hyperspectral global mapping satellite mission［J］. Remote Sensing of Environment，167：181-195.

HICKS B J，STICHBURY G A，BRABYN L K，et al.，2013. Hindcasting water clarity from Landsat satellite images of unmonitored shallow lakes in the Waikato region，New Zealand［J］. Environmental Monitoring and Assessment，185（9）：7245-7261.

HOU X，FENG L，DUAN H，et al.，2017. Fifteen-year monitoring of the turbidity dynamics in large lakes and reservoirs in the middle and lower basin of the Yangtze River，China［J］. Remote Sensing of Environment，190：107-121.

HUNTER P D，GILVEAR D J，TYLER A N，et al.，2010. Mapping macrophytic vegetation in shallow lakes using the Compact Airborne Spectrographic Imager（CASI）［J］. Aquatic Conservation Marine &Freshwater Ecosystems，20（7）：717-727.

OPPELT N M，2012. Hyperspectral classification approaches for intertidal macroalgae habitat mapping：a case study in Heligoland［J］. Optical Engineering，51（11）：1371-1379.

SCHEFFER M，SZABÓ S，GRAGNANI A，et al.，2003. Floating Plant Dominance as a Stable State［C］. Proceedings of the National Academy of Sciences of the United States of America，100（7）：4040.

SHI K，ZHANG Y，ZHU G，et al.，2015. Long-term remote monitoring of total suspended matter concentration in Lake Taihu using 250m MODIS-Aqua data［J］. Remote Sensing of Environment，164：43-56.

SHIELDS E C，MOORE K A，2016. Effects of sediment and salinity on the growth and competitive abilities of three submersed macrophytes［J］. Aquatic Botany，132：24-29.

SONG K，LI L，TEDESCO L P，et al.，2013. Remote estimation of chlorophyll-a in turbid inland waters：Three-band model versus GA-PLS model［J］. Remote Sensing of Environment，136：342-357.

SRIVASTAVA J K，CHANDRA H，KALRA S J，et al.，2017. Plant-microbe interaction in aquatic system and their role in the management of water quality：a review［J］. Applied Water Science，7（3）：1079-1090.

VILLA P，LAINI A，BRESCIANI M，et al.，2013. A remote sensing approach to monitor the conservation status of lacustrine Phragmites australis beds［J］. Wetlands Ecology and Management，21（6）：399-416.

WU Z B，GAO Y N，WANG J，et al.，2009. Allelopathic effects of phenolic compounds present in submerged macrophytes on microcystis aeruginosa［J］. Allelopathy Journal，23（2）：403-410.

ZHANG Y，SHI K，LIU X，et al.，2014. Lake topography and wind waves determining seasonal-spatial dynamics of total suspended matter in turbid Lake Taihu，China：assessment using long-term high-resolution MERIS data［J］. PLoS One，9（5）：e98055.

第6章 复杂河网一维水动力水质模型数据同化技术

6.1 引言

　　水环境数学模型是将水动力问题和污染物在水体中的迁移转化问题用数学方程进行描述，并在一定的定解条件下求解这些方程，从而模拟出实际问题的水流、水质状况的有效工具，可用于指导水环境工程实践并实现水资源调配、水环境和水生态治理保护等，提供有效的工具和有力的支持。

　　传统的预测系统主要采用历史回归的方法，如神经网络、支持向量机等对河道的水沙现状进行预测。这些方法忽略了河道水流演进中动力学特性和守恒规律，因此此类系统只适合瞬时预测，无法辅助决策，达不到水资源实时管理的目的。

　　近年来，利用水流水质数学模型对水流水质状态变化进行数值计算成为重要的预测手段，并在水资源管理、水环境保护等方面起到了关键作用。然而，利用模型进行实时水位、流量、水质等方面预报时出现了误差大、精度低的问题，其主要原因是：①传统水质方程存在的误差；②未知量不封闭或者条件参数不封闭；③模型参数不能适应边界条件的变化；④水质指标众多，不同指标之间相互作用，而且众多参数率定效率非常低，对模型计算精度影响较大。

　　将原型观测资料纳入水流水质数学模型方程中，用于提高模型预测精度成为系统研究和开发的新方向。但是，直接将实时观测值带入水流水质数学模型会导致方程计算失稳和整个计算区域的不和谐。对于大区域来讲，因为水动力水质模型和数据同化算法计算中涉及河段众多，还有复杂的矩阵计算，势必影响模型的计算效率。

6.2 数字河网的图数据结构

　　具体地，可以首先确定河网的节点总数以及河段总数；然后以圆代表节点，根据河段的空间分布绘制连接各节点的有向边，并任意指定各有向边的正方向，分别为各节点和各条有向边进行编号，得到反映河网结构的河网有向图（关见朝 等，

2016）。

有向图是用于表示物件之间的关系的拓扑结构，以 G 代表有向图，其数学定义可写为 $G=(V,E)$，V 和 E 分别为节点和有向边的结合。图 6-2（a）和图 6-2（b）分别是与图 6-1（a）和图 6-1（b）对应的有环河网和无环河网的有向图，有环有向图中存在环路，无环有向图仅由支汊组成。若以｜V｜表示有向图 G 中的节点数，以｜E｜表示 G 中的有向边数，则图 6-2（a）是一个｜V｜=4、｜E｜=5 的有环有向图，图 6-2（b）则是无环有向图。

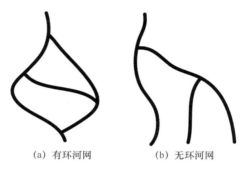

(a) 有环河网　　　　(b) 无环河网

图 6-1　有环河网和无环河网示意

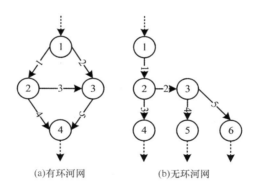

(a)有环河网　　　　(b)无环河网

图 6-2　有环河网和无环河网的有向

以有向图描述河网结构时，有向边与两断面间的河段是 1 对 1 的关系，节点与河网断面一般是"1 对 n"的关系（见图 6-3），n 是在节点上交汇的河段总数。对于单一河道，其首尾两个节点上的断面分别由首尾两个河段独占，其内每个节点上，一般只对应 1 个由上下游河段共享的断面。以有向图描述河网的方法如下：

（1）确定河网的节点总数｜V｜；

（2）确定河网的微河段总数｜E｜；

（3）以圆代表节点，根据河段的空间分布绘制连接各节点的有向边，并任意指定各有向边的正方向，例如可以从 1 开始的连续自然数为节点编号，保证每个节点

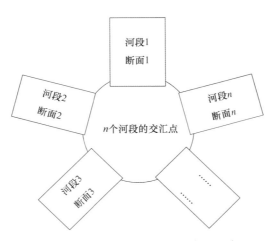

图 6-3　有向图节点上的河网断面示意

均具有唯一编号，可以以同样的方法给各条有向边编号，即得反映河网结构的有向图。

河网有向图中河段方向可任意规定，当河段内流量计算结果为负时，表示该河段的实际水流方向与河段的规定方向相反，这并不影响河段内的真实流向和流量结果。

具体地，在绘制出河网结构的有向图后，可根据河网有向图构建河网关系矩阵，此矩阵包含了河网结构的全部信息。以图 6-2（a）为例，此有环有向图的关系矩阵如式（6-1）所示。

$$A = \begin{bmatrix} a_{i,j} \end{bmatrix} = \begin{matrix} & \overset{(1)\ \ (2)\ \ (3)\ \ (4)}{\overset{节点序号}{\longleftarrow}} \\ \begin{bmatrix} 1 & -1 & 0 & 0 \\ 1 & 0 & -1 & 0 \\ 0 & 1 & -1 & 0 \\ 0 & 1 & 0 & -1 \\ 0 & 0 & 1 & -1 \end{bmatrix} & \begin{matrix} (1) \\ (2) \\ (3) \\ (4) \\ (5) \end{matrix}\ \text{有向边序号} \end{matrix} \tag{6-1}$$

式（6-1）中矩阵 A 有 4 列 5 行，表示图 6-2（a）所示的有环有向图由 4 个节点和 5 条有向边组成，关系矩阵 A 的第 i 行与有向图的第 i 条有向边相应，第 j 列与有向图的第 j 个节点相应，关系矩阵 A 的第 i 行第 j 列元素 $a_{i,j}$ 的确定方法如式（6-2）所示：

$$a_{i,j} = \begin{cases} 1 & \text{当第 } i \text{ 条有向边以第 } j \text{ 个节点为起点时} \\ -1 & \text{当第 } i \text{ 条有向边以第 } j \text{ 个节点为终点时} \\ 0 & \text{当第 } i \text{ 条有向边与第 } j \text{ 个节点无关时} \end{cases} \tag{6-2}$$

关系矩阵 A 反映了有向图中节点和有向边的关系，如式（6-1）中矩阵 A 的第一行表示有环路河网 6-2 （a） 的 1 号有向边的起点为节点 1、终点为节点 2。

6.3 河网一维水流水质数值模型

6.3.1 水流水质控制方程组

河网水动力过程由一维圣维南方程组描述，如方程（6-3）和方程（6-4）所示：

$$\frac{\partial A}{\partial t} + \frac{1}{B}\frac{\partial Q}{\partial x} - q = 0 \tag{6-3}$$

$$\frac{\partial Q}{\partial t} + \frac{\partial}{\partial x}\left(\frac{Q^2}{A}\right) + gA\left(\frac{\partial Z}{\partial x} + S_f\right) = 0 \tag{6-4}$$

式中：Z 为水位；Q 为过水流量；B 为过水宽度；A 为过水断面面积；t 为时间；x 为距离；g 为重力加速度；q 为旁侧入流流量；S_f 为摩阻坡度，计算公式为 $S_f = n^2Q|Q|/(A^2R^{4/3})$，$R$ 为水力半径；n 为糙率系数。当各河道组成河网时，在汊点处需要补充连续条件，如方程（6-5）和方程（6-6）所示：

$$\sum Q_i - \sum Q_o = 0 \tag{6-5}$$

$$Z_i - Z_o = 0 \tag{6-6}$$

式中：下标 i 和 o 分别代表流入或流出汊点的河道断面变量值。与水流数学模型一致，当在横断面上混合比较均匀时，污染物在水体中的输移转化过程符合一维运动特征，一维非恒定流水质输运方程为

$$\frac{\partial AC}{\partial t} + \frac{\partial QC}{\partial x} = \frac{\partial}{\partial x}\left(AD_L\frac{\partial C}{\partial x}\right) + qC_q + S \tag{6-7}$$

式中：C 为水质浓度，表示 COD、总氮、总磷、溶解氧、叶绿素 a 等；C_q 为支流水质浓度；D_L 为纵向离散系数；S 为源（汇）项。在汊口处，假设污染物完全混合，即

$$C_o = \sum Q_iC_i / \sum Q_i \tag{6-8}$$

6.3.2 水流控制方程数值离散及求解

采用 Presissmann 隐式差分格式离散方程（6-3）和方程（6-4），并利用 Newton-Raphson 方法求解离散形成的非线性方程组，得到方程（6-9）和方程（6-10）

$$a_{2j-1,\,1}\Delta Q_j + a_{2j-1,\,2}\Delta A_j + a_{2j-1,\,3}\Delta Q_{j+1} + a_{2j-1,\,4}\Delta A_{j+1} + RFC_j = 0 \tag{6-9}$$

$$a_{2j,1}\Delta Q_j + a_{2j,2}\Delta A_j + a_{2j,3}\Delta Q_{j+1} + a_{2j,4}\Delta A_{j+1} + RFM_j = 0 \qquad (6-10)$$

式中：$a_{2j-1,1} = \partial FC_j/\partial Q_j$，$a_{2j-1,2} = \partial FC_j/\partial A_j$，$a_{2j-1,3} = \partial FC_j/\partial Q_{j+1}$，$a_{2j-1,4} = \partial FC_j/\partial A_{j+1}$，$a_{2j,1} = \partial FM_j/\partial Q_j$，$a_{2j,2} = \partial FM_j/\partial A_j$，$a_{2j,3} = \partial FM_j/\partial Q_{j+1}$，$a_{2j,4} = \partial FM_j/\partial A_{j+1}$，$FC$、$FM$ 分别表示连续方程和动量方程，RFC、RFM 分别表示其余量；Δ 表示连续两个 Newton-Raphson 迭代步之间的变量增量。同样，采用 Newton-Raphson 法求解方程（6-5）和方程（6-6）得：

$$\sum \Delta Q_i - \sum \Delta Q_o + f = 0 \qquad (6-11)$$

$$\Delta A_i/B_i - \Delta A_o/B_o + g = 0 \qquad (6-12)$$

式中：B 表示渠道水面宽度；f 和 g 分别表示方程（6-5）和方程（6-6）的左边项余量。由方程（6-11）和方程（6-12）可见，因为回水效应，不同分支河道的变量互相联系，河网离散方程组的系数矩阵不再是单一河道的五对角矩阵，这就是隐式差分法求解缓流河网的难点所在。

汉点水位预测校正方法（JPWSPC）利用非恒定流渐变缓流的特点，实现了汉点处变量间的解耦，能有效处理汉点处的回流效应，关于该方法的原理及应用情况，详见相关文献（Zhu et al.，2009；陈永灿 等，2010）。如图 6-4 所示，A 点代表一汉点，其坐标为 x_0，UA 和 AD 分别代表汇于汉点 A 的两分支河道，水流方向如图中箭头所示，λ^+ 和 λ^- 分别为流经点（x_0，$t_0+\Delta t$）的正负特征线。根据圣维南方程组的性质，在汉点处，沿正、负特征线变量分别满足方程（6-13）和方程（6-14）所示关系：

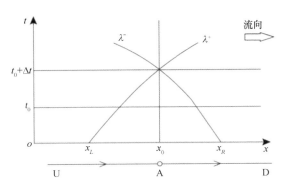

图 6-4　汉点处特征线

$$\mathrm{d}h_i = -\frac{\mathrm{d}Q_i}{\sqrt{gA_iB_i} - Q_iB_i/A_i} \qquad (6-13)$$

$$\mathrm{d}h_o = -\frac{\mathrm{d}Q_o}{\sqrt{gA_oB_o} - Q_oB_o/A_o} \qquad (6-14)$$

式中：h 表示水深。在一次时间步进过程中，首先采用上一时刻的汉点水位作为预测值；因为河网中任一河段两端不是汊点就是外边界，给定了外边界条件和汊点水位后，每一河段都可以独立求解，其系数矩阵是规则的五对角矩阵，从而得到各汊点处的流量。如果汊点流量不能满足方程（6-5）所示条件（汊点净流量等于零），则校正汊点水位，直至净流量为零；将方程（6-13）和方程（6-14）代入方程（6-11），得到：

$$\sum Q + \left[\sum \left(Q_i B_i / A_i - \sqrt{g A_i B_i} \right) \Delta h_i - \sum \left(Q_o B_o / A_o - \sqrt{g A_o B_o} \right) \Delta h_o \right] = 0$$

$$(6-15)$$

因为 $\Delta h_i = \Delta h_o$，方程（6-15）进一步变形为方程（6-16），

$$\Delta h = \sum Q \Big/ \left[\sum \left(\sqrt{g A_i B_i} - Q_i B_i / A_i \right) + \sum \left(Q_o B_o / A_o + \sqrt{g A_o B_o} \right) \right] \quad (6-16)$$

方程（6-16）就是汊点水位校正所依据的方程，为了表达简练，分母可以近似为 $AC / \Delta t$，其中：

$$AC = \alpha \left[\sum \left(\sqrt{g A_i B_i} - Q_i B_i / A_i \right) + \sum \left(Q_o B_o / A_o + \sqrt{g A_o B_o} \right) \right] \Delta t \quad (6-17)$$

方程（6-17）中，α 为可调整的常数，反映方程（6-13）和方程（6-14）推导过程中所作各种近似处理的影响，根据经验，α 可以取为 1.0～2.0，较大的 α 值有利于计算稳定，较小的 α 值有利于提高收敛速度。因为在汊点处，每个分支河道中都能建立一个形如式（6-16）的方程，在 N 支河道交汇的汊点处，方程（6-11）和方程（6-12）由 N 个这样的方程代替。方程（6-16）只含已知变量以及本河道未知变量，通过该方法，实现了汊点处的解耦。这样，在每一 Newton-Raphson 迭代步，河网的离散矩阵都由彼此独立的五对角矩阵组成，各五对角矩阵可以独立求解，求解河网的过程等价于独立求解各组成河道的过程。

6.3.3 水质控制方程数值离散及求解

为了便于数值模拟，将方程（6-7）展开，变化为如下形式：

$$\frac{\partial C}{\partial t} + \overline{U} \frac{\partial C}{\partial x} = D_L \frac{\partial^2 C}{\partial x^2} + \frac{q(C_q - C)}{A} + \overline{S} \quad (6-18)$$

其中，

$$\overline{U} = U - \left[\frac{\partial D_L}{\partial x} + \left(\frac{D_L}{A} \right) \frac{\partial A}{\partial x} \right] \quad (6-19)$$

$$\overline{S} = \frac{S}{A} \quad (6-20)$$

采用分步法（Environmental Laboratory，1995）求解该方程，即把上述方程分解，分别处理方程中的对流项、源（汇）项和纵向离散项。

$$\frac{\partial C}{\partial t} + \overline{U} \frac{\partial C}{\partial x} = 0 \quad (6-21)$$

$$\frac{\partial C}{\partial t} = \frac{q(C_q - C)}{A} + \bar{S} \tag{6-22}$$

$$\frac{\partial C}{\partial t} = D_L \frac{\partial^2 C}{\partial x^2} \tag{6-23}$$

对流项是问题的关键，采用改进的 Holly-Preissmann 格式（Environmental Laboratory，1995），该格式可以达到四阶精度，有利于模拟大梯度浓度场。下面详细地介绍此格式的求解过程。

如图 6-5 所示，$(j, n+1)$ 点浓度未知，经过该点有一条特征线与 $t = n\Delta t$ 相交（如果 $\bar{U} > 0$，交于 A 点；如果 $\bar{U} < 0$，则交于 B 点），根据特征理论，$C_j^{n+1} = C_M^n$，其中：

$$M = \begin{cases} A, & \bar{U} > 0 \\ B, & \bar{U} < 0 \end{cases} \tag{6-24}$$

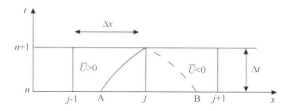

图 6-5　改进的 Holly-Preissmann 格式示意

故求 $(j, n+1)$ 点的浓度问题，转化为求 M 点的浓度问题，M 点介于 (j, n) 和 (I, n) 点之间，其浓度值通过这两点插值得到，其中：

$$I = \begin{cases} j - 1, & \bar{U} > 0 \\ j + 1, & \bar{U} < 0 \end{cases} \tag{6-25}$$

如前文所述，要求格式达到四阶精度，所以 (j, n) 和 (I, n) 点之间的变量的分布多项式应该达到三次，设其表达式如式（6-26）所示：

$$Y(\xi) = A\xi^3 + B\xi^2 + D\xi + F \tag{6-26}$$

式中：$Y(\xi)$ 表示坐标为 ξ 处待求变量的值；$\xi = |u^*| \Delta t / \Delta x$；$u^*$ 表示 $(j, n+1)$ 点和 M 点 $\bar{U}$ 值的算术平均值，$u^* = (\bar{U}_M + \bar{U}_j^{n+1}) / 2$；$M$ 点的 $\bar{U}$ 值，通过在 (j, n) 和 (I, n) 点之间线性内插得到，$\bar{U}_M = \bar{U}_I^n + (1 - \xi) \bar{U}_j^n$；根据稳定性要求，$0 \leqslant \xi \leqslant 1$。求解式（6-26）的边界条件为

$$Y(1) = C_I^n, \ Y(0) = C_j^n, \ Y'(1) = CX_I^n, \ Y'(0) = CX_j^n \tag{6-27}$$

式中：$CX = \partial C / \partial x$，$Y'(\xi) = dY/dx |_\xi$，将上述条件代入式（20），得到仅考虑对流项

时，M 点即 $(j, n+1)$ 点的污染物浓度值为

$$C_j^{n+1} = a_1 C_I^n + a_2 C_j^n + a_3 CX_I^n + a_4 CX_j^n \tag{6-28}$$

其中，系数 $a_1 \sim a_4$ 的表达式如下：

$$a_1 = \xi^2 (3 - 2\xi)，a_2 = 1 - a_1，a_3 = \xi^2 (1 - \xi) \Delta x，a_4 = -\xi (1 - \xi)^2 \Delta x \tag{6-29}$$

采用同样方法继续求解 $n+2$ 层变量时，需要已知 CX^{n+1} 的值。求解 CX^{n+1} 的方法与求解 C^{n+1} 类似。将方程（6-18）对 x 求导，得到方程（6-30）：

$$\frac{\partial CX}{\partial t} + \overline{\overline{U}} \frac{\partial CX}{\partial x} = D_L \frac{\partial^2 CX}{\partial x^2} - \overline{U}' CX + \left(\frac{q}{A}\right)'(C_0 - C) - q \frac{CX}{A} + \overline{S}' \tag{6-30}$$

式中：$\overline{\overline{U}} = \overline{U} - D'_L$，变量右上角符号 "$'$" 表示变量对 x 取偏导数。只考虑对流项，得到如下关系：

$$CX_j^{n+1} = b_1 C_I^n + b_2 C_j^n + b_3 CX_I^n + b_4 CX_j^n \tag{6-31}$$

系数 $b_1 \sim b_4$ 的表达式如下：

$$b_1 = 6\xi^* (\xi^* - 1)/\Delta x，b_2 = -b_1，b_3 = \xi^* (3\xi^* - 2)，b_4 = (\xi^* - 1)(3\xi^* - 1) \tag{6-32}$$

式中：$\xi^* = | u^{**} | \Delta t/\Delta x$，$u^{**}$ 的确定方法与 u^* 类似。

方程（6-22）和方程（6-23），即源（汇）项和纵向离散项，分别采用显式和隐式处理，详细处理方法请参见相关文献（Environmental Laboratory，1995）。

6.4 并行计算原理及模型并行框架设计

6.4.1 OpenMP 并行技术

目前主流的操作系统如 Windows、Linux、Mac OS 对多线程均有较好的支持。Windows 环境下，Win 32 API 提供了多线程应用程序开发所需要的接口函数，微软基础函数类库（Microsoft Foundation Classes，MFC）则是用类库的方式将 Win 32 API 进行封装，以类的方式提供给开发者。而后，微软发展的 .NET 基础类库中的 System.Threading 命名空间提供了大量的类和接口支持多线程。在 Linux 中，POSIX thread（又称为 pthread）是一套通用的线程库，定义了有关线程创建和操作的 API，并且具有很好的可移植性。

而 Open Multiprocessing（OpenMP）是一种功能强大的多线程框架，能够支持 C、C++、Fortran 进行多线程计算。GNU Comiler Collection（GCC）对 OpenMP 支持较好，而且 Windows 平台的 Visual Studio 也支持 OpenMP。OpenMP 在跨平台的表现良好，而且使用非常方便，很容易将现有的程序改编为支持多线程的计算模式。通

常情况下，只需添加用于激活多线程的制导语句即可实现多线程计算，比如在 for 循环前加上#prama omp parallel for 即可实现多线程计算，更多有关 OpenMP 的详细内容可参考《OpenMP 编译原理及实现技术》一书（罗秋明，2012）。相比 MFC、.NET 和 pthread，OpenMP 不仅能够跨平台，而且更加容易学习和使用，其多线程并行模式如图 6-6 所示。本文采用 OpenMP 作为多线程并行计算方案。

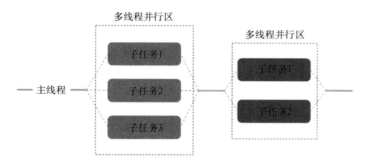

图 6-6　OpenMP 多线程并行模式示意

6.4.2　算法并行性分析

上述模型求解算法中，每一时间步计算中各河段的迭代过程相互独立，可将其拆分为在不同多线程中计算的任务，不同线程迭代步计算完成后，将与该河段关联汊点的计算结果发给主线程，主线程再根据校正原理，计算出该汊点下一迭代步的校正水位值，各线程接收到新的边界条件后再进行下一迭代步计算，直到满足迭代收敛条件，接下来计算水质模型，完成该时间步的计算。在下一个时间步按此方法继续计算，直到计算终止，结束计算，具体流程如图 6-7 所示，模型求解算法本身具有天然的并行特性。

6.4.3　计算流程及实现

利用 OpenMP 支持增量化并行的特点，在已有的串行程序的基础上，对数据在程序执行时的相关性和算法结构的固有串行性进

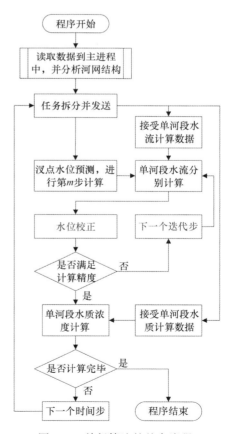

图 6-7　并行算法的基本流程

行分析，遵循先简单、后复杂的原则，逐步对循环结构进行并行化，将串行程序改造为并行程序。在并行化改造中需要对大量的赋值和简单运算循环操作进行并行改造，在改造过程中发现，当循环次数较小时，并行并不会带来较大的效率提高，有时反而会降低，因此并不是所有的简单循环操作都可以进行并行改造。

程序中对数据的存储采用一维数组紧缩存储，对系数矩阵的计算采用先计算单元系数然后直接叠加到总系数阵中的方式，因此系数矩阵计算的并行化改造需要对变量的私有性和公有性进行严格定义，同时在形成总系数矩阵处设置临界区，以保证并行结果的准确性。在方程组求解过程中，迭代计算是最耗费计算时间的部分。迭代计算中有着大量的循环结构，一些循环由于条件中断语句的存在破坏了并行性而无法并行，其余循环都可以并行化。

本章采用主从模式并行结构，其中，主线程包括任务拆分和发送、任务交互关系存储、子任务初始条件存储、子任务计算结果存储、校正数据发送、迭代终止判断、子线程管理等方法，子线程包括接收子任务并存储初始条件、计算子任务、存储及反馈计算结果、接收校正边界数据等方法。

任务的拆分和发送为主线程的首要任务，任务拆分的优劣决定了加速比、并行效率和各个进程的资源利用率。任务拆分完成后，主线程将子任务计算所需要的相关信息按照进程分组进行封装，通过法将任务发给从进程。此外，主线程的工作还包括（刘荣华 等，2015）：

（1）任务拆分及组合结构存储；

（2）在计算开始及每一时间步完成后，存储计算结果并生成下一步的初始条件；

（3）迭代终止条件的判断和预测−校正计算；

（4）记录进程号、河段号、汉点号的关联关系；

（5）更新各个从进程的计算状态，包括计算进度、错误信息及交互结果。

从线程接收和计算的数据分为河段组及单河段两级，其中，河段组包括若干个河段。单河段迭代步为最小计算单元，单河段迭代步计算完成后，根据河段−汉点对应关系，从线程将结果发给主线程；同时，在接收到主线程要求发送所有计算结果时，从线程按河段号、微段号循环向主线程发送该时间步的计算结果。

6.5　集合卡尔曼滤波 EnKF 算法

EnKF 的计算过程包括预报和分析两部分，其主要计算步骤为：

（1）预报阶段：根据式（6−33）来预测集合中每个成员在 $T+\Delta T$ 时刻的状态变量。

$$M_{T+\Delta T}^i = f(M_T^i,\ u_{T+\Delta T}^i,\ \theta_T^i) + \xi_{T+\Delta T}^i,\ i = 1,\ 2,\ \cdots,\ n \qquad (6-33)$$

$$u_{T+\Delta T}^i = u_{T+\Delta T}(1 + \eta^i),\ \eta^i \sim N(0,\ \eta) \qquad (6-34)$$

$$\theta_0^i = \theta_0(1 + \sigma^i),\ \sigma^i \sim N(0,\ \sigma) \qquad (6-35)$$

$$\xi_{T+\Delta T}^i \sim N(0,\ \xi) \qquad (6-36)$$

式中：f 为模型算子；$M_{T+\Delta T}^i$ 为 $T+\Delta T$ 时刻的状态变量预测值；$u_{T+\Delta T}^i$ 为驱动数据，通过对初始数据增加均值为 0、方差为 σ 的高斯白噪声生成；θ_0^i 为待同化的参数，通过在初始值 θ_0 的基础上增加均值为 0、方差为 σ 的高斯白噪声生成；$\xi_{T+\Delta T}^i$ 代表由模型结构不确定性引起的误差，该噪声的方差为模拟状态变量的 10%。

（2）分析阶段：根据式（6-37）对参数进行更新，然后通过式（6-40）求得更新后的参数集合估计最优值。

$$\theta_{T+\Delta T}^{i+} = \theta_T^{i+} + K_{T+\Delta T}^\theta(M_{T+\Delta T}^i - \hat{M}_{T+\Delta T}) \qquad (6-37)$$

$$\hat{M}_{T+\Delta T}^{i+} = \hat{M}_{T+\Delta T} + \omega_{T+\Delta T}^i,\ \omega_{T+\Delta T}^i \sim N(0,\ \omega) \qquad (6-38)$$

$$K_{T+\Delta T}^\theta = \beta_{T+\Delta T}^{\theta\hat{C}}(\beta_{T+\Delta T}^{CC} + \beta_{T+\Delta T}^{\hat{C}\hat{C}})^{-1} \qquad (6-39)$$

$$\theta_{T+\Delta T} = E[\theta_{T+\Delta T}^{i+}] = \frac{1}{n}\sum_{i=1}^n [\theta_{T+\Delta T}^{i+}] \qquad (6-40)$$

式中：$\theta_{T+\Delta T}^{i+}$ 为状态分析值；$\theta_{T+\Delta T}^{i+}$ 为 $T+\Delta T$ 时刻状态预测值；$K_{T+\Delta T}^\theta$ 为更新参数的卡尔曼增益矩阵；$\hat{M}_{T+\Delta T}$ 为观测值集合，通过式（6-38）对观测值增加均值为 0、方差为 ω 的高斯白噪声生成；$\hat{M}_{T+\Delta T}^{i+}$ 为加入扰动后的观测值集合；$\omega_{T+\Delta T}^i$ 由均值为 0、方差为 ω 的高斯白噪声生成；$\beta_{T+\Delta T}^{\theta\hat{C}}$ 为参数集合与观测集合的误差协方差；$\beta_{T+\Delta T}^{CC}$ 为模拟值集合 $M_{T+\Delta T}^i$ 的误差协方差；$\beta_{T+\Delta T}^{\hat{C}\hat{C}}$ 为 $\hat{M}_{T+\Delta T}^{i+}$ 的误差协方差；$\theta_{T+\Delta T}$ 为更新后参数集合的平均值。

状态变量根据式（6-41）进行更新，通过式（6-43）求得更新后状态变量集合的平均值作为最优的状态估计。

$$M_{T+\Delta T}^{i+} = M_{T+\Delta T}^i + K_{T+\Delta T}^C(M_{T+\Delta T}^i - \hat{M}_{T+\Delta T}^i) \qquad (6-41)$$

$$K_{T+\Delta T}^C = \beta_{T+\Delta T}^{C\hat{C}}(\beta_{T+\Delta T}^{CC} + \beta_{T+\Delta T}^{\hat{C}\hat{C}})^{-1} \qquad (6-42)$$

$$M_{T+\Delta T} = E[M_{T+\Delta T}^{i+}] = \frac{1}{n}\sum_{i=1}^n [M_{T+\Delta T}^{i+}] \qquad (6-43)$$

式中：E 表示取平均值；n 为集合个数；$K_{T+\Delta T}^C$ 为更新状态变量的卡尔曼增益矩阵；$\beta_{T+\Delta T}^{C\hat{C}}$ 为模拟值集合与观测值集合的误差协方差。

6.6 模型算例分析

6.6.1 河网结构属性

本章选择文献（Islam et al., 2005）中一个具有代表性的复杂河网测试河网模型并行算法的效率，该河网包括二叉树、三叉树及环形结构，其河网拓扑结构如图6-8所示。

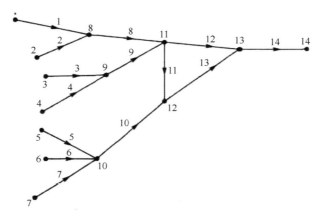

图6-8 测试河网的拓扑结构

河网属性如表7-1所示，包括河段的长度、断面属性（包括底宽及边坡系数）、坡降及糙率。

表7-1 测试河网的属性

编号	长度（m）	底宽（m）	边坡系数	坡降	糙率
1，2，8，9	1 500	10	1	0.000 27	0.022
3，4	3 000	10	1	0.000 47	0.025
5，6，7，10	2 000	10	1	0.000 3	0.022
11	1 200	10	垂直	0.000 33	0.022
12	3 600	20	垂直	0.000 25	0.022
13	2 000	20	垂直	0.000 25	0.022
14	2 500	30	垂直	0.000 16	0.022

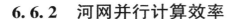

6.6.2　河网并行计算效率

6.6.2.1　方案设置

边界条件及计算参数设置测试方案的边界条件包括 1~7 号河段的入流过程及 14 号河段的下游水位，其中 1~7 号点使用同样的流量过程，14 号点采用水位过程。计算时间为 40 h，时间步长为 30 s，输出时间间隔为 0.5 h。

据刘荣华等（2015）研究，加速比与线程中的最大微段数有关，不考虑通信时间的情形下，最大微段数越小、加速比越大，所以对于微段数不均匀分布的河段，可以采用人工添加汊点；另一方面，随着河段拆分、汊点数的增加，通信次数增加，通信量也稍有增加，所以还应考虑通信量的变化。并行效率的影响因素在于计算微段数的平均度，即各线程之间的负载均衡度。因此，采用河段计算组合时，尽可能使每个线程所计算河段的微段总数平均分布。按照拆分及组合粒度设置拆分粒度的参数为最大微段数，在拆分时，系统循环查看每个河段的微段数，当河段的微段数大于最大微段数时，对其进行拆分。

6.6.2.2　计算环境配置

测试的计算环境为 2 个 CPU，8 个核，内存为 16 G。为了与刘荣华等（2015）的算例做对比，本节算例的最大微段数为 15 个，此时的河段数为 25 个，串行时间为 14.50 s，与已有成果相差不大。本章按照 15 个微段数拆分河网，然后对计算任务进行组合，分别设置线程数 8、6、4、2，得到表 7-2 所示的计算时间统计结果。

表 7-2　不同线程数下的计算时间统计

线程数	并行时间（s）	加速比	并行效率（%）
8	4.56	3.15	39.75
6	5.02	2.89	48.15
4	5.76	2.52	62.94
2	10.08	1.44	72.00

6.6.3　数据同化方案分析

采用集合卡尔曼滤波进行数据同化的关键在于初始状态集合的设置。参考陈一帆等（2014）的文献，采用 BoxMuller 方法来设置初始状态集合，生成 1 组服从正态分布 $N(\mu, \sigma^2)$ 的随机集合，其中集合平均值 μ 按初始条件给定。

讨论集合大小和标准差 σ 对数据同化的影响。测试条件为：①选用节点水位作为河网非线性动态系统的状态变量；②在节点 9、13 各布置 1 个水位测点，分别记为测站 1、2；③分别选取集合大小 50、100、150 及 200 和标准差 $\sigma = 0.01$ m、0.005 m、0.001 m 及 0.000 1 m 进行组合测试比较，得到和陈一帆等（2014）的相同结果，如表 7-3 所示。其中，"√"表示计算成功，"×"表示计算失败。

表 7-3 测试组合

集合大小	标准差 σ（m）			
	0.01	0.005	0.001	0.0001
50	×	√	√	×
100	×	√	√	×
150	√	√	√	×
200	√	√	√	×

由表 7-3 可知，在设计初始集合时，标准值 σ 既不宜取太大，也不宜取太小，太大或太小都会使数据同化过程中出现计算失效的样本。图 6-9 至图 6-12 分别给出了标准差 σ 取值 0.005 m、0.001 m 条件下，测站 1、2 的水位误差在不同集合规模下的过程曲线对比。结果显示：与不进行数据同化的测站水位误差相比，数据同化后的水位误差显著下降；标准差 σ 取值为 0.005 m 时，随着集合规模的增大，数据同化效果略有提高；标准差 σ 取值为 0.001 m 时，随着集合规模的增大，数据同化效果无明显变化，4 条曲线基本重合。

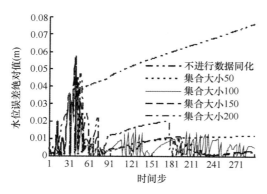

图 6-9 标准差 0.005 m 条件下测站 1 的
模拟水位集合平均值与观测水位误差过程线

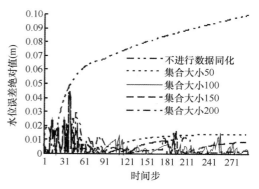

图 6-10 标准差 0.005 m 条件下测站 2 的
模拟水位集合平均值与观测水位误差过程线

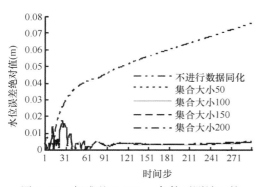

图 6-11   标准差 0.001 m 条件下测站 1 的
模拟水位集合平均值与观测水位误差过程线

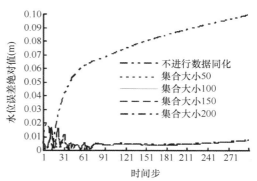

图 6-12   标准差 0.001 m 条件下测站 2 的
模拟水位集合平均值与观测水位误差过程线

图 6-13 至图 6-16 分别给出了集合大小为 150、200 条件下，测站 1、2 的水位误差在不同标准差 σ 下的过程曲线对比。结果显示：标准差 σ 取 0.001 m 的同化效果优于其他几种情况，仅在开始阶段出现了较小的波动，之后趋于稳定。故认为对于该算例，σ 取 0.001 m 是比较合理的值。

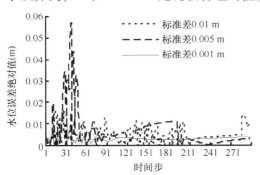

图 6-13   集合大小为 150 条件下测站 1 的
模拟水位集合平均值与观测水位误差过程线

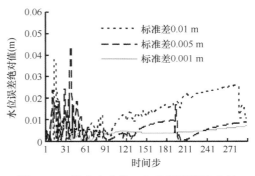

图 6-14   集合大小为 150 条件下测站 2 的
模拟水位集合平均值与观测水位误差过程线

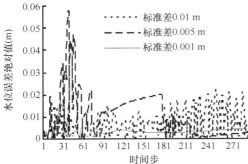

图 6-15   集合大小为 200 条件下测站 1 的
模拟水位集合平均值与观测水位误差过程线

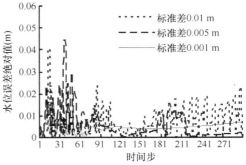

图 6-16   集合大小为 200 条件下测站 2 的
模拟水位集合平均值与观测水位误差过程线

6.7 模型初步应用

为了测试上述校正技术的有效性，选用简单的某处树状河网验证所选算法的执行效果。河网网络如图 6-17 所示。利用该河网验证数据同化的应用，分为两种情景分析，一个是基于数据同化的水流开边界的反演，另外一个是基于数据同化的水质预测。测试条件为：设定集合大小为 100，采用 BoxMuller 方法生成服从正态分布的随机数，其中，集合平均值 μ 按同化开始时刻的状态值给定，标准差 σ 取 6.6.3节中算例分析后的建议值 0.001 m。

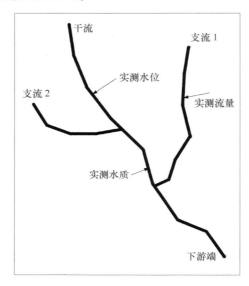

图 6-17　树状河网示意

6.7.1　基于数据同化的水流开边界反演

在树状河网中，干流、支流 1 和支流 2 分别给定流量过程，如图 6-18 所示；干流实测水位过程和支流实测流量过程是在如图 6-19 所示的干流入流过程，其他边界条件不变的情景下得到的。此处为了验证校正效果。将原来的干流入流过程的第二个峰值用线性变化过程表示，如图 6-20 所示。然后将干流实测水位过程和支流实测流量过程融合到水动力学模型中进行计算。最后校正后的干流入口流量过程能够将线性变化的峰值模拟出来，如图 6-20 所示。

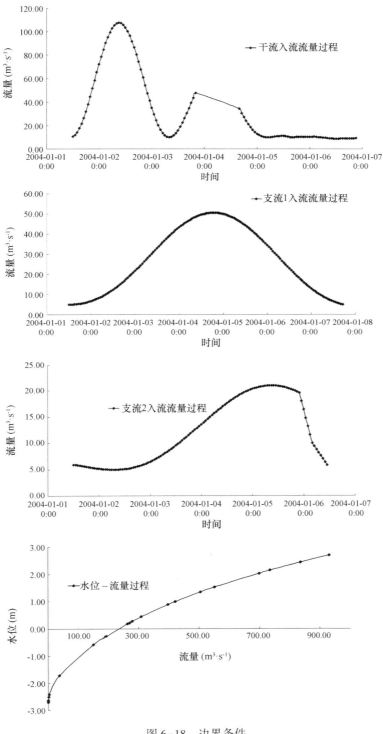

图 6-18　边界条件

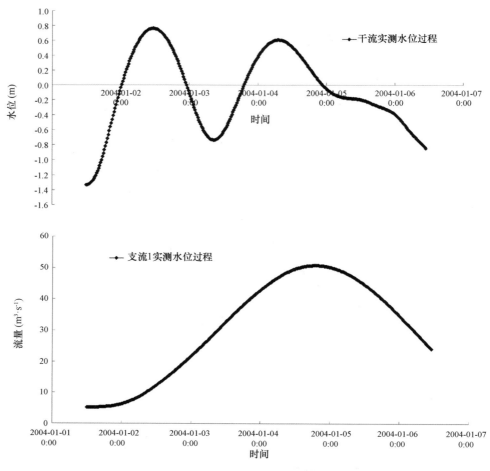

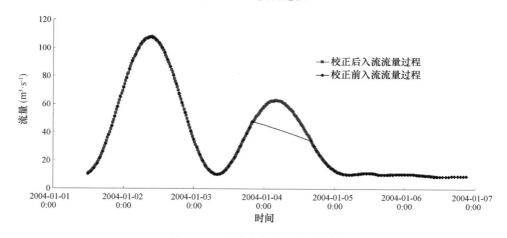

图 6-19　实测过程

图 6-20　水动力学模型校正结果

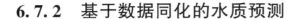

6.7.2　基于数据同化的水质预测

为验证集合卡尔曼滤波技术在水质模型计算中的校正效果，在干流和支流入口处给定了恒定的入流过程，如图 6-21 所示，干流入流流量为 10 m³/s，支流 1 入流流量为 3 m³/s，支流 2 入流流量为 2 m³/s，干流出口边界条件为水位-流量关系。水质边界条件为在干流入口处给定浓度过程，如图 6-22 所示。

在上述水动力水质边界驱动下，计算得到的干流与支流 2 处的水质浓度过程如图 6-23 所示。

为验证提出水质模型实时校正技术的有效性，在接近支流 1 的位置施加实测水质浓度过程，如图 6-24 所示。启动模型计算，将校正后的结果与未校正的结果（干流与支流 2 交汇处的计算结果）进行比较，如图 6-25 所示。结果表明，在实测水质过程精度一定情况下，水质模型实时校正技术能够实现对水质模型模拟预测结果的动态实时调整。

6.8　本章小结

本章详细描述了一个适用于复杂流态普适河网水流-水质模拟的数值模型，模型采用 Preissmann 格式离散 Saint-Venant 方程组，并采用 Newton-Raphson 方法求解非线性离散方程组。汊点处的回水效应采用 JPWSPC 方法处理；水质控制方程采用分步法求解，其中，对流项处理采用改进的显式四阶 Holly-Preissmann 格式求解，源（汇）项和纵向离散项分别采用显式和隐式求解。模型无须特殊的河道编码，具有简单、易于程序实现，而且稳定性好、计算效率高等优点；模型既能模拟树状河网，也能模拟环状河网，而且能处理潮汐流动。研究实现对河网水流水质模型的并行化改造。

针对河网非线性动态系统的实时校正问题，采用基于集合思想的集合卡尔曼滤波，无须线性化系统方程，且误差方差阵计算简便。在设置初始集合时，采用 Box-Muller 方法生成 1 组服从正态分布的随机集合。通过算例分析和实例应用，系统分析了集合大小、集合标准差对数据同化效果的影响。

在建立的河网水动力学水质模型的基础上，采用集合卡尔曼滤波技术实现观测数据与水动力水质联合模拟的集成模式，建立了基于集合卡尔曼滤波的观测数据与河网模型自适应融合的水动力水质实时校正模型，利用算例验证了实时校正模型的有效性。

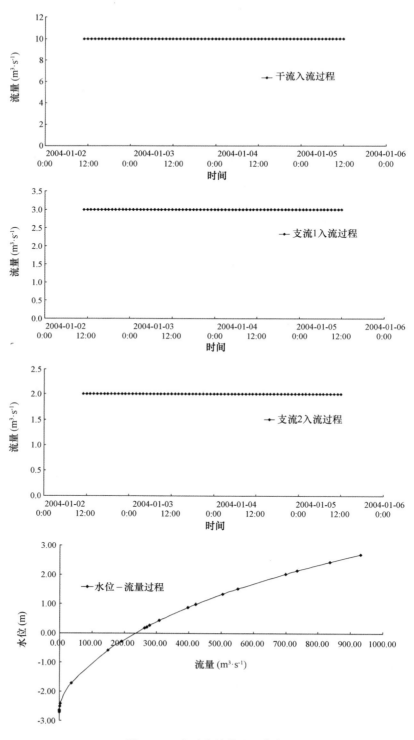

图 6-21 水动力计算边界条件

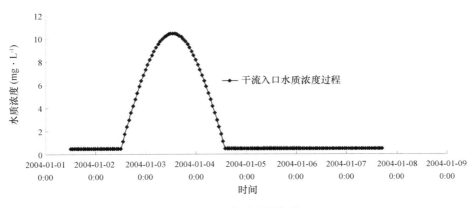

图 6-22　水质边界条件

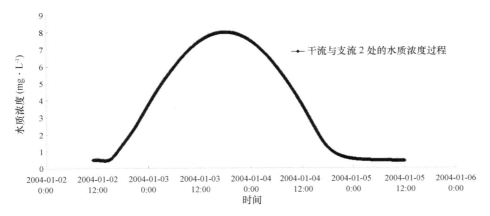

图 6-23　干流与支流 2 处的水质浓度过程

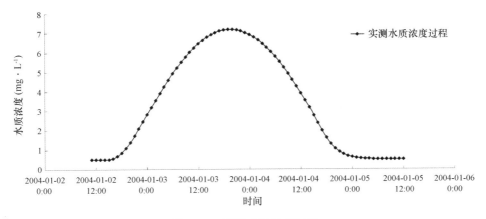

图 6-24　实测水质浓度过程

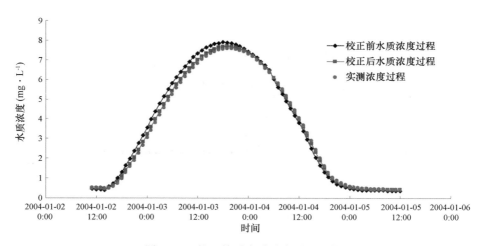

图 6-25　校正前后水质浓度过程比较

参考文献

陈永灿，王智勇，朱德军，等，2010. 一维河网非恒定渐变流计算的汊点水位迭代法及其应用 [J]. 水力发电学报，29（4）：140-147.

陈一帆，程伟平，钱镜林，等，2014. 基于集合卡尔曼滤波的河网水情数据同化 [J]. 四川大学学报（工程科学版），46（4）：29-32

关见朝，方春明，毛继新，等，2016. 基于河网关联矩阵的河网一维恒定流计算方法：中国，ZL201310156192.0 [P]. 2016-02-05.

刘荣华，魏加华，朱德军，等，2015. 基于 JPWSPC 的河网一维水动力学模拟并行计算研究 [J]. 应用基础与工程科学学报，23（2）：213-224.

罗秋明，2012. OpenMP 编译原理及实现技术 [M]. 北京：清华大学出版社.

ENVIRONMENTAL LABORATORY，1995. CE-QUAL-RIV1：A dynamic，one-dimensional（longitudinal）water quality model for streams：user's manual，instruction report EL-95-2 [R]，U. S. Army Engineer Waterways Experiment Station，Vicksburg，MS.

ISLAM A，RAGHUWANSHI N S，SINGH R，et al.，2005. Comparison of gradually varied flow computation algorithms for open-channel network [J]. ASCE Journal of Irrigation and Drainage Engineering，131（5）：457-465

ZHU D J，CHEN Y C，WANG Z Y，2009. A novel method for gradually varied subcritical flow simulation in general channel networks [C] //33rd IAHR Congress. Vancouver，Canada：6327-6335.

第7章　基于改进自适应网格的二维水动力模型构建技术

7.1　引言

网格离散是水动力模型求解的基础，网格大小和模型模拟精度以及计算效率密切相关。自适应网格技术能够根据水流状态自动调整模型网格大小，在保证模型模拟精度基础上能够显著提升模型模拟效率，但传统自适应网格技术可能会破坏水动力模型的静水和谐性。本章通过引入坡度判定准则对传统自适应结构网格技术进行了改进，同时加入 OpenMP 并行计算，构建了基于改进自适应网格和 OpenMP 并行计算的二维水动力模型。

7.2　二维水动力模型控制方程

准确模拟水流运动规律是水质模拟的前提，水动力模型可以准确模拟水流运动特性，包括不同时刻的水位和流场（流速、流向）信息，为水质模拟提供准确的水动力过程。水动力模型控制方程为 Navier-Stokes 方程组，二维水动力模型忽略了水体的垂向流速，采用水深方向平均的 Navier-Stokes 方程，具有较高的计算效率和模拟精度，在河流、湖库和溃坝水动力模拟中得到广泛应用。

7.2.1　控制方程

在满足静水压力和忽略水体垂向加速条件下，利用水深平均的三维 Navier-Stokes 方程可以推导得到二维浅水方程（Liang et al.，2009），采用基于水深平均的二维浅水控制方程描述水流演进，其形式如下：

$$\frac{\partial(\zeta)}{\partial t} + \frac{\partial(uh)}{\partial x} + \frac{\partial(vh)}{\partial y} = 0 \tag{7-1}$$

$$\frac{\partial(uh)}{\partial t} + \frac{\partial(u^2 h)}{\partial x} + \frac{\partial(uvh)}{\partial y} = -\frac{\tau_{bx}}{\rho} - gh\frac{\partial\zeta}{\partial x} \tag{7-2}$$

$$\frac{\partial(vh)}{\partial t} + \frac{\partial(uvh)}{\partial x} + \frac{\partial(v^2h)}{\partial y} = -\frac{\tau_{by}}{\rho} - gh\frac{\partial\zeta}{\partial y} \tag{7-3}$$

式中：ζ 为自由水面相对高度；$h = \zeta + h_0$ 为总水深，h_0 为基准水深；u 和 v 分别为 x、y 方向流速；g 为重力加速度；ρ 为水密度；τ_{bx} 和 τ_{by} 为 x、y 方向的床面摩擦应力。

式（7-2）中 $gh\,\partial\zeta/\partial x$ 和式（7-3）中 $gh\,\partial\zeta/\partial y$ 分解得到式（7-4），这种方法可以避免复杂地形下底坡项处理不当影响数值模拟不稳定和精度不高的情况。

$$gh\frac{\partial\zeta}{\partial x} = \frac{g}{2}\frac{\partial(\eta^2 - 2z_b\eta)}{\partial x} + g\eta\frac{\partial z_b}{\partial x}, \ gh\frac{\partial\zeta}{\partial y} = \frac{g}{2}\frac{\partial(\eta^2 - 2z_b\eta)}{\partial y} + g\eta\frac{\partial z_b}{\partial y} \tag{7-4}$$

式中：η 为水位；z_b 为底部高程。

合并式（7-1）至式（7-4），得到二维浅水控制方程的守恒形式如下：

$$\frac{\partial U}{\partial t} + \frac{\partial F}{\partial x} + \frac{\partial G}{\partial y} = \frac{\partial U}{\partial t} + \nabla\cdot E = S \tag{7-5}$$

式中：U 为 η、uh 和 vh 三个守恒量；F、G 为 x、y 两个方向的对流通量；E 为两个方向对流通量的集合；S 为床面底坡项和摩阻项等源项。各项表示如下：

$$U = \begin{bmatrix} \eta \\ uh \\ vh \end{bmatrix}, F = \begin{bmatrix} uh \\ u^2h + \frac{1}{2}g(\eta^2 - 2\eta z_b) \\ uvh \end{bmatrix},$$

$$G = \begin{bmatrix} vh \\ uvh \\ v^2h + \frac{1}{2}g(\eta^2 - 2\eta z_b) \end{bmatrix}, S = \begin{bmatrix} 0 \\ -\dfrac{\tau_{bx}}{\rho} - g\eta\dfrac{\partial z_b}{\partial x} \\ -\dfrac{\tau_{by}}{\rho} - g\eta\dfrac{\partial z_b}{\partial y} \end{bmatrix} \tag{7-6}$$

式中：$\tau_{bx} = \rho g n^2 u\sqrt{u^2 + v^2}/h^{1/3}$；$\tau_{by} = \rho g n^2 v\sqrt{u^2 + v^2}/h^{1/3}$，$n$ 为曼宁糙率系数（s/m$^{1/3}$）。在涉及干湿边界计算的案例中，设置一个最小水深，当单元水深小于最小水深时，τ_{bx} 和 τ_{by} 取 0。

7.2.2　控制方程离散与求解

利用矩形网格单元离散控制方程，然后利用式（7-5）在任一单元（i, j）上积分：

$$\int_{V_{(i,j)}} \frac{\partial U}{\partial t}\mathrm{d}V + \int_{V_{(i,j)}} \nabla\cdot E\mathrm{d}V = \int_{V_{(i,j)}} S\mathrm{d}V \tag{7-7}$$

通过 Gauss-Green 公式将 $\displaystyle\int_{V_{(i,j)}} \nabla\cdot E\mathrm{d}V$ 转化为沿单元边界的线积分，得到式（7-8）：

$$\int_{V_{(i,j)}} \frac{\partial \boldsymbol{U}}{\partial t} \mathrm{d}V + \int_{V_{(i,j)}} \boldsymbol{E} \cdot \boldsymbol{n} \mathrm{d}L = \int_{V_{(i,j)}} S \mathrm{d}V \qquad (7-8)$$

式中：$\boldsymbol{U}$ 为单元均值；$L_{(i,j)}$ 为单元 (i,j) 的边界。

7.2.3 HLLC 格式计算数值通量

利用 HLLC 格式的近似黎曼求解器计算数值通量，以矩形网格单元 $\boldsymbol{F}_{(i+1/2,j)}$ 为例，计算公式如下：

$$\boldsymbol{F}_{(i+1/2,j)} = \begin{cases} \boldsymbol{F}_{\mathrm{L}}, & S_{\mathrm{L}} \geqslant 0 \\ \boldsymbol{F}_{*\mathrm{L}}, & S_{\mathrm{L}} \leqslant 0, \ S_{\mathrm{M}} \geqslant 0 \\ \boldsymbol{F}_{*\mathrm{R}}, & S_{\mathrm{M}} \leqslant 0, \ S_{\mathrm{R}} \geqslant 0 \\ \boldsymbol{F}_{\mathrm{R}}, & S_{\mathrm{R}} \leqslant 0 \end{cases} \qquad (7-9)$$

式中：$\boldsymbol{F}_{\mathrm{L}} = \boldsymbol{F}(\boldsymbol{U}_{\mathrm{L}})$ 和 $\boldsymbol{F}_{\mathrm{R}} = \boldsymbol{F}(\boldsymbol{U}_{\mathrm{R}})$ 从左右界面状态 $\boldsymbol{U}_{\mathrm{L}}$ 和 $\boldsymbol{U}_{\mathrm{R}}$ 计算得到。$\boldsymbol{F}_{*\mathrm{L}}$ 和 $\boldsymbol{F}_{*\mathrm{R}}$ 为中间波数值通量；S_{L}、S_{M}、S_{R} 分别代表左、中、右波速。$\boldsymbol{F}_{*\mathrm{L}}$ 和 $\boldsymbol{F}_{*\mathrm{R}}$ 计算公式如下：

$$\boldsymbol{F}_{*\mathrm{L}} = [f_{*1} \ \ f_{*2} \ \ v_{\mathrm{L}} f_{*1}]^{\mathrm{T}}, \quad \boldsymbol{F}_{*\mathrm{R}} = [f_{*1} \ \ f_{*2} \ \ v_{\mathrm{R}} f_{*1}]^{\mathrm{T}} \qquad (7-10)$$

式中：v_{L} 和 v_{R} 为左右切向速度分量。利用黎曼近似求解器计算通量 $\boldsymbol{F}_{*}$：

$$\boldsymbol{F}_{*} = \frac{S_{\mathrm{R}} \boldsymbol{F}_{\mathrm{L}} - S_{\mathrm{L}} \boldsymbol{F}_{\mathrm{R}} + S_{\mathrm{L}} S_{\mathrm{R}} (\boldsymbol{U}_{\mathrm{R}} - \boldsymbol{U}_{\mathrm{L}})}{S_{\mathrm{R}} - S_{\mathrm{L}}} \qquad (7-11)$$

考虑干湿边界动态交替的处理，S_{L}、S_{M}、S_{R} 计算公式如下（Fraccarollo et al., 1995）：

$$S_{\mathrm{L}} = \begin{cases} u_{\mathrm{R}} - 2\sqrt{gh_{\mathrm{R}}}, & h_{\mathrm{L}} = 0 \\ \min(u_{\mathrm{L}} - 2\sqrt{gh_{\mathrm{L}}}, \ u_{*} - 2\sqrt{gh_{*}}), & h_{\mathrm{L}} > 0 \end{cases} \qquad (7-12)$$

$$S_{\mathrm{R}} = \begin{cases} u_{\mathrm{L}} + 2\sqrt{gh_{\mathrm{L}}}, & h_{\mathrm{R}} = 0 \\ \min(u_{\mathrm{R}} + 2\sqrt{gh_{\mathrm{R}}}, \ u_{*} + 2\sqrt{gh_{*}}), & h_{\mathrm{R}} > 0 \end{cases} \qquad (7-13)$$

$$S_{\mathrm{M}} = \frac{S_{\mathrm{L}} h_{\mathrm{R}} (u_{\mathrm{R}} - S_{\mathrm{R}}) - S_{\mathrm{R}} h_{\mathrm{L}} (u_{\mathrm{L}} - S_{\mathrm{L}})}{h_{\mathrm{R}} (u_{\mathrm{R}} - S_{\mathrm{R}}) - h_{\mathrm{L}} (u_{\mathrm{L}} - S_{\mathrm{L}})} \qquad (7-14)$$

式中：u_{L}、u_{R}、h_{L} 和 h_{R} 是界面左右状态变量。u_{*} 和 h_{*} 计算公式如下：

$$u_{*} = \frac{1}{2}(u_{\mathrm{L}} + u_{\mathrm{R}}) + \sqrt{gh_{\mathrm{L}}} - \sqrt{gh_{\mathrm{R}}}; \quad h_{*} = \frac{1}{g}\left[\frac{1}{2}\left(\sqrt{gh_{\mathrm{L}}} + \sqrt{gh_{\mathrm{R}}}\right) + \frac{1}{4}(u_{\mathrm{L}} - u_{\mathrm{R}})\right]$$

$$(7-15)$$

7.2.4 模型时空二阶精度构造

采用 MUSCL-Hancock 方法求解控制方程，该方法具有二阶精度和高分辨率迎风格式，包括预测步和校正步。在 x 方向上，针对单元 (i, j)，预测步计算公式如下：

$$U_{(i, j)}^{n+1/2} = U_{(i, j)}^{n} - \frac{\Delta t}{2}\left[\frac{(E_{(i+1/2, j)}^{*} - E_{(i-1/2, j)}^{*})}{\Delta x} + \frac{(E_{(i, j+1/2)}^{*} - E_{(i, j-1/2)}^{*})}{\Delta y} - S_{(i, j)}\right]$$

$$(7-16)$$

式中：n 为时间层；Δt 为时间步长，Δt 根据流速大小自适应调整；Δx 和 Δy 分别为横、纵向网格单元尺寸。

在预测步基础上，对状态变量空间重构获取下一时刻单元状态变量 $U_{(i, j)}^{n+1}$，计算公式如下：

$$U_{(i+1/2, j)}^{L} = \overline{U}_{(i, j)}^{n+1/2} + \frac{1}{2}\varphi(r)(U_{(i, j)}^{n} - U_{(i-1, j)}^{n}), \quad U_{(i+1/2, j)}^{R}$$

$$= \overline{U}_{(i+1, j)}^{n+1/2} + \frac{1}{2}\varphi(r)(U_{(i+1, j)}^{n} - U_{(i, j)}^{n}) \tag{7-17}$$

$$U_{(i, j)}^{n+1} = U_{(i, j)}^{n} - \Delta t\left[\frac{(E_{(i+1/2, j)}^{*n+1/2} - E_{(i-1/2, j)}^{*n+1/2})}{\Delta x} + \frac{(E_{(i, j+1/2)}^{*n+1/2} - E_{(i, j-1/2)}^{*n+1/2})}{\Delta y} - S_{(i, j)}^{n+1/2}\right]$$

$$(7-18)$$

7.2.5　源项离散

床面坡度和摩阻项分别采用中心差分格式和分裂的隐式格式离散，首先根据式（7-19）对床面坡度离散：

$$-g\eta\frac{\partial z_b}{\partial x} = -g\overline{\eta}_x\left(\frac{z_{bi+1/2, j} - z_{bi-1/2, j}}{\Delta x}\right), \quad -g\eta\frac{\partial z_b}{\partial y} = -g\overline{\eta}_y\left(\frac{z_{bi, j+1/2} - z_{bi, j-1/2}}{\Delta y}\right)$$

$$(7-19)$$

式中：$\overline{\eta}_x = (\eta_{i-1/2, j}^{R} + \eta_{i+1/2, j}^{L})/2$；$\overline{\eta}_y = (\eta_{i, j-1/2}^{R} + \eta_{i, j+1/2}^{L})/2$。

然后根据式（7-20）对摩阻项离散：

$$\frac{\mathrm{d}U}{\mathrm{d}t} = S_f \tag{7-20}$$

式中：$S_f = \begin{bmatrix} 0 & S_{fx} & S_{fy} \end{bmatrix}^T$；$S_{fx} = -\tau_{bx}/\rho$；$S_{fy} = -\tau_{by}/\rho$。展开上述方程：

$$S_f^{n+1} = S_f^n + \left(\frac{\partial S_f}{\partial U}\right)^n \Delta U + o(\Delta U^2) \tag{7-21}$$

式中：n 为时间层；$\Delta U = U^{n+1} - U^n$。式（7-21）可变换为

$$\left[I - \Delta t\left(\frac{\partial S_f}{\partial U}\right)^n\right]\Delta U = \Delta t S_f^n \tag{7-22}$$

式中：I 为单位矩阵。

7.2.6 干湿边界处理

可以将干湿边界分为以下三种情况（图7-1）（冶运涛 等，2014）。

情景1： 左边和右边单元分别为湿单元和干单元，水深分别用 h_L 和 h_R 表示，水位分别用 η_L 和 η_R 表示。此情景下，$h_L \neq 0$ 和 $h_R = 0$，η_R（$= z_{bR}$）$> \eta_L$。由于 $\eta_R \neq \eta_L$，若不修正干单元，干、湿单元公共界面则有虚假水流通过。因此，将 η_R 和底高 z_{bR} 分别替换为 η'_R 和 z'_{bR}（$\eta'_R = \eta_R - \Delta\eta$，$z'_{bR} = \eta'_R$，$\Delta\eta = \eta_R - \eta_L$）来进行模型计算；同时将垂直公共界面的湿单元流速分量设置为0，从而避免产生虚假水流。

情景2： 左边和右边单元分别为湿单元和干单元，底部高程分别用 z_{bL} 和 z_{bR} 表示，水位分别用 η_L 和 η_R 表示，$z_{bL} > z_{bR}$，$\eta_L > \eta_R$（$z_{bR} = \eta_R$）。该情景下，由于存在水位差，在重力作用下湿单元水体会部分进入干单元，此时不做特殊处理。如果左侧湿单元水体全部流入右侧干单元，此时右侧干单元转为湿单元，如果右侧湿单元的水位小于左侧干单元的底部高程，那么会产生水位差，导致左侧干单元有水流流入右侧湿单元，产生虚假水流，导致模拟震荡。该情景下，为了保证模拟计算的稳定性，将左侧干单元流速分量重新设置为0。

情景3： 左、右两侧单元均为干单元，且 h_L 和 h_R 均等于0，与情景1处理方法相同。

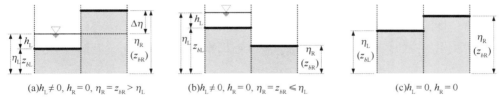

(a) $h_L \neq 0$, $h_R = 0$, $\eta_R = z_{bR} > \eta_L$ (b) $h_L \neq 0$, $h_R = 0$, $\eta_R = z_{bR} \leqslant \eta_L$ (c) $h_L = 0$, $h_R = 0$

图 7-1　干湿边界处理

7.2.7 自适应步长

采用显式方法求解控制方程，计算时间步长影响求解稳定性，稳定求解能够采用的最大时间步长 Δt 受 Courant-Friedrichs-Lewy（CFL）准则约束，对于二维笛卡尔网格坐标系，CFL 准则表示如下：

$$\Delta t = C \min(\Delta t_x, \Delta t_y) \tag{7-23}$$

$$\Delta t_x = \min_i \frac{\Delta x_i}{|u_i| + \sqrt{gh_i}}; \quad \Delta t_y = \min_i \frac{\Delta y_i}{|v_i| + \sqrt{gh_i}} \tag{7-24}$$

式中：C 为柯朗数，$0 \leqslant C \leqslant 1$；$\Delta t_x$ 和 Δt_y 分别为 x 和 y 方向上稳定求解控制方程所能采用的最大时间步长。

7.3 基于改进自适应网格的二维水动力模型构建

7.3.1 传统自适应网格生成技术

传统自适应结构网格生成技术常采用递归层次结构网格（见图7-2），由叶网格和子网格组成，叶网格为最大网格单元，根据不同的划分层级可以设置不同大小的子网格。叶网格［如网格 (i, j) 和 $(i, j+1)$］划分层级 lev 为 0，网格最大划分层级为 div_max，叶网格大小为 Δx_0 和 Δy_0。对叶网格进行细化可以得到子网格，子网格大小为 $\Delta x = \Delta x_0 / 2^{lev}$，$\Delta y = \Delta y_0 / 2^{lev}$。任何网格和其邻居网格大小必须满足 2 倍关系，即网格大小必须是其邻居网格大小的 2 倍、1 倍和 1/2 倍（2∶1 准则），该过程需要存储邻居网格信息，为了减少存储要求，邻居网格信息采用网格之间的相对关系来确定（Liang，2012）。自适应结构网格生成步骤如下：

（1）在笛卡尔坐标系下，生成能覆盖目标区域的叶网格 (i, j)，$i = 1, 2, \cdots, M$，$j = 1, 2, \cdots, N$，M 和 N 分别为 x 和 y 方向上的网格数，设置叶网格划分层级为 0，即 $lev (i, j) = 0$；

（2）根据目标区域边界种子点识别参与计算的网格单元；

（3）计算内部网格单元 (i, j, is, js) 的水位梯度［gradη (i, j, is, js)］［式（7-1）］，如果 gradη (i, j, is, js) 大于网格划分阈值 Φ_{sub}，或者网格 (i, j, is, js) 位于干湿边界处，设置叶网格的划分层级为 $lev (i, j) = lev (i, j) + 1$，划分层级达到最大划分层级 div_max，则网格单元 (i, j) 的划分层级保持不变；

（4）根据划分层级细化叶网格得到对应的子网格，子网格高程利用三角形线性插值获取（Liang，2012），然后根据质量守恒定律和动量守恒定律确定子网格水位、流量（张华杰，2014）；

（5）判断并调整网格 (i, j, is, js) 大小和其邻居网格大小之间满足 2∶1 准则（Liang et al.，2009）；

（6）如果 gradη (i, j, is, js)，$is = 1, \cdots, Ms$，$js = 1, \cdots, Ms$，$Ms = 2^{lev(i,j)}$ 均小于网格合并阈值 Φ_{coar}，则叶网格的划分层级设置为 $lev (i, j) = lev (i, j) - 1$，如果 $lev (i, j) = 0$，则保持 $lev (i, j) = 0$，合并得到的母网格中心状态变量为 4 个子网格中心状态变量的平均值，该过程同样保证网格 (i, j, is, js) 大小和其 8 个邻居网格大小满足 2∶1 准则。

$$\mathrm{grad}\eta(i,j,is,is) = \sqrt{\left(\frac{\partial \eta(i,j,is,js)}{\partial x}\right)^2 + \left(\frac{\partial \eta(i,j,is,js)}{\partial y}\right)^2} \qquad (7\text{-}25)$$

$$\frac{\partial \eta\left(i,j,is,js\right)}{\partial x}=\frac{\eta_{\text{east}}-\eta_{\text{west}}}{2\Delta x},\frac{\partial \eta\left(i,j,is,js\right)}{\partial y}=\frac{\eta_{\text{north}}-\eta_{\text{south}}}{2\Delta y} \qquad (7-26)$$

式中：η_{east}、η_{west}、η_{north}、η_{south} 分别为单元（i，j，is，js）东、西、北、南 4 个邻居网格的水位，当网格（i，j，is，js）划分层级和其邻居网格划分层级相同时，则网格（i，j，is，js）邻居方向的水位直接取邻居网格中心的水位，否则通过自然邻近插值获取该方向邻居网格的水位（Liang et al.，2004）。

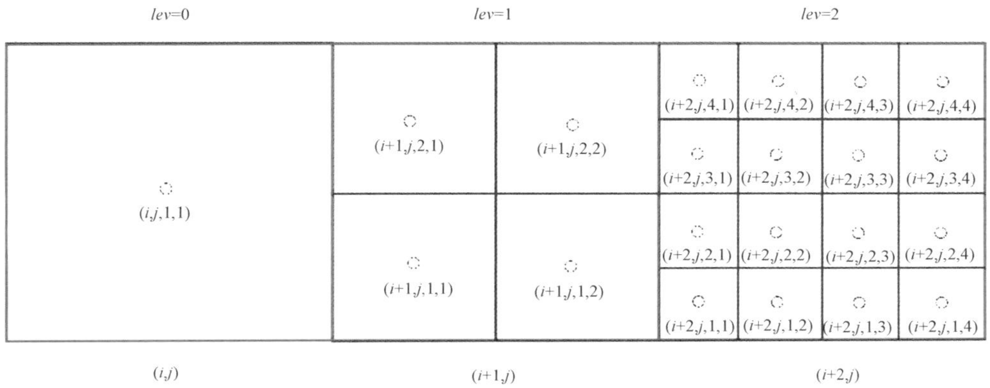

图 7-2 自适应网格示意

自适应网格生成技术网格划分阈值存在两种形式：相对阈值（Zhang et al.，2015）和绝对阈值（Liang et al.，2009）。相对阈值通过对所有计算网格水位梯度进行降序排列，取某个分位数 Sa 处的水位梯度作为阈值，相对阈值在计算过程中会不断变化；相对阈值设置简单，但当多数网格均存在较大梯度时，基于相对阈值的自适应网格技术只能识别和细化部分（计算网格总数×Sa）大梯度网格，影响模型模拟精度；当水流趋于平稳，大部分网格梯度均较小时，基于相对阈值的自适应网格技术仍会对部分网格（计算网格总数×Sa）进行细化，影响计算效率。绝对阈值采用固定梯度作为阈值，对梯度大于该阈值的网格进行细化，直至达到最大划分层级；当多数网格均存在较大梯度时，基于绝对阈值的自适应网格技术能够更准确地识别并细化大梯度网格，当多数网格梯度均较小时，低于绝对阈值的子网格将会被识别和合并。相比于相对阈值，绝对阈值可以更好地识别和细化大梯度网格、合并小梯度网格，提高模型模拟精度和计算效率，但绝对阈值需要通过试验确定合适取值。

采用自适应网格时，网格单元和邻居网格单元可能处于不同的划分层级（图7-3），当网格单元右侧邻居网格划分层级大于该网格单元的划分层级时，通过东边界面的通量 $F_{(i+1/2,j)}=\left(F^{1}_{(i+1/2,j)}+F^{2}_{(i+1/2,j)}\right)/2$，$F^{1}_{(i+1/2,j)}$ 和 $F^{2}_{(i+1/2,j)}$ 的计算需要 w_1、e_1、w_2 和 e_2 位置的状态变量，e_1 和 e_2 位置状态变量可以直接获取，w_1 和 w_2 位置状态变量可以通过自然邻近插值获取（Liang et al.，2004）。通量计算、时空二阶精度构造和源项处理等过程见 7.2 节。

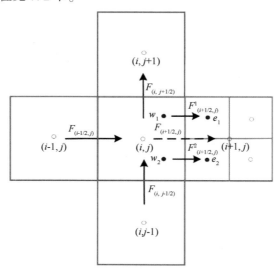

图 7-3　自适应网格通量计算示意

7.3.2　改进自适应网格生成技术

　　采用传统自适应网格生成技术对网格进行细化时，为了提高网格对地形拟合的精度，采用插值方法获取子网格高程，但同时需要保证质量守恒，导致插值后网格水位和邻居网格水位可能存在差异，造成静水扰动，破坏模型静水和谐性（张华杰等，2012）。针对这个问题，引入地形坡度对传统自适应网格进行改进：对地形起伏较大区域网格，将网格划分水平设置为最大网格划分水平（Hou et al.，2018），在计算过程中保持网格划分水平不变；对地形起伏较小区域网格，根据水位梯度动态确定网格划分水平，同时为了提高干湿边界处的计算精度，对干湿边界处的网格进行细化，网格划分过程中子网格高程直接继承叶网格高程，具体步骤如下：

　　（1）生成能覆盖计算域的叶网格 (i, j)，$i = 1, 2, \cdots, M$，$j = 1, 2, \cdots, N$，并设置叶网格的划分水平为 div_max，每个子网格 (i, j, is, js)，$is = 1, 2, \cdots, Ms$，$js = 1, 2, \cdots, Ms$，$Ms = 2^{lev(i, j)}$ 的网格大小分别为 Δx 和 Δy；

　　（2）根据研究区边界种子点识别内部计算单元；

　　（3）计算内部单元 (i, j, is, js) 的地形坡度 $\mathrm{gradz_b}$［式（7-27）至式（7-29）］（Hou et al.，2018）；

　　（4）如果叶网格 (i, j) 存在子网格 (i, j, is, js) 的坡度大于高程阈值 Φ_{zb-sub}，则保持叶网格 (i, j) 的划分水平，即 $lev(i, j) = $ div_max，否则将叶网格 (i, j) 的划分水平设为 0，即 $lev(i, j) = 0$，根据坡度准则划分的网格单元在模拟过程中不参与自适应调整；

（5）除步骤（4）中根据坡度已经设置最大划分水平的网格单元外，依次计算其他内部单元（i，j，is，js）的水位梯度［gradη，式（7-30）和式（7-31）］；

（6）如果 gradη（i，j，is，js）大于网格划分阈值 Φ_{sub}，设置叶网格的划分水平为 lev（i，j）= lev（i，j）+1，如果 lev（i，j）= div_max，则保持 lev（i，j）= div_max；

（7）子网格中心状态变量直接继承叶网格中心的状态变量，该过程同时满足质量守恒定律和动量守恒定律；

（8）判断并调整单元（i，j，is，js）网格大小和 8 个邻居网格大小满足 2：1 准则；

（9）如果 gradη（i，j，is，js），is = 1，$\cdots$，Ms，js = 1，$\cdots$，Ms，$Ms = 2^{lev(i,j)}$ 均小于网格合并阈值 Φ_{coar}，则叶网格的划分水平设置为 lev（i，j）= lev（i，j）−1，合并得到的母网格中心状态变量由 4 个网格中心状态变量取平均得到，该过程同样保证网格（i，j，is，js）大小和 8 个邻居网格大小满足 2：1 准则。

$$\mathrm{grad}z_{\mathrm{b}}(i,j,is,is) = \sqrt{\left(\frac{\partial z_{\mathrm{b}}(i,j,is,js)}{\partial x}\right)^2 + \left(\frac{\partial z_{\mathrm{b}}(i,j,is,js)}{\partial y}\right)^2} \tag{7-27}$$

$$\frac{\partial z_{\mathrm{b}}(i,j,is,js)}{\partial x} = \max\left(\frac{z_{\mathrm{b-east}} - z_{\mathrm{b}}(i,j,is,js)}{\Delta x}, \frac{z_{\mathrm{b-west}} - z_{\mathrm{b}}(i,j,is,js)}{\Delta x}\right) \tag{7-28}$$

$$\frac{\partial z_{\mathrm{b}}(i,j,is,js)}{\partial y} = \max\left(\frac{z_{\mathrm{b-north}} - z_{\mathrm{b}}(i,j,is,js)}{\Delta y}, \frac{z_{\mathrm{b-south}} - z_{\mathrm{b}}(i,j,is,js)}{\Delta y}\right) \tag{7-29}$$

$$\mathrm{grad}\eta(i,j,is,is) = \sqrt{\left(\frac{\partial \eta(i,j,is,js)}{\partial x}\right)^2 + \left(\frac{\partial \eta(i,j,is,js)}{\partial y}\right)^2} \tag{7-30}$$

$$\frac{\partial \eta(i,j,is,js)}{\partial x} = \frac{\eta_{\mathrm{east}} - \eta_{\mathrm{west}}}{2\Delta x}, \frac{\partial \eta(i,j,is,js)}{\partial y} = \frac{\eta_{\mathrm{north}} - \eta_{\mathrm{south}}}{2\Delta y} \tag{7-31}$$

式中：下标 east、west、north 和 south 分别指单元（i，j，is，js）东、西、北、南边 4 个方向的邻居网格。

7.4　基于改进自适应网格的二维水动力模型并行化改造

自适应网格技术能够根据水流条件调整网格大小，虽然可以提高模型模拟效率，但自适应网格判断过程同样耗时，难以满足实际应用案例对计算效率的需求。并行计算技术是提高模型模拟精度的有效途径，在水动力模拟中得到了有效应用（侯精明 等，2018；夏忠喜，2014）。CPU 并行是水动力模型并行计算广泛采用的一种方式，根据计算机存储方式的不同，存在两种编程标准：①MPI（Message Passing Interface）并行计算标准，适用于基于分布式存储的计算机集群，并行计算过程中不同计算机之间通过消息传递来交换数据；②OpenMP 并行计算标准，适用于基于共享内存的计算机，并行计算过程通过直接读写共享存储结构实现数据交互。本节采用 OpenMP 并行计算标准对基于改进自适应网格的二维水动力模型进行并行化改造，构建基于改进自适应网格和 OpenMP 并行计算的二维水动力模型（HydroM2D-AP）。

7.4.1 水动力模型并行设计

并行计算要求参与并行计算的代码模块之间相互独立，不存在依赖关系，否则难以进行并行设计。本研究中水动力模型采用 MUSCL-Hancock 显式方法求解控制方程，$t+1$ 时刻所有网格的水位和流量等水流状态变量的计算只取决于 t 时刻网格的水流状态变量，各网格计算过程独立，不同时刻网格状态变量更新计算可进行并行设计，具体设计方案如图 7-4 所示。

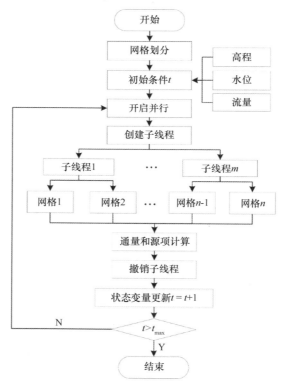

图 7-4　水动力模型并行计算设计

7.4.2 并行区构造

OpenMP 利用区别于 Fortran 注释语言的指令对开启并行环境，！$ OMPPARALLE

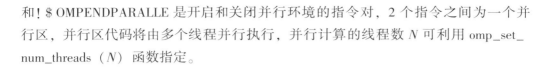

和！$OMPENDPARALLE 是开启和关闭并行环境的指令对，2 个指令之间为一个并行区，并行区代码将由多个线程并行执行，并行计算的线程数 N 可利用 omp_set_num_threads（N）函数指定。

7.4.3　循环并行化

循环体中如果不同的循环计算相互独立，则可以用！$OMP　DO　和！$OMP　END　DO 指令对开启循环并行，为了保证多线程对变量修改不发生冲突，需要设置共享变量和私有变量，共享变量允许所有线程同时对变量进行访问和修改，而私有变量只允许对应的线程对变量进行访问修改。设置变量属性的指令对主要包括以下 4 种：

（1）PRIVATE（list）：设置 list 中的变量为私有变量，并行开始时，子线程会对私有变量进行备份，但备份的私有变量不具有初值，在不同子线程中可以赋予不同的数值，某个子线程的私有变量只有该子线程可以访问，通过设置私有变量，可以防止多线程对变量的访问冲突；

（2）SHARED（list）：设置 list 中的变量为共享变量，并行计算中所有子线程都可以访问和修改共享变量；

（3）FIRSTPRIVATE（list）：设置 list 中的变量为私有变量，并行开始时，子线程会对私有变量进行备份，同时利用该变量的初值对所有子线程中备份的同名变量进行初始化；

（4）LASTPRIVATE（list）：设置 list 中的变量为私有变量，并行结束时，会将最后 1 个线程的私有变量值赋予主线程的同名变量。

将循环工作合理分配给各个线程，能够提高并行计算效率。OpenMP 利用 SCHEDULE（type，chunk）指令提供了 3 种工作分配策略，type 和 chunk 分别代表分配策略和分配给每个线程的工作量。

（1）静态分配策略 SCHEDULE（STATIC，chunk）：并行计算开始时，会给每个线程安排 chunk 次迭代工作，整个计算过程中工作分配保持不变，若各线程完成 chunk 次迭代工作后，但迭代工作尚未完全完成时，剩余工作则由主线程单独完成，其余线程会处于空闲状态，造成线程负载不平衡，所以静态分配策略计算效率不高；

（2）动态分配策略 SCHEDULE（DYNAMIC，chunk）：并行计算过程中，按照 chunk 大小将任务拆分为若干个工作块。每个线程执行一个工作块，完成后再分配一个工作块，直到完成所有工作块；相比于静态分配策略，动态分配策略可以始终保持多线程同时运行，计算效率高；但处理和分配工作块会产生分配开销，每个工作块 chunk 设置得越大，分配开销越少；

（3）动态分配策略 SCHEDULE（GUIDE，chunk）：并行计算过程中，首先给各线程分配较大的工作块，每个线程执行一个工作块，完成后再分配另一个工作块，工作块大小按指数逐渐递减到 *chunk* 大小，尽量减少处理和分配工作块的分配开销。

并行计算设计中要综合考虑线程之间的负载平衡和分配开销，确定合适的分配策略。基于改进自适应网格的水动力模型模拟过程中，随着计算域水流的动态变化，网格的数量也会不断的变化，如果采用静态分配策略容易出现负载不平衡的问题，因此选择动态分配策略进行并行工作划分，降低负载不平衡和分配开销的影响，确保模型具有较高的模拟效率。基于 OpenMP 标准的二维水动力模型并行计算示例代码如下：

```
CALLomp_set_num_threads（32）
！$ OMP PARALLEL DEFAULT（PRIVATE）SHARED（ncell，…）
！$ OMP DO SCHEDULE（GUIDED，1000）
doic=1，ncell
    if（hp<tol_h）then
        …
    else
        …
    endif
enddo
！$ OMP END DO
！$ OMP END PARALLEL
```

7.4.4 并行计算效率评估

并行计算效率采用加速比和加速效率进行衡量（曹引 等，2018），加速比表示串行计算耗时和并行计算耗时的比值；加速效率指加速比和并行计算线程数的比值。加速比和加速效率计算公式如下。

加速比：

$$S = \frac{T_{串行}}{T_{并行}} \tag{7-32}$$

加速效率：

$$E = \frac{S}{P} \tag{7-33}$$

式中：S 和 E 分别为加速比和加速效率；$T_{串行}$、$T_{并行}$ 分别为串行计算和并行计算所需时间；P 为线程数。

7.5 基于改进自适应网格和并行计算的二维水动力模型验证

为了检验基于改进自适应网格和 OpenMP 并行计算的二维水动力模型 HydroM2D-AP 的计算性能，分别利用水槽试验、物理模型和实际案例检验模型的静水和谐性、模拟精度和计算效率。三类算例中网格最大划分水平 div_max = 2，网格细化的地形坡度设置为 0.02（Φ_{zb-sub}），网格细化和粗化的绝对阈值分别设置为 0.08（Φ_{sub}）和 0.05（Φ_{coar}）。所有算例中重力加速度 g 取 9.81 m/s²，水体密度 ρ 取 1 000 kg/m³。

7.5.1 三驼峰案例

本案例可用于检验模型的静水和谐性。计算域为 75 m×30 m；底部高程［图 7-5（a）］计算公式为

$$b(x, y) = \max[0, 1 - 0.125\sqrt{(x - 30)^2 + (y - 6)^2},$$
$$1 - 0.125\sqrt{(x - 30)^2 + (y - 24)^2}, \quad\quad (7-34)$$
$$3 - 0.3\sqrt{(x - 47.5)^2 + (y - 15)^2}]$$

整个计算域初始水位设置为 1.875 m［图 7-5（b）］，流速设为 0，即静水条件；糙率 $n = 0.018$ s/m^{1/3}。分别利用基于传统自适应网格和基于改进自适应网格的二维水动力模型模拟 $t = 0 \sim 30$ s 计算域的水动力过程。

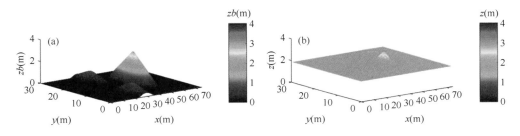

图 7-5　三驼峰案例底部高程（a）和初始水位（b）

两种模型模拟得到不同时刻（$t = 10$ s 和 30 s）计算域流场和网格分布如图 7-6 和图 7-7 所示。由图 7-6 可以看出，基于传统自适应网格的水动力模型模拟流速不为 0，尤其在第三个驼峰周围水流更加明显，这是因为初始时刻，第三个驼峰周围存在干湿边界，模拟过程中该区域网格会被细化，细化后子网格高程采用插值方程获取，插值得到的子网格高程和叶网格高程存在一定的差异，为了保证质量守恒，

导致子网格的水位和邻居网格水位不一致，在重力作用下产生了静水扰动。由图7-7可以看出，基于改进自适应网格的水动力模型模拟流速始终为0，这是因为模拟开始前，首先根据坡度划分准则对第三个驼峰区域网格进行了细化，且整个模拟过程中该部分网格划分水平保持不变，避免了因高程插值导致静水扰动，基于改进自适应网格的水动力模型具有静水和谐性。

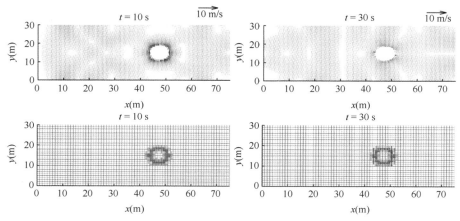

图7-6　基于传统自适应网格的水动力模型模拟流场和网格分布

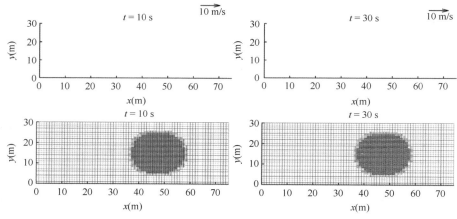

图7-7　基于改进自适应网格的水动力模型模拟流场和网格分布

7.5.2　Toce 河溃坝案例

Toce 河模型（Soares Frazão，1999）是意大利国家电力公司 ENEL 按 1 : 100 的比例尺对意大利米兰市 Toce 河上游约 5 km 范围内建立的物理模型，作为标准模型常用于检验各种溃坝数学模型的精度和稳定性。该物理模型长约 50 m，宽约 11 m。Toce 河物理模型地形和观测点位置如图 7-8 所示。Toce 河物理模型中有一个空水库，水库在靠近河流一侧有个开口。Toce 物理模型入流流量随时间变化如图 7-9 所示。模型初始水深为 0 m，模型采用自由出流边界。模型模拟叶网格大小为 0.4 m× 0.4 m，糙率取 ENEL 推荐的 0.016 2 s/m$^{1/3}$。

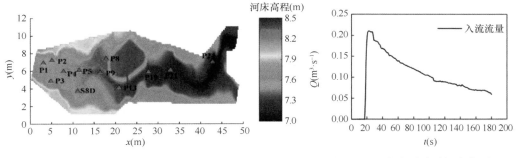

图 7-8　地形和测点位置　　　　　　图 7-9　入流流量随时间变化过程

利用 HydroM2D-AP 模型模拟 Toce 河溃坝洪水的演进过程，图 7-10 为 0~180 s 各测点水位模拟值与观测值，可以看出，观测站点水位模拟值与观测值随时间变化趋势总体保持一致，溃坝洪水波到达各测点的时间与观测数据基本一致。但 P24 水位模拟值较实际观测值偏高，主要是因为未考虑该模型在 P24 点上游不远处布置代表建筑物的砖头对水流的阻挡作用，模型综合糙率会有所降低，但实际观测中，位于建筑物后端的测点会因前端建筑物对水流的阻碍作用导致水位降低，由于该因素的主导作用，导致 P24 点的模拟水位偏高（Liang et al.，2007）。洪水模拟到达 P24 点共耗时 61 s，实际到达时间为 58 s，模型具有较高模拟精度。图 7-11 为不同时刻洪水淹没水深，由图 7-11 可以直观看出洪水在 Toce 河上的演进过程。

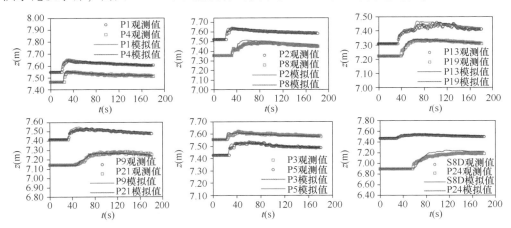

图 7-10　主要测点水位模拟值与观测值

图 7-12 和图 7-13 为 $t=0$、30 s 和 60 s 的网格分布以及模拟过程中网格数的变

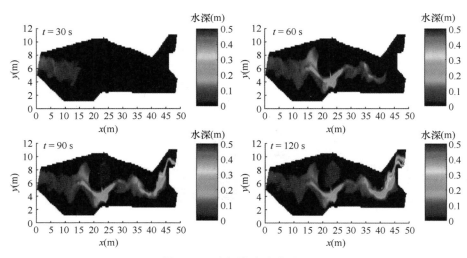

图 7-11 溃坝洪水演进过程

化情况。溃坝开始前，由于计算域地形复杂，大部分计算区域地形梯度均大于阈值，所以大部分区域网格均处于最大划分水平，初始网格数为 28 504 个，$t = 18$ s 溃坝开始后，溃坝水流向下游快速演进，洪水经过区域具有较高的水位梯度，产生干湿交替，导致网格数快速增加，$t = 60$ s 左右网格数达到最大值 31 180 个，随后逐渐降低，稳定在 30 247 个附近。

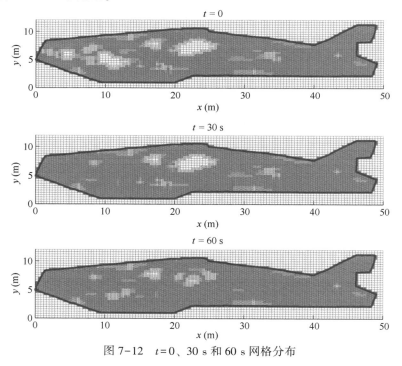

图 7-12 $t = 0$、30 s 和 60 s 网格分布

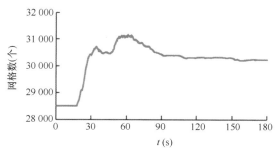

图 7-13　网格数变化

7.5.3　Malpasset 溃坝案例

Malpasset 大坝位于法国弗雷瑞斯海湾上游，1959 年 10 月的强降雨致使大坝水位暴涨，导致大坝溃决。图 7-11 给出了 Malpasset 大坝溃坝计算区域的边界范围和观测点的位置，其中 $P_1 \sim P_{17}$ 为溃坝发生后当地警察调查的洪痕点水位，$S_6 \sim S_{14}$ 为 1964 年法国国家水力学实验室对此次溃坝进行 1：400 模型试验中设置的观测点，这些数据可由法国电力公司得到。该计算区域面积为 54.8 km²。叶网格大小取 80 m×80 m。溃坝前上游初始水位为 100 m，下游无水深；出流边界为弗雷瑞斯海湾（图 7-14），海面高程恒为 0 m。曼宁糙率系数取 0.033 s/m$^{1/3}$，假定大坝瞬时全溃。Malpasset 大坝地形复杂、高程落差大，利用该实际案例可以检验模型模拟溃坝洪水在实际地形上演进的能力。

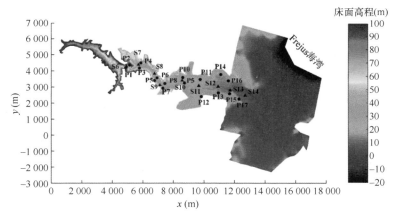

图 7-14　计算区域地形及观测点位置

夏军强等（2010）、Yoon 等（2004）、Valiani 等（2002）和张大伟等（2009）均用该案例验证所建溃坝水流模型的模拟性能，将本书所建模型的模拟结果与上述学者所建模型的模拟结果进行对比（见图 7-15），发现模拟结果基本一致；实际溃坝开始到洪水演进至弗雷瑞斯海湾共耗时 2 160 s，本次模拟 $t = 2$ 340 s 时洪水已经到达弗雷瑞斯海湾，流场如图 7-16 所示，此时大坝位置水深约 13.6 m，流速约 2.9 m/s，入弗雷瑞斯海湾处水深约 0.5 m，流速约 3.7 m/s，该模型可准确模拟溃坝水流在复杂边界及实际地形上的演进过程。

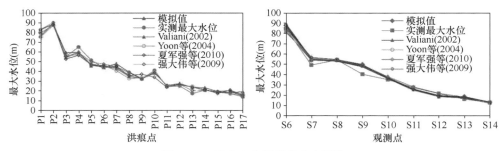

图 7-15　最大水位模拟值和实测值

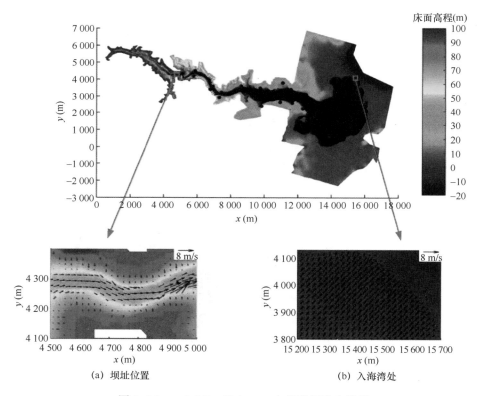

图 7-16　$t = 2$ 340 s Malpasset 大坝溃坝洪水流场

图 7-17 和图 7-18 为 $t = 0$、1 000 s 和 1 800 s 的网格分布以及 0~3 000 s 模拟过程中网格数的变化情况，模拟开始前，首先根据地形坡度对网格进行划分，由于大坝区域地形坡度较大，该区域网格均设置为最大划分水平，其余区域地形坡度大于

阈值的网格划分水平同样设置为 2，初始网格数为 77 975 个，溃坝开始后，溃坝水流向下游快速演进，洪水经过区域具有较高的水位梯度，同时产生干湿交替，导致网格数快速增加，$t=2\,400$ s 左右网格数达到最大值，随后网格数维持在 81 000 个左右。

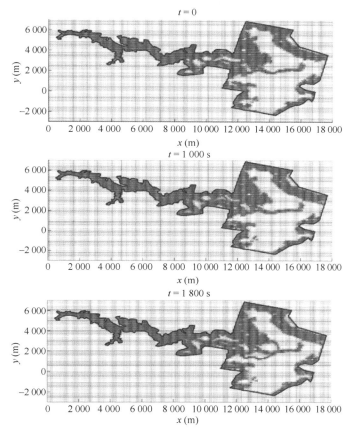

图 7-17　不同时刻网格分布

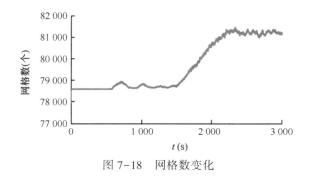

图 7-18　网格数变化

7.6 基于改进自适应网格的二维水动力模型应用

7.6.1 鄱阳湖概况

鄱阳湖是我国第一大淡水湖泊，地处江西省北部、长江中下游南岸，位于115°40′—116°46′E，地理位置如图 7-19 所示。鄱阳湖南北长 171 km 左右，东西最宽处约 84 km。鄱阳湖是一个吞吐型、季节性、无控制通江大湖，水位受长江干流与赣江、抚河、信江、饶河和修水五河来水季节性变化的影响，水位变化明显，具有"高水一片"呈湖相、"低水一线"呈河相的特征。

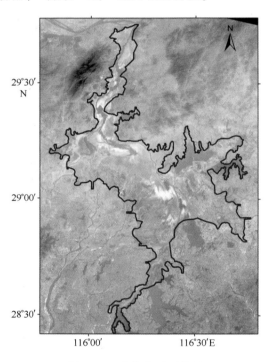

图 7-19　鄱阳湖地理位置

鄱阳湖位于中低纬度，属于东亚季风区，雨水丰沛，鄱阳湖枯水期和丰水期分别为 10 月至次年 3 月、4—9 月，丰水期五河来水量较为集中，5—6 月径流量最大，占汛期五河总径流量 3/4 左右；鄱阳湖区气候属中亚热带湿润季风气候，多年平均气温为 16~20℃，每年 7 月和 1 月气温往往分别达到极大值和极小值。

7.6.2　鄱阳湖水动力过程模拟

　　利用鄱阳湖地形数据（见图 7-20）、五河入湖流量数据和湖口水位数据构建了鄱阳湖 HydroM2D-AP 二维水动力模型。根据 2014 年 8 月 5 日丰水期一景 Landsat 8 影像确定模型计算范围，扣除与湖区无水动力交互的康山湖和军山湖。地形数据为鄱阳湖 2010 年 1∶25 000 实测高程数据。自适应结构网格采用三级网格划分，叶网格（0 级网格）、1 级网格、2 级网格和 3 级网格大小分别为 1 600 m×1 600 m、800 m×800 m、400 m×400 m 和 200 m×200 m（见图 7-21）；模型模拟前，首先根据地形对计算网格进行划分，坡度大于 0.02 的区域均采用 3 级网格，此外为了提高枯水期鄱阳湖河相模拟精度，河道及周边区域均采用 3 级网格划分，且在模拟过程中网格划分水平保持不变；模拟过程中根据水位梯度和干湿边界交替情况对其余网格大小进行自适应调整。

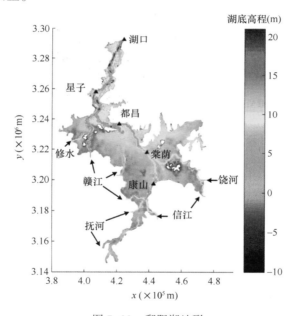

图 7-20　鄱阳湖地形

　　模型入流边界条件采用 2012 年 1 月 1 日至 12 月 31 日五河入湖观测断面的流量作为入流边界；出流边界利用 2012 年 1 月 1 日至 12 月 31 日湖口站观测水位设置水位边界条件，根据 2012 年 1 月 1 日湖区 5 个水文站的平均水位设置初始水位。模型采用冷启动的方式，预热 1 个月以消除初始条件的影响。模型计算采用自适应时间步长，CFL 系数取 0.5。为了有效模拟干湿边界的动态交替，设置最小水深 1.0×10^{-3} m，小于等于最小水深的网格为干单元，反之则为湿单元。

　　曼宁糙率系数是表征下垫面对水流阻力的变量，是水动力模拟的关键参数，模型采用统一糙率，经率定曼宁糙率系数最终设置为 0.035 s/m$^{1/3}$。2012 年 1 月 1 日至 12 月 31 日星子、都昌、棠荫和康山模拟水位和观测水位如图 7-22 所示。可以看出，初始条件对模拟结果的影响可以很快消除，4 个观测站的模拟水位和观测水位基本一致，星子、都昌、棠荫和康山模拟水位的 Nash 效率系数分别为 0.99、0.99、0.96 和 0.93，证明模型可以模拟鄱阳湖水位的动态变化，其中丰水期水位模拟精度高于枯水期水位模拟精度，这是因为枯水期鄱阳湖水位较低，水体主要沿湖区河道流动，水位受河道地形影响较大，但受网格和原始地形高程分辨率的影响，现有网格难以精确模拟河道地形，导致枯水期水位模拟误差要大于丰水期。

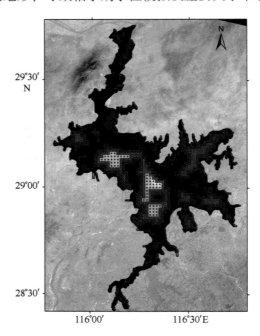

图 7-21 初始网格中心点空间分布

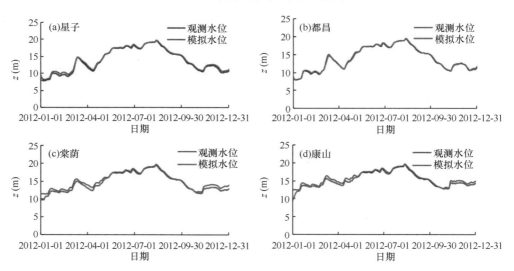

图 7-22 星子、都昌、棠荫和康山水位模拟值和观测值

为了检验自适应网格技术和 OpenMP 并行计算对模型模拟效率的提升效果，在 CPU 为 Intel（R）Core（TM）i7-4770 @ 3.40GHz 的计算机上运行鄱阳湖 HydroM2D-AP 模型，分别统计使用 1、2、4、8、16 和 32 线程 HydroM2D-AP 模型模拟鄱阳湖 2012 年 1 月 1 日至 12 月 31 日水动力过程所需要的时间，计算并行计算的加速效率和加速比（表 7-1）。由表 7-1 可以看出，并行计算加速比随线程数的增加而增加，使用 32 个线程进行并行计算时，加速比可以达到 9.49；加速效率随线程数的增加逐渐降低，因为并行计算环境的开启以及计算任务分配等通信开销会随着线程数的增加而增加。采用固定网格（200 m×200 m）串行（线程数取 1）模拟鄱阳湖 2012 年 1 月 1 日至 12 月 31 日水动力过程需要耗时 769 420 s，采用自适应网格（200 m~1 600 m）串行模拟鄱阳湖 2012 年 1 月 1 日至 12 月 31 日水动力过程需要耗时 658 460 s，而采用自适应网格和 32 线程并行计算鄱阳湖 2012 年 1 月 1 日至 12 月 31 日水动力过程仅需要 69 350 s，可以看出，相比于采用固定网格和串行计算的 HydroM2D 模型，采用自适应网格和并行计算的 HydroM2D-AP 模型可以减少约 91% 的模拟时间，显著提高了水动力模型在实际应用中的时效性。

表 7-1　并行计算效率评估

线程数	1	2	4	8	16	32
耗时（s）	658 460	342 370	201 845	109 500	74 460	69 350
加速比	—	1.92	3.26	6.01	8.84	9.49
加速效率	—	0.96	0.82	0.75	0.55	0.30

7.7　本章小结

本章构建了基于改进自适应网格和 OpenMP 并行计算的二维水动力模型（HydroM2D-AP），分别利用水槽试验、物理模型和实际案例检验了 HydroM2D-AP 模型的静水和谐性、模拟精度和计算效率。验证结果表明，自适应网格和 OpenMP 并行计算技术可以显著提高模型模拟效率，基于改进自适应网格和 OpenMP 并行计算的 HydroM2D-AP 模型具有静水和谐性，能够准确高效模拟不同水流条件和复杂地形条件下的水动力过程。

参考文献

曹引，冶运涛，梁犁丽，等，2018. 高山流域降水无线传感器网络节点布局优化方法［J］. 系统工程理论与实践，38（8）：2168-2176.
侯精明，李桂伊，李国栋，等，2018. 高效高精度水动力模型在洪水演进中的应用研究［J］. 水力发电学报，37（2）：99-107.

夏军强，王光谦，谈广鸣，2010. 复杂边界及实际地形上溃坝洪水流动过程模拟［J］. 水科学进展，21（3）：289-298.

夏忠喜，2014. 二维水动力学模型并行计算研究［D］. 北京：华北电力大学.

冶运涛，梁犁丽，张光辉，等，2014. 基于修正控制方程的复杂边界溃坝水流数值模拟［J］. 水力发电学报，33（5）：99-107.

张大伟，程晓陶，黄金池，2009. 大坝瞬时溃决水流数值模拟——以 Malpasset 水库为例［J］. 水利水电科技进展，29（5）：1-4.

张华杰，2014. 湖泊流场数学模型及水动力特性研究［D］. 武汉：华中科技大学.

张华杰，周建中，毕胜，等，2012. 基于自适应结构网格的二维浅水动力学模型［J］. 水动力学研究与进展（A 辑），27（6）：667-678.

ALESSANDRO V，VALERIO C，ANDREA Z，2002. Case study：Malpasset dam-break simulation using a two-dimensional finite volume method［J］. Journal of Hydraulic Engineering，128（5）：460-472.

HOU J，WANG R，LIANG Q，et al.，2018. Efficient surface water flow simulation on static Cartesian grid with local refinement according to key topographic features［J］. Computers & Fluids，176：117-134.

LIANG D，LIN B，FALCONER R A，2007. Simulation of rapidly varying flow using an efficient TVD-MacCormack scheme［J］. International Journal for Numerical Methods in Fluids，53（5）：811-826.

LIANG Q，2012. A simplified adaptive Cartesian grid system for solving the 2D shallow water equations［J］. International Journal for Numerical Methods in Fluids，69（2）：442-458.

LIANG Q，BORTHWICK A G L，2009. Adaptive quadtree simulation of shallow flows with wet-dry fronts over complex topography［J］. Computers & Fluids，38（2）：221-234.

LIANG Q，BORTHWICK A G L，STELLING G，2004. Simulation of dam and dyke-break hydrodynamics on dynamically adaptive quadtree grids［J］. International Journal for Numerical Methods in Fluids，46（2）：127-162.

SOARES FRAZÃO S，1999. The Toce River test case：numerical results analysis［C］//Proceedings of the 3rd CADAM Workshop，Milan，Italy：European Commission：1-10.

YOON T H，2004. Finite volume model for two-dimensional shallow water flows on unstructured grids［J］. Journal of Hydraulic Engineering，130（7）：678-688.

ZHANG L，LIANG Q，WANG Y，et al.，2015. A robust coupled model for solute transport driven by severe flow conditions［J］. Journal of Hydro-environment Research，9（1）：49-60.

第 8 章 二维水动力模型不确定性分析与数据同化技术

8.1 引言

本章以 Toce 河物理模型为例，分析了水动力模型模拟关键参数曼宁糙率系数的不确定性，同时分析了模拟水位对曼宁糙率系数的敏感性；在此基础上，利用粒子滤波数据同化算法将观测水位融入水动力模型，校正模拟水位的同时同步更新曼宁糙率系数，构建了考虑糙率时空变异性的二维水动力模型粒子滤波数据同化算法。

8.2 水动力模型参数不确定性分析方法

8.2.1 LHS-GLUE 不确定性分析方法

GLUE 不确定性分析方法由 Beven 等（1992）提出，GLUE 方法根据参数的先验分布在参数空间内利用蒙特卡洛方法生成样本，计算样本的似然度值，进而分析参数的不确定性。

蒙特卡洛方法样本生成效率低，为了提高样本生成效率，利用拉丁超立方采样方法（LHS）（Mckay et al.，1979）从参数先验分布中生成随机样本，计算参数对应的似然函数值以分析模型参数不确定性，LHS 获取的样本能够更加精确地反映输入概率函数中值的分布。LHS-GLUE 方法具体步骤如下。

（1）利用 LHS 分层抽样方法将曼宁糙率系数的取值范围划分为 n 个区间，在每个区间内均匀采样 m 次，获取 $m \times n$ 个曼宁糙率系数样本。

（2）基于不同曼宁糙率系数构建不同水动力模型，计算不同曼宁糙率系数对应的似然度，似然度分别用模拟水位的高斯误差模型［LF1，式（8-1）］以及模拟水位和实测水位的纳什效率系数［$LF2$，式（8-2）］表示。

$$LF1 = p(\theta \mid z_{\text{obs}}) \propto \Big[\sum_{i=1}^{N} (z_i - z_{\text{obs}}^i)^2 \Big]^{-\frac{1}{2}N} \tag{8-1}$$

$$LF2 = p(\theta \mid z_{\mathrm{obs}}) \propto \left[1 - \frac{\sum\limits_{i=1}^{N} (z_i - z_{\mathrm{obs}}^i)^2}{\sum\limits_{i=1}^{N} (z_{\mathrm{obs}}^i - \bar{z}_{\mathrm{obs}})^2} \right] \tag{8-2}$$

式中：θ 为曼宁糙率系数；$p(\theta \mid z_{\mathrm{obs}})$ 为曼宁糙率系数的后验分布，即曼宁糙率系数 θ 对应的似然度值；z_i 和 z_{obs}^i 分别为第 i 时刻水位模拟值和观测值；N 为观测次数。

（3）设定阈值，将似然度低于该阈值的曼宁糙率系数剔除，将高于该阈值的曼宁糙率系数对应的似然度进行归一化，统计曼宁糙率系数的后验分布。

（4）对剩余曼宁糙率系数驱动下模型模拟水位进行排序，确定模拟水位 5% 和 95% 分位数，得到模拟水位 90% 不确定性区间。

（5）计算不确定性区间宽度［式（8-3）］，评价曼宁糙率系数的不确定性（曹引 等，2018）。

$$B = \frac{1}{T} \sum_{i=1}^{T} (z_{\mathrm{upper}}^i - z_{\mathrm{lower}}^i) \tag{8-3}$$

式中：z_{upper}^i 和 z_{lower}^i 分别指第 i 时刻模型模拟水位 95% 和 5% 分位数；T 为模拟时间。

8.2.2 SCEM-UA 不确定性分析方法

SCEM-UA 算法是 Vrugt 等（Vrugt et al., 2003）在 SCE-UA 算法基础上提出的寻优算法，该算法采用自适应 Metropolis 采样器，利用马尔科夫链不断进化，在计算过程中不断更新样本，采用 Gelman 等（1992）提出的采样序列比例缩小系数 $\sqrt{SR}$ 判断算法是否收敛，有效推求参数的后验分布。算法具体步骤如下。

（1）生成 s 个曼宁糙率系数样本，计算不同曼宁糙率系数对应的 $LF1$ 和 $LF2$ 似然度值。

（2）根据似然度值对 s 个曼宁糙率系数样本进行降序排列，将排序后的曼宁糙率系数样本和对应的似然度值存储于矩阵 D［$1：s，1：2$］中。

（3）初始化 q 个并行序列，第 k（$k \leqslant q$）个序列 S_k 的第 1 个样本取矩阵 D 中的第 k 个样本（$S_k = D$［$k，1：2$］，$k=1，2，\cdots，q$）。

（4）将矩阵 D 中的样本划分为 q 个复合形，每个复合形包含 m 个样本，第 k 个复合形 $C_k = D$［$q(j-1)+k，1：2$］，$j=1，2，\cdots，m$。

（5）利用 SEM（Sequence Evolution Metropolis）算法（Vrugt et al., 2003）对 q 个并行序列进行进化来产生新的样本。

（6）将 q 个复合形中的样本重新置于矩阵 D 中，然后重新根据样本的似然度值对样本进行降序排列，最后根据步骤（4）将样本重新划分为 q 个复合形。

（7）利用比例缩小系数 $\sqrt{SR}$ 判断 SCEM-UA 算法是否收敛（Gelman et al,

1992），若算法收敛，保存 q 个序列产生的曼宁糙率系数样本和对应的模拟水位，否则返回步骤 5。

（8）对 q 个并行序列产生的曼宁糙率系数驱动下模型模拟水位进行排序，确定模拟水位 5% 和 95% 分位数，得到模拟水位 90% 不确定性区间。

（9）计算不确定性区间宽度，评价曼宁糙率系数的不确定性。

SEM 算法计算步骤如下。

（1）计算 C_k 的均值 μ^k 和协方差矩阵 Σ^k。将 C_k 中 m 个曼宁糙率系数进行降序排列，计算各复合形中曼宁糙率系数样本最大和最小似然度比值，即 η^k。

（2）计算 α^k，即 C_k 的均值 μ^k 和平行序列中末尾生成的 m 个样本均值的比值。

（3）如果 α^k 小于预定义的似然比，则利用多元正态分布 $N(\theta^t, c_n^2 \Sigma^k)$ 来产生新的曼宁糙率系数样本 θ^{t+1}。如果不满足条件，则跳至步骤（4），$c_n = 2.4/\sqrt{n}$。

（4）根据多元正态分布 $N(\mu^k, c_n^2 \Sigma^k)$ 产生新的曼宁糙率系数样本 θ^{t+1}。跳至步骤（5）。

（5）利用式（8-1）和式（8-2）计算新的曼宁糙率系数样本 θ^{t+1} 的后验概率 $P(\theta^{t+1} \mid y)$，如果 θ^{t+1} 不在曼宁糙率系数取值范围内则 $P(\theta^{t+1} \mid y) = 0$。

（6）计算比值 $\Omega = P(\theta^{t+1} \mid y)/P(\theta^t \mid y)$ 和生成的 $[0, 1]$ 随机数 Z。

（7）如果 $Z \leqslant \Omega$，则接受新的样本，如果 $Z > \Omega$ 则拒绝新的样本，令 $\theta^{t+1} = \theta^t$。

（8）将新曼宁糙率系数样本 θ^{t+1} 加入序列 S_k 中。

（9）如果接受新曼宁糙率系数样本点 θ^{t+1}，则用 θ^{t+1} 代替 C_k 中最好的曼宁糙率系数样本，然后进入步骤（10）；如果拒绝新的曼宁糙率系数样本，且 $P(\theta^{t+1} \mid y)$ 大于 C_k 中最差的曼宁糙率系数样本、$\eta^k > T$，则利用 θ^{t+1} 代替 C_k 中最差的曼宁糙率系数样本。

（10）重复步骤（1）～（10）L 次。L 为种群重组所需的迭代次数。

（11）计算比例缩小系数 $\sqrt{SR}$。

$$\sqrt{SR} = \sqrt{\frac{g-1}{g} + \frac{q+1}{q \cdot g} \frac{B}{W}} \qquad (8-4)$$

式中：g 代表每条 Markov 链的迭代次数；B 为 q 条 Markov 链平均值的方差；W 为 q 条 Markov 链方差的平均值。

8.2.3 敏感性分析方法

敏感性分析方法采用 Spearman 偏秩相关分析方法，由于只有曼宁糙率系数一个参数，通过计算曼宁糙率系数和对应的模拟水位的秩相关系数对曼宁糙率系数进行敏感性分析。首先将曼宁糙率系数和对应的模拟水位按由小到大的顺序转换为秩，计算曼宁糙率系数和模拟水位的秩相关系数（RCC），秩相关系数绝对值越大表示模拟水位对曼宁糙率系数越敏感，正负号则分别表示曼宁糙率系数与模拟水位是正相关还是负相关。

8.3 曼宁糙率系数不确定性分析

以 Toce 河溃坝物理模型为案例，分别利用 LHS-GLUE 和 SCEM-UA 对水动力模型关键参数曼宁糙率系数进行不确定性分析。Toce 河物理模型中地形条件、边界条件和观测点信息见 7.5.2 节；根据不同的曼宁糙率系数先验分布生成的样本存在差异，曼宁糙率系数的先验分布会影响两种方法的不确定性分析结果，尤其是 GLUE 方法，受先验分布影响更加显著（Beven et al.，1992）。相比之下，SCEM-UA 算法受曼宁糙率系数先验分布影响较小，这是因为 SCEM-UA 算法采用 SEM 算法产生样本，SEM 算法产生样本过程中能够自适应调整曼宁糙率系数的先验分布（Vrugt et al.，2003）。本研究中，由于缺乏曼宁糙率系数的先验信息，因此曼宁糙率系数的先验分布采样均匀分布，先验范围设置为 $[0.01，0.05]$ s/m$^{1/3}$；LHS-GLUE 采样次数设为 10 000 次，SCEM-UA 中设置 5 条链，迭代 3 000 次；似然函数值为 12 个观测点似然度值的均值。

8.3.1 基于 LHS-GLUE 的曼宁糙率系数不确定性分析

利用 GLUE 方法进行参数不确定性分析时，需要设定保留样本的似然度阈值，阈值的设定会影响不确定性分析结果，本研究中，对 $LF1$ 设置三个阈值：10^{-63}、10^{-65}、0，对应阈值保留的样本数分别为 660、1 673 和 10 000；对 $LF2$ 设置 3 个阈值：0.7、0.5、$-\infty$，对应阈值保留的样本数分别为 3 373、5 480 和 10 000。基于 2 种似然函数，GLUE 方法获取的曼宁糙率系数后验分布如图 8-1 所示。

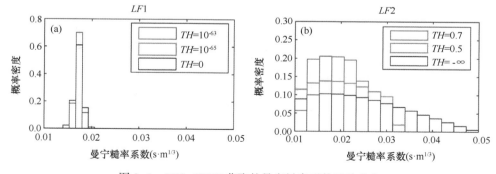

图 8-1 LHS-GLUE 获取的曼宁糙率系数后验分布

由图 8-1 可以看出，两种似然函数条件下 LHS-GLUE 方法计算得到的曼宁糙率系数后验分布均有明显的峰值，后验分布呈类正态分布，后验概率随曼宁糙率系数的增加呈先增后减趋势，最大后验概率位于 0.017 3 s/m$^{1/3}$ 附近。基于 $LF1$ 似然函数获取的曼宁糙率系数后验分布比基于 $LF2$ 似然函数获取的曼宁糙率系数要更窄、更尖锐；基于 $LF1$ 似然函数获取的不同阈值下曼宁糙率系数后验分布差异较小，这是因为基于第一个阈值（10^{-63}）保留的样本对应的累积似然度占所有样本似然度的 87.22%；相反，基于 $LF2$ 似然函数获取的不同阈值下曼宁糙率系数后验分布差异较大，随着阈值的降低，曼宁糙率系数后验分布范围逐渐增加，峰值逐渐降低。

基于曼宁糙率系数的后验分布，计算不同观测点处模拟水位不确定性区间及其宽度。以 P1、P13 和 P21 为例，三个观测点处模拟水位不确定性区间及其宽度如图 8-2 和表 8-1 所示。由图 8-2 和表 8-1 可以看出，基于 $LF1$ 似然函数计算得到的不同阈值条件下模拟水位不确定性区间差异较小，这是因为基于 $LF1$ 似然函数计算得到的不同阈值条件下曼宁糙率系数的后验分布差异较小；基于 $LF2$ 似然函数计算得到的不同阈值条件下模拟水位不确定性区间差异较大，且观测点位置离入流边界越远，这种差异越大，可以看出曼宁糙率系数对模拟水位造成的不确定性具有明显的空间变异性。

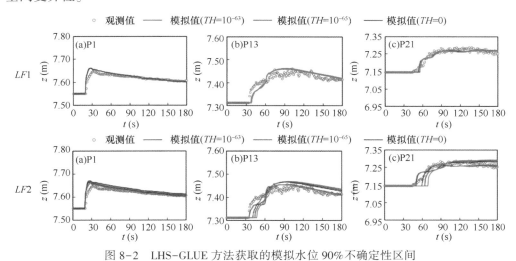

图 8-2 LHS-GLUE 方法获取的模拟水位 90% 不确定性区间

表 8-1 LHS-GLUE 方法获取的模拟水位 90% 不确定性区间宽度　　　　单位：m

	$LF1$				$LF2$		
TH	B (P1)	B (P13)	B (P21)	TH	B (P1)	B (P13)	B (P21)
10^{-63}	0.001	0.002	0.003	0.70	0.003	0.010	0.016
10^{-65}	0.001	0.003	0.004	0.50	0.006	0.016	0.022
0	0.001	0.003	0.004	0	0.010	0.018	0.026

8.3.2　基于 SCEM-UA 的曼宁糙率系数不确定性分析

SCEM-UA 算法用于参数不确定性分析时，可以利用 GR 准则计算比例缩小系数来判断算法的收敛性，比例缩小系数、SCEM-UA 样本均值和方差随迭代变化如图 8-3 所示。由图 8-3 可以看出，比例缩小系数随迭代的进行迅速收敛于 1，此时样本均值和方差同样保持稳定，算法收敛。SCEM-UA 通过统计曼宁糙率系数样本的概率分布来推求曼宁糙率系数后验分布，为了降低统计的随机性和初始化带来的误差，将 SCEM-UA 每条链生成的前 200 个样本舍弃，保留剩余所有样本参与曼宁糙率系数的后验分布（图 8-4）。

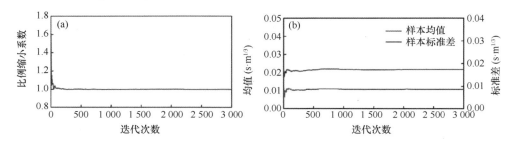

图 8-3　比例缩小系数和样本均值、方差随迭代次数变化

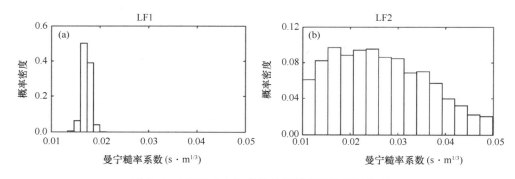

图 8-4　SCEM-UA 推求的曼宁糙率系数后验分布

由图 8-4 可以看出，两种似然函数条件下 SCEM-UA 推求的曼宁糙率系数后验分布均具有明显的峰值，说明曼宁糙率系数对模拟水位具有显著影响。基于 $LF1$ 似然函数推求的曼宁糙率后验分布窄而尖，而基于 $LF2$ 似然函数推求的曼宁糙率系数后验分布宽而矮，这是因为 $LF1$ 似然函数值会随着观测频次 N 的增加逐渐收敛，理论上当 N 趋于无穷大时，曼宁糙率系数的后验分布会收敛于最优曼宁糙率系数。

2 种似然函数条件下，SCEM-UA 获得的 3 个观测点处模拟水位 90% 置信区间如图 8-5 所示，3 个观测点 90% 置信区间宽度分别为 0.014 m、0.020 m 和 0.028 m。

由图 8-5 可以看出，基于 $LF1$ 似然函数计算得到的 3 个观测点模拟水位不确定性区间很窄；基于 $LF2$ 似然函数计算得到的 3 个观测点模拟水位不确定性区间宽度随观测点和入流边界距离的增加而增加。

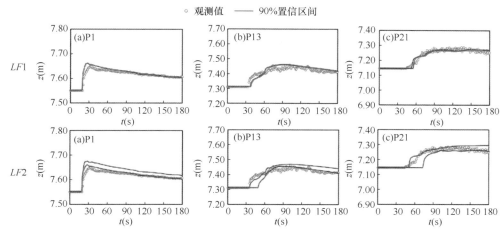

图 8-5　SCEM-UA 方法获取的模拟水位 90%不确定性区间

8.3.3　两种不确定性分析方法对比

不确定性分析结果对似然函数的选择十分敏感（Li et al.，2010），基于不同似然函数的 SCEM-UA 或 LHS-GLUE 方法得到的曼宁糙率系数的后验分布和对应的模拟水位 90%不确定性区间存在明显差异。基于 $LF1$ 的 SCEM-UA 或 LHS-GLUE 方法得到的曼宁糙率系数的后验分布比基于 $LF2$ 的 SCEM-UA 或 LHS-GLUE 方法得到的曼宁糙率系数的后验分布要更窄、更尖，这是因为基于 $LF1$ 的 2 种方法推求的曼宁糙率系数后验分布取决于总模拟时间 N，后验分布宽度随着 N 的增加而减小，当 N 趋向于 ∞ 时，曼宁糙率系数的后验分布将集中于最佳曼宁糙率系数（Thiemann et al.，2001）；较窄的曼宁糙率系数后验分布对应较窄的模拟水位 90%不确定性区间，因此，基于 $LF1$ 的 SCEM-UA 或 LHS-GLUE 方法得到的模拟水位 90%不确定性区间宽度明显小于基于 $LF2$ 的 SCEM-UA 或 LHS-GLUE 方法得到的模拟水位 90%不确定性区间宽度。基于同一种似然函数的两种方法得到的曼宁糙率系数的后验分布和对应的模拟水位 90%不确定性区间具有一致性，两种方法均可适用于水动力模型参数不确定性分析。两种方法得到的模拟水位 90%置信区间均难以包含全部的观测值，这是因为本次不确定性分析未考虑地形、网格离散和边界条件等不确定性来源。

8.3.4 曼宁糙率系数敏感性分析

利用 Spearman 偏秩相关分析计算曼宁糙率系数和不同时刻、不同观测点处模拟水位的秩相关系数，秩相关系数绝对值越大表示模拟水位对曼宁糙率系数越敏感，正负号则分别表示曼宁糙率系数与模拟水位是正相关还是负相关。曼宁糙率系数和不同观测点位、不同模拟时刻模拟水位的秩相关系数如图 8-6 所示。由图8-6 可以看出，P1 观测点处模拟水位和曼宁糙率系数的秩相关系数始终为正，且有逐渐增加的趋势；P13 和 P21 观测点处模拟水位和曼宁糙率系数的秩相关系数由负值逐渐转为正值，负值是因为 P13 和 P21 点远离入流边界，受糙率影响更加显著，随着曼宁糙率系数增大，水流到达 P13 和 P21 点处出现不同程度的延迟，随着水流的到达，模型模拟水位随糙率的增加逐渐增大，和曼宁糙率系数呈现正相关。敏感性分析结果表明曼宁糙率系数对水位模拟结果具有显著影响，且这种影响具有时空变异性。

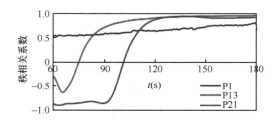

图 8-6　曼宁糙率系数和不同观测点位、不同模拟时刻模拟水位的秩相关系数

8.4　水动力模型粒子滤波数据同化

以 Toce 河溃坝物理模型为案例，利用采用局部权重的粒子滤波算法（MPFDA-LW）将观测水位和水动力模型模拟水位耦合，校正模拟水位，同步估计曼宁糙率系数的时空变异性，检验 MPFDA-LW 同化算法对模型模拟和预测能力的提升效果，同时和模型模拟结果（Open-loop）以及采用全局权重的粒子滤波同化算法（PFDA-GW）的同化结果进行对比。

Toce 河物理模型边界条件见 7.5.2 节图 7-6，边界流量的观测频率为 1s；Toce 河物理模型中设置一系列水位观测点，我们选择了 10 个观测点（见图 8-7）的水位观测数据用于水动力模型数据同化研究，其余模型参数见 7.5.2 节。

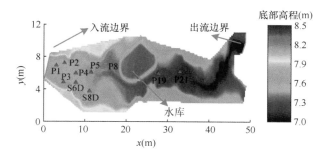

图 8-7 Toce 河物理模型地形和观测点位置

8.4.1 粒子滤波数据同化算法

对于一个非线性非高斯模型，t 时刻模型状态变量到 $t+1$ 时刻模型状态变量的转变可以表示为

$$x_{t+1} = f(x_t, \theta_t, u_{t+1}) + v_t \qquad (8-5)$$

式中：$f(\cdot)$ 为非线性非高斯模型；x_t 为 t 时刻模型状态变量；θ_t 为 t 时刻模型参数；u_{t+1} 为 $t+1$ 时刻模型驱动数据；v_t 为 t 时刻的模型误差。

式（8-5）表示根据 t 时刻模型状态变量，利用非线性非高斯模型预测 $t+1$ 时刻模型状态变量，得到 $t+1$ 时刻模型状态变量的先验分布，根据贝叶斯理论，t 时刻模型状态到 $t+1$ 时刻模型状态的概率为 $p(x_t+1 \mid x_t)$。如果存在观测数据 $z_{1:t+1} = [z_1, z_2, \cdots, z_t, z_{t+1}]$，则利用观测数据可以校正模型状态变量的先验分布，得到模型状态变量的后验分布如下：

$$p(x_{t+1} \mid z_{1:t+1}) = p(x_{t+1} \mid z_{t+1}, z_{1:t}) = \frac{p(z_{t+1} \mid x_{t+1})p(x_{t+1} \mid z_{1:t})}{\int p(z_{t+1} \mid x_{t+1})p(x_{t+1} \mid z_{1:t})\,\mathrm{d}x_{t+1}} \qquad (8-6)$$

式中：$p(z_{t+1} \mid x_{t+1})$ 为 $t+1$ 时刻模型模拟值和观测值之间的似然概率，$p(x_{t+1} \mid z_{1:t})$ 为 $t+1$ 时刻模型状态变量的先验分布，可利用 $t+1$ 时刻的后验概率 $p(x_{t+1} \mid z_{t+1})$ 和模型状态转移概率 $p(x_{t+1} \mid x_t)$ 计算得到

$$p(x_{t+1} \mid z_{1:t}) = \int p(x_{t+1} \mid x_t)p(x_t \mid z_{1:t})\,\mathrm{d}x_t \qquad (8-7)$$

大部分非线性非高斯模型都十分复杂，难以获取式（8-6）和式（8-7）的解析解，因此，在实际应用中往往采用一些方法获取状态变量的后验分布，如粒子滤波方法。粒子滤波方法基本思想是通过一组带有权重的粒子近似表示模型状态变量的先后验分布，当粒子数趋于无穷大时，可以逼近模型状态变量真实分布（李新等，2010）。假设能够从模型状态变量的后验分布 $p(x_{t+1} \mid z_{t+1})$ 中独立生成 N 个粒子 $\{x_{t+1}^i, w_{t+1}^i\}_{i=1}^N$，则 $t+1$ 时刻模型状态变量的后验分布可用如下公式近似计算得到

$$p(x_{t+1} \mid z_{1: t+1}) \approx w_{t+1}^i \sum_{i=1}^{N} \delta(x_{t+1} - x_{t+1}^i) \tag{8-8}$$

式中：δ 为 Dirac 函数；x_{t+1}^i 为 $t+1$ 时刻粒子的状态值；w_{t+1}^i 为对应的粒子权重。

$t+1$ 时刻粒子权重计算公式如下：

$$w_{t+1}^i = \frac{w_t^i p(z_{t+1} \mid x_{t+1}^i)}{\sum\limits_{i=1}^{N} w_t^i p(z_{t+1} \mid x_{t+1}^i)} \tag{8-9}$$

式中：$p(z_{t+1} \mid x_{t+1}^i)$ 表示 $t+1$ 时刻粒子 i 的似然概率。一般用正态分布函数来表示似然函数：

$$p(z_{t+1} \mid x_{t+1}^i) = \frac{1}{\sqrt{2\pi}\sigma} \exp\left[-\frac{(z_{t+1} - x_{t+1}^i)^2}{2\sigma^2} \right] \tag{8-10}$$

式中：σ 为似然函数的标准差，即观测误差标准差。

最后根据模型状态变量的后验分布对模型状态变量进行最优估计，即对粒子状态值进行加权平均：

$$\hat{x}_{t+1} = \sum_{i=1}^{N} w_{t+1}^i x_{t+1}^i \tag{8-11}$$

"粒子退化"是限制粒子滤波推广应用的重要因素，随着数据同化中粒子的迭代更新，少数粒子会获得极大的权重，其余大部分粒子权重逐渐趋于零，更新这些权重接近于零的粒子会浪费大量计算资源，会降低数据同化效果。重采样可以有效解决"粒子退化"问题，在保留原有粒子后验分布的基础上，根据粒子权重选择粒子进行复制，这样权重大的粒子会复制多次，而权重小的粒子则会被剔除，重新获取能表示粒子后验分布的粒子，重采样各粒子权重相等。在每个同化时刻进行多项式重采样以保证粒子的多样性（徐兴亚，2016）。

粒子滤波算法中，可以将模型参数和状态变量放在一起构成增广矩阵，利用状态变量更新权重，根据权重计算模型状态变量和模型参数的最优估计。粒子滤波同化算法中利用模型可以实现模型状态变量从 t 时刻到 $t+1$ 时刻的更新，但对于模型参数，没有显式模型可以实现参数从 t 时刻到 $t+1$ 时刻的更新，因此需要构造参数更新模型。本研究中采用核平滑方法，该方法可以在更新参数的过程中保持参数分布的方差不会随时间不断增大。假设用一系列基于蒙特卡洛采样得到的粒子 $\{\theta_{k-1}^i, \omega_{k-1}^i\}_{i=1}^{N}$ 来近似表示模型参数的后验概率分布 $p(\theta_k \mid z_{1: k-1})$，$\theta_{k-1}^i$ 为粒子的状态值，ω_{k-1}^i 为粒子的权重，粒子中参数均值为 $\bar{\theta}_{k-1}$，方差为 V_{k-1}，可利用一系列高斯函数加权求和来近似参数向量的后验概率分布，即

$$p(\theta_k \mid z_{1: k-1}) \approx \sum_{i=1}^{N} \omega_{k-1}^i N(\theta_k \mid m_{k-1}^i, h^2 V_{k-1}) \tag{8-12}$$

式中：m_{k-1}^i 为均值；$h^2 V_{k-1}$ 为方差；h 为平滑参数，用来控制参数变化快慢。为了防

止参数的分布过于发散，可利用下式计算 m_{k-1}^i ：

$$m_{k-1}^i = a\theta_{k-1}^i + (1-a)\,\bar{\theta}_{k-1}, \quad a = \sqrt{1-h^2} \tag{8-13}$$

则利用核平滑方法，参数的更新过程为

$$p(\theta_k \mid \theta_{k-1}) \sim N\left[\theta_k^i \mid \sqrt{1-h^2}\,\theta_{k-1}^i + \left(1-\sqrt{1-h^2}\right)\bar{\theta}_{k-1}, \; h^2 V_{k-1}\right] \tag{8-14}$$

水动力水质模型粒子滤波数据同化存在全局权重和局部权重两种典型的粒子权重设置方式。采用全局权重的粒子滤波数据同化算法（PFDA-GW）中，一个粒子代表某时刻整个计算域上的水流或水质状态，该粒子的权重由该粒子在不同观测点处的子权重根据联合概率公式计算得到（徐兴亚，2016）；采用局部权重的粒子滤波数据同化算法（PFDA-LW）中，计算域中每个断面（一维）或者网格（二维）均有 1 组粒子，该组粒子只代表该断面或网格处的水流或水质状态，每个断面或网格处的粒子均有自己的权重。PFDA-GW 能够获取整个计算域水流或水质状态的最优估计（Giustarini et al.，2011），但由于模拟误差的时空变异性，PFDA-GW 难以获取每个断面或网格处水流或水质状态的最优估计（Xu et al.，2017）。相反，PFDA-LW 可以获取观测断面或观测点处水流或水质状态的最优估计，如果水动力水质模型在不同观测断面或观测点处模拟误差不一致，则推荐使用 PFDA-LW 进行水动力水质模型的数据同化（Giustarini et al.，2011）。

8.4.2 精度评价指标

MPFDA-LW、PFDA-GW 和模型 open-loop 的计算精度可以利用均方根误差（RMSE）、平均相对误差（ARE）和 Kling-Gupta 系数（KGE）进行评价。RMSE 和 ARE 分别表示模拟水位和观测水位之间的相对误差和绝对误差，KGE 为综合评价指标，同时考虑了模拟或同化水位和观测水位在相关系数（r）、变异性（α）和偏差（β）上的一致性。3 个指标的计算公式如下：

$$RMSE = \sqrt{\frac{\sum_{i=1}^{T} (z_i - z_{\text{obs}})^2}{T}} \tag{8-15}$$

$$ARE = \sqrt{\frac{\sum_{i=1}^{T} |z_i - z_{\text{obs}}|/z_{\text{obs}}}{T}} \tag{8-16}$$

$$KGE = 1 - \sqrt{(r-1)^2 + (\alpha-1)^2 + (\beta-1)^2} \tag{8-17}$$

式中：z_i 为第 i 时刻的模拟或同化水位；z_{obs}^i 为第 i 时刻的观测水位；T 为模拟时间；r 为模拟或同化水位和观测水位的相关系数；α 为模拟或同化水位的标准差和观测水位标准差的比值；β 为模拟或同化水位和观测水位均值的比值。

8.4.3 模型精度评价

利用 HydroM2D-AP 模型模拟得到 10 个观测点处 $t=0\sim180$ s 的水位，10 个观测点水位模拟 *RMSE*、*ARE* 和 *KGE* 均值分别为 0.011 m、0.11% 和 0.83，其中观测点 P1、P2、P8、P19、P21 和 S6D 处模拟水位和观测水位对比如图 8-8 所示。观测点 P19 和 P21 处模拟水位和观测水位较为一致，但在其余观测点处观测水位和模拟结果存在不同程度的高估或低估，由于存在模型结构、地形和网格离散等误差，模型模拟水位难以和观测水位保持一致（Liang et al.，2007；Prestininzi，2008），此外，由于河床粗糙度和水流状态的不同，曼宁糙率系数存在明显的时空变异性（Kim et al.，2013；Xu et al.，2017），HydroM2D-AP 模型采用全局统一且固定的曼宁糙率系数，导致模型难以同时准确模拟各个观测点处的水位。

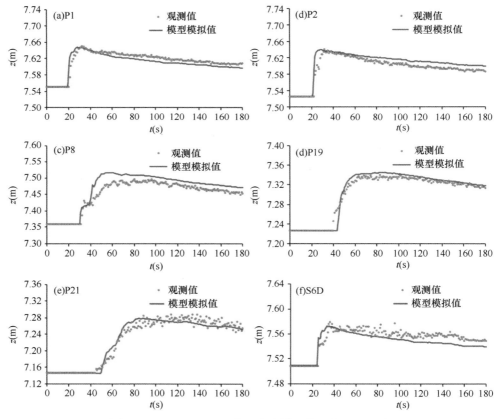

图 8-8　HydroM2D-AP 模型水位模拟值和水位观测值

8.4.4　水动力模型粒子滤波同化流程

考虑曼宁糙率系数的时空变异性，构建 HydroM2D-AP 二维水动力模型MPFDA-LW 数据同化算法，同化观测水位的同时同步估计曼宁糙率系数的时空变异性。HydroM2D-AP 二维水动力模型 MPFDA-LW 数据同化流程如图 8-9 所示，具体计算过程如下。

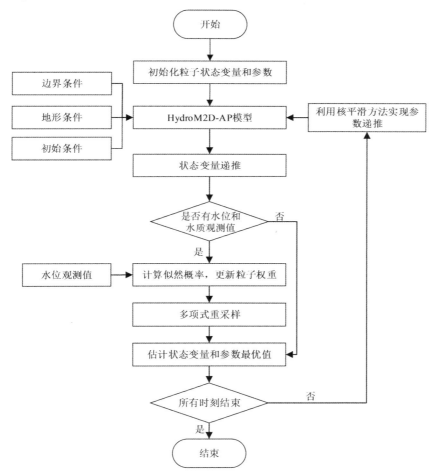

图 8-9　HydroM2D-AP 模型粒子滤波数据同化流程

（1）根据 t 时刻模型在各个网格处的状态变量 x（水位 z、流量 Q）和参数（曼宁糙率系数）n 的先验分布采样生成 N 个等权重的粒子，每个粒子代表一种水流状态。状态变量和参数的先验分布均采用均匀分布，初始各粒子权重设置为$1/N$。为了保证模型模拟得到状态变量的先验范围能够包含观测值，将每个网格处粒子中的参数按降序排列。

$$x_t^i = \left[z_t^{i,j}, \ Q_t^{i,j} \right], \ i = 1, \ 2, \ \cdots, \ N; \ j = 1, \ 2, \ \cdots, \ ncell \tag{8-18}$$

$$z_t^{i,j} = z_t^j \tag{8-19}$$

$$Q_t^{i,j} = Q_t^j \tag{8-20}$$

$$n_t^{i,j} = n_t^j + \varepsilon_n^j, \ \varepsilon_n^{i,j} \sim U(n_1, \ n_2)$$
$$n_t^{i,j} \geqslant n_t^{i+1,j}, \ i = 1, \ 2, \ \cdots, \ N-1, \ j = 1, \ 2, \ \cdots, \ ncell \tag{8-21}$$

$$w_t^{i,j} = 1/N, \ i = 1, \ 2, \ \cdots, \ N; \ j = 1, \ 2, \ \cdots, \ ncell \tag{8-22}$$

式中：$z_t^{i,j}$、$Q_t^{i,j}$、$n_t^{i,j}$ 和 $w_t^{i,j}$ 分别表示 t 时刻第 i 个粒子在第 j 个网格处的模拟水位、流量、曼宁糙率系数和权重，i 为粒子编号，j 为网格单元编号；ε_n^j 为第 j 个网格处参数的扰动误差，n_1 和 n_2 分别为参数扰动误差的下限和上限；$ncell$ 表示计算网格总数；U 表示均匀分布。

（2）根据 $t+1$ 时刻边界条件的先验分布，生成 N 组边界条件，边界条件采用正态分布。

$$Q_{\text{inflow}}^{i,t+1} = Q_{\text{inflow}}^{\text{obs},t+1} + N(0, \ 0.01Q_{\text{inflow}}^{\text{obs},t+1}) \tag{8-23}$$

式中：$Q_{\text{inflow}}^{\text{obs},t+1}$ 为 $t+1$ 时刻边界条件观测值（水位和流量）。

（3）利用各个粒子所代表的水流状态和模型参数作为初始条件，利用边界条件依次驱动模型（式 8-24），实现模型模拟水位和流量从 t 时刻到 $t+1$ 时刻的更新。

$$x_{t+1}^i = f(x_t^i, \ n_{t+1}^i, \ Q_{\text{inflow}}^{i,t+1}) \tag{8-24}$$

（4）判断当前时刻是否有水位观测值，若有，则根据式（8-25）计算 $t+1$ 时刻各粒子的似然函数值 $p(x_{\text{obs}\ t+1}^j \mid x_{t+1}^{i,j})$ 并更新粒子权重 $w_{t+1}^{i,j}$。若没有则跳至步骤（6）。

$$w_{t+1}^{i,j} = p(x_{\text{obs}\ t+1}^j \mid x_{t+1}^{i,j}) = \frac{1}{\sqrt{2\pi}\sigma_o} \exp\left[-\frac{(x_{\text{obs}\ t+1}^j - x_{t+1}^{i,j})^2}{2\sigma_o^2} \right] \tag{8-25}$$

式中：$x_{\text{obs}\ t+1}^j$ 为 $t+1$ 时刻第 j 个观测点处水位观测值。

（5）对粒子进行多项式重采样，得到具有相同权重的新的粒子集合。

（6）计算模型模拟水位和参数的最优估计值。

$$\hat{x}_{t+1}^j = \sum_{i=1}^N w_{t+1}^{i,j} x_{t+1}^{i,j} \tag{8-26}$$

$$\hat{n}_{t+1}^j = \sum_{i=1}^N w_{t+1}^{i,j} n_{t+1}^{i,j} \tag{8-27}$$

（7）同时利用核平滑方法实现粒子参数从 t 到 $t+1$ 时刻的递推 [式（8-28）]。

$$n_{t+1}^i \sim N\left[n_{t+1}^i \mid \sqrt{1-h^2}\, n_t^i + \left(1 - \sqrt{1-h^2}\right)\bar{n}_t, \ h^2 V_t \right],$$
$$i = 1, \ 2, \ \cdots N; \ j = k_1, \ k_2, \ \cdots, \ k_m \tag{8-28}$$

式中：$\bar{n}_t$ 为第 j 个计算网格处粒子参数的平均值；k_m 为观测点所在的网格个数。

（8）令 $t=t+1$，返回步骤（2）进行循环迭代，直至所有时刻运行完成。

相比于 MPFDA-LW 算法，PFDA-GW 算法采用空间均一的曼宁糙率系数，每个粒子代表整个计算域上的一种水流状态，粒子权重根据粒子在不同观测点处的子权重的联合概率计算 ［式（8-29）］（Giustarini et al.，2011；Xu et al.，2017）；$t+1$ 时刻状态变量和参数的最优估计根据式（8-30）和式（8-31）计算。

$$w_{t+1}^i = \prod_{j=1}^{k_m} w_{t+1}^{i,j} \Big/ \sum_{i=1}^{N} \prod_{j=1}^{k_m} w_{t+1}^{i,j} \tag{8-29}$$

$$\hat{x}_{t+1}^j = \sum_{i=1}^{N} w_{t+1}^i x_{t+1}^{i,j} \tag{8-30}$$

$$\hat{n}_{t+1} = \sum_{i=1}^{N} w_{t+1}^i n_{t+1}^i \tag{8-31}$$

式中：w_{t+1}^i 为 $t+1$ 时刻第 i 个粒子的全局权重。

8.4.5　粒子滤波数据同化参数敏感性分析

粒子数（N）、观测误差（σ_o）和同化频率（AF）是影响数据同化效果的关键参数（Matgen et al.，2010）。为了得到 MPFDA-LW 同化算法 3 个参数的最佳取值，对 3 个同化参数进行了敏感性分析。粒子数（N）、观测误差（σ_o）和同化频率（AF）3 个参数的取值范围见表 8-2。对某个参数进行敏感性分析时，其他 2 个参数取初始值。

表 8-2　N、σ_o、AF 取值范围

参数	初始值	最小值	最大值	步长
N	100	20	200	20
σ_o	0.01	0.01	0.05	0.01
AF	1	1	8	1

以 10 个观测点处（P1 ~ P5、P8、P19、P21、S8D、S6D）模拟水位的 Kling-Gupta 系数 ［KGE，式（8-7）］ 均值来评价同化算法精度，统计不同参数条件下同化算法的同化精度以确定三个参数的最佳取值。不同参数条件下同化水位和观测水位的 KGE 如图 8-10 所示。由图 8-10 可以看出，同化水位和观测水位的 KGE 随着粒子数的增加而增加，但同化所需的计算时间随粒子数同样呈线性增加（Zhang et al.，2013）；综合考虑同化精度和计算效率，粒子数设置为 100；随着观测误差的增加，同化水位和观测水位的 KGE 逐渐降低，同化效果逐渐消失（Plaza et al.，2012）；观测误差不能设置过小，不然每次重采样后粒子会严重退化，粒子多样性会显著降低，影响同化效果（Han et al.，2008），因此观测误差取 0.01 m；随着同化频率的降低，同化精度逐渐降低，考虑到 Toce 河案例中水位观测频率为 1 s，因此同化频率设置为 1 s。

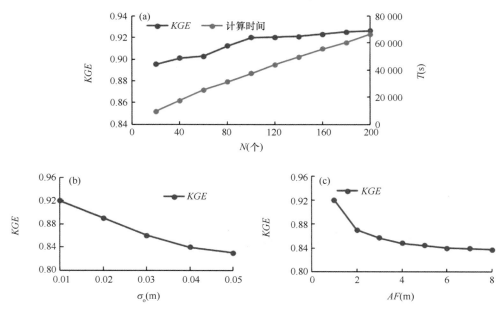

图 8-10　基于不同粒子数（a）、观测误差（b）和同化频率
（c）的 MPFDA-LW 同化算法同化精度以及计算时间（a）

8.4.6　MPFDA-LW 同化效果

MPFDA-LW 同化过程中核平滑估计参数 h 和 V_k 分别设置为 0.2 和 $3×10^{-4}$。$t =$ 20~160 s 为同化阶段，该阶段对 10 个观测点的水位观测值进行数据同化，$t = 20~$ 160 s 为验证阶段，检验同化效果在时空上的传播效果。虽然只有观测水位用于数据同化，模拟流量、曼宁糙率系数和模拟水位一起组成粒子，同化观测水位的同时，对模拟流量和曼宁糙率系数进行间接校正（Xu et al.，2017）；由于缺乏流量观测数据，流量同化效果在此不做分析。

以 P1、P2、P8、P19、P21 和 S6D 6 个观测点为例来分析 HydroM2D-AP 水动力模型 MPFDA-LW 同化效果。6 个观测点处水位同化值（最优估计）、模拟值、观测值以及同化水位 90% 置信区间如图 8-11 所示。10 个观测点处同化水位 $RMSE$、ARE 和 KGE 均值分别为 0.005 m、0.05% 和 0.91，同化水位和观测水位具有更好的一致性，说明利用 MPFDA-LW 同化观测水位，可以提高 HydroM2D-AP 模型精度。观测点处同化水位的 90% 置信区间并不能够完全包含所有观测水位，这是因为同化方案中仅考虑了曼宁糙率系数和入流边界条件的不确定性，未考虑地形和模型结构等误差来源。

由图 8-11 可以看出，在同化阶段（20~160 s），相比于模拟水位，同化水位和观测水位具有更好的一致性，表明数据同化方法可以通过同化观测水位提高模型模拟精度；在验证阶段（161~180 s），相比于模拟水位，不同观测点处同化水位和观测水位仍然具有较好的一致性，尤其是 P1 和 S6D 两个观测点，表明 MPFDA-LW 同化效果可以在时间维度上进行传播。由于 MPFDA-LW 同化水位过程中仅对 10 个观测点处的曼宁糙率系数进行了更新，所以同化效果在空间上的传播有限。

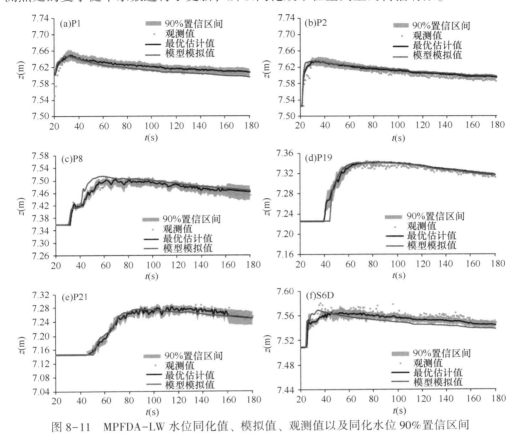

图 8-11　MPFDA-LW 水位同化值、模拟值、观测值以及同化水位 90% 置信区间

图 8-12 为 MPFDA-LW 同化算法得到的 10 个观测点处最优曼宁糙率系数，可以看出不同观测点处最优曼宁糙率系数随时间呈现不同的变化特征。例如，同化阶段末期观测点 P1、P5 和 S6D 处的曼宁糙率系数显著高于推荐的曼宁糙率系数，而其他观测点处最优曼宁糙率系数在曼宁糙率系数推荐值上下波动；观测点 S6D 处最优曼宁糙率系数在同化阶段不断增加，160 s 后最优曼宁糙率系数甚至超过了 $0.1 \text{ s/m}^{1/3}$，这是因为观测点 S6D 处模拟水位低于观测水位，且误差随模拟时间逐渐增加（Prestininzi，2008）。需要说明的是，MPFDA-LW 根据粒子权重得到的最优曼宁糙率系数并不能代表真实的河床粗糙度，因为粒子权重是根据模拟水位和观测水位之间的误差确定的，这个误差包含了河床糙率的不确定性、地形的不确定性、边界条件的不确定性以及其他模型误差（Camacho et al.，2015）。MPFDA-LW 同化算法根据粒子权重自适应调整曼宁糙率系数，因此，MPFDA-LW 同化算法计算得到的最优曼宁糙率系数同时包含了河床糙率的不确定性、地形的不确定性、边界条件的不确定性以及其他模型误差。

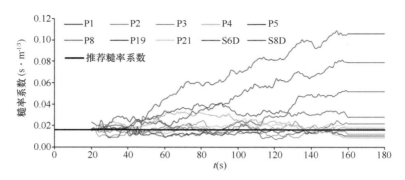

图 8-12　MPFDA-LW 同化算法得到的 10 个观测点处的最优曼宁糙率系数

MPFDA-LW 计算得到的 P1、P2、P8、P19、P21 和 S6D 6 个观测点处曼宁糙率系数的 90% 置信区间如图 8-13 所示。随着同化时间的推移，6 个观测点处的曼宁糙率系数 90% 置信区间并没有变窄，而是不断地变化，表明曼宁糙率系数具有明显的时空变异性。MPFDA-LW 可以估计观测点处曼宁糙率系数的时空变异性，图 8-14 为曼宁糙率系数空间变异性的示意图（$t = 20$ s 和 $t = 180$ s）。MPFDA-LW 只能估计观测点处的曼宁糙率系数，其余网格处的曼宁糙率系数则为曼宁糙率系数的先验值。

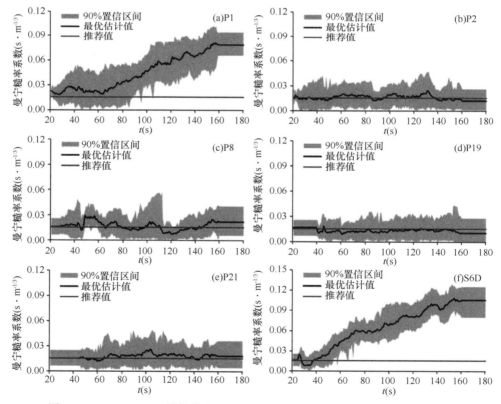

图 8-13　MPFDA-LW 计算获取的 6 个观测点处曼宁糙率系数和 90% 置信区间

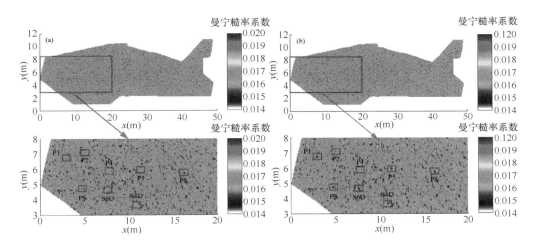

图 8-14　$t=20$ s 和 $t=180$ s 曼宁糙率系数的空间变异性

8.4.7　PFDA-GW 同化效果

PFDA-GW 同化参数和 MPFDA-LW 同化参数保持一致。P1、P2、P8、P19、P21 和 S6D 处同化水位和对应的 90% 置信区间如图 8-15 所示。10 个观测点处 PFDA-GW同化水位 $RMSE$、ARE 和 KGE 分别为 0.01 m、0.10% 和 0.85，和模型模拟结果相比（$RMSE$：0.011 m、ARE：0.11%、KGE：0.83），PFDA-GW 对模型模拟精度的提升有限，PFDA-GW 仅能提高部分观测点处的水位模拟精度，具体原因包括：①PFDA-GW 同化算法中，粒子权重同时取决于 10 个观测点处水位的模拟精度，PFDA-GW 同化算法的目的是获取所有观测点处模拟水位的最优估计；②PFDA-GW 同化算法中，粒子采用的是全局统一的曼宁糙率系数，由于曼宁糙率系数的时空变异性以及潜在的地形误差，采用全局统一糙率的 PFDA-GW 同化算法难以同时获取每个观测点处模拟水位的最优估计（Giustarini et al.，2011；Xu et al.，2017）。

PFDA-GW 获取的不同观测点处同化水位 90% 置信区间存在明显差异。靠近入流边界的观测点 P1、P2 和 S6D 处同化水位 90% 置信区间比观测点 P5、P19 和 P21 点处的同化水位 90% 置信区间要宽，因为靠近入流边界，模拟水位受边界条件扰动影响较大，而远离入流边界的观测点 P5、P19 和 P21 点处同化水位 90% 置信区间则很窄。采用空间均一曼宁糙率系数的 PFDA-GW 同化算法只能估计曼宁糙率系数的时间变异性，PFDA-GW 获取的最优曼宁糙率系数，在曼宁糙率系数推荐值上下波动（见图 8-16），由于 PFDA-GW 同化算法中粒子权重同时取决于 10 个观测点处水位的模拟精度，所以得到的最优曼宁糙率系数为 10 个观测点处曼宁糙率系数的全局最优估计值，选择 6 个站点分析出图。

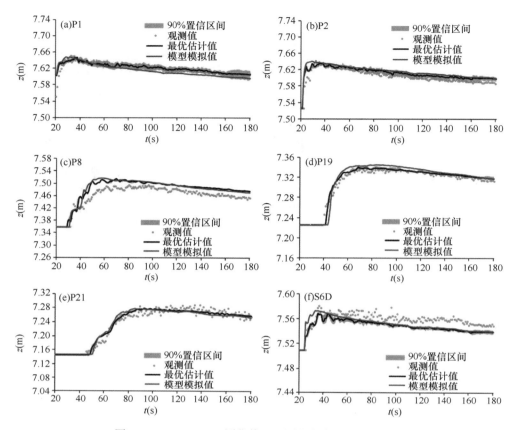

图 8-15　PFDA-GW 同化值以及同化水位 90% 置信区间

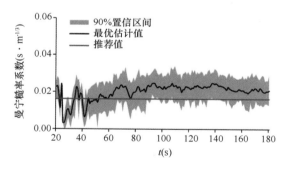

图 8-16　PFDA-GW 获取的整个计算域曼宁糙率系数的 90% 置信区间

8.4.8　MPFDA-LW 和 PFDA-GW 同化效果对比

10 个观测点处模拟水位（Open-loop）、PFDA-GW 同化水位和 MPFDA-LW 同化水位的 *RMSE*、*ARE* 和 *KGE* 系数如图 8-17 所示。可以看出，10 个观测点处

MPFDA-LW 同化水位的 $RMSE$ 和 ARE 均显著小于模型模拟 $RMSE$ 和 ARE，同化水位 KGE 系数均高于模拟水位 KGE 系数，MPFDA-LW 可以有效提升二维水动力模型模拟精度。PFDA-GW 只能提高部分观测点处水位模拟精度，部分观测点处水位同化精度反而低于模型模拟精度。总的来看，MPFDA-LW 更适用于二维水动力模型数据同化。

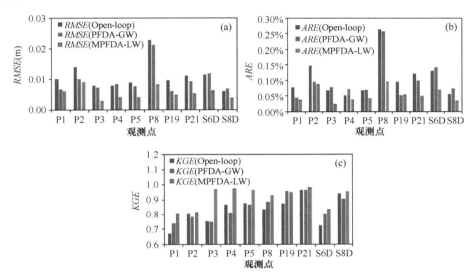

图 8-17　模型模拟、PFDA-GW 同化和 MPFDA-LW 同化水位的 $RMSE$、ARE 和 KGE 系数

8.4.9　数据同化特性讨论

考虑糙率时空变异性的 MPFDA-LW 同化算法通过同化观测水位校正模拟水位的同时，更新模型曼宁糙率系数，在不同观测点处同时具有较高的模拟精度；相比之下，Xu 等（2017）和 Kim 等（2013）采用全局权重策略（PFDA-GW），仅在几个区域（河道、洪泛区和植被区）采用不同的曼宁糙率系数，只能在不同观测点或观测断面处寻求模拟精度的平衡，因此，PFDA-GW 算法难以同时提升不同观测点处或监测断面处水位模拟精度；Giustarini 等（2011）和 Mattern 等（2013）采用空间均一曼宁糙率系数对一维水动力模型进行了数据同化。溃坝水流或急流条件下，水流状态会急剧变化，对于不同的下垫面条件，曼宁糙率系数会随着水流条件的变化而变化（Xu et al.，2017），因此，现有的粒子滤波同化算法难以适应二维水动力模型的数据同化。

本研究证明了 MPFDA-LW 同化算法在水动力模型模拟溃坝水流数据同化中的适用性，该同化算法在水动力模型模拟复杂下垫面条件下其他类型的水动力过程中同样具有应用潜力。相比于河流和湖泊中缓慢流动的水体，洪水的水动力过程短时间内可能会发生明显的变化。Toce 河物理模型中，边界条件和水位观测频率为 1s，为高频次数据同化提供了数据条件，实际应用中，数据同化的频率取决于实际观测的数据条件和应用需求。随着 SWOT 测高卫星的即将发射和无线传感器（自动水文监测站）技术的不断发展，将有更多高精度水位观测数据可以用于水动力模型数据同化，可以进一步提高水动力模型的模拟和预测能力。

8.5　本章小结

本章分别采用 LHS-GLUE 方法和 SCEM-UA 方法分析了水动力模型关键参数曼宁糙率系数的不确定性，同时分析了不同似然函数对曼宁糙率系数不确定性分析结果的影响，分析结果表明，不确定性分析结果受似然函数影响显著，基于同一种似然函数两种方法对曼宁糙率系数不确定性分析结果一致，两种方法均适用于曼宁糙率系数的不确定性分析；敏感性分析结果表明，曼宁糙率系数对模拟水位的影响具有明显的时空变异性。在此基础上，构建了考虑糙率时空变异性二维水动力模型粒子滤波数据同化算法（MPFDA-LW），MPFDA-LW 同化算法同化观测水位的同时可以更新观测点处的曼宁糙率系数，同时提高各观测点处水位模拟精度，相比于采用空间均一糙率和全局权重的粒子滤波数据同化算法 PFDA-GW，MPFDA-LW 同化算法更适用于二维水动力模型数据同化。

参考文献

李新,摆玉龙,2010. 顺序数据同化的 Bayes 滤波框架[J]. 地球科学进展,25(5):515-522.

曹引,冶运涛,梁犁丽,等,2018. 二维水动力模型参数和边界条件不确定性分析[J]. 水力发电学报,37(6):47-61.

徐兴亚,2016. 水沙及水质数学模型中基于粒子滤波的数据同化研究[D]. 北京:清华大学.

BEVEN K,BINLEY A,1992. The future of distributed models：Model calibration and uncertainty prediction [J]. Hydrological Processes,6(3):279-298.

CAMACHO R A,MARTIN J L,MCANALLY W,et al.,2015. A comparison of Bayesian Methods for uncertainty analysis in hydraulic and hydrodynamic modeling[J]. Journal of the American Water Resources Association,51(5):1372-1393.

GELMAN A, RUBIN D B, 1992. Inference from iterative simulation using multiple sequences [J]. Statistical Science,7(4):457-472.

GIUSTARINI L,MATGEN P,HOSTACHE R,et al.,2011. Assimilating SAR-derived water level data into a hydraulic model：a case study[J]. Hydrology and Earth System Sciences,15(7):2349-2365.

HAN X,LI X,2008. An evaluation of the nonlinear/non-Gaussian filters for the sequential data assimilation [J]. Remote Sensing of Environment,112(4): 1434-1449.

KIM Y,TACHIKAWA Y,SHIIBA M,et al.,2013. Simultaneous estimation of inflow and channel roughness using 2D hydraulic model and particle filters[J]. Journal of Flood Risk Management,6(2):112−123.

LI L,XIA J,XU C Y,et al.,2010. Evaluation of the subjective factors of the GLUE method and comparison with the formal Bayesian method in uncertainty assessment of hydrological models[J]. Journal of Hydrology,390(3−4):210−221.

LIANG Q,ZANG J,BORTHWICK A G L,et al.,2007. Shallow flow simulation on dynamically adaptive cut cell quadtree grids[J]. International Journal for Numerical Methods in Fluids,53(12):1777−1799.

MATGEN P,MONTANARI M,HOSTACHE R,et al.,2010. Towards the sequential assimilation of SAR−derived water stages into hydraulic models using the Particle Filter: proof of concept[J]. Hydrology and Earth System Sciences,14(9):1773−1785.

MATTERN J P,DOWD M,FENNEL K,2013. Particle filter−based data assimilation for a three−dimensional biological ocean model and satellite observations[J]. Journal of Geophysical Research: Oceans,118(5):2749−2760.

MCKAY M D,BECKMAN R J,CONOVER W J,1979. A comparison of three methods for selecting values of input variables in the analysis of output from a computer code[J]. Technometrics,21(2):239−245.

PLAZA D A,DE KEYSER R,DE LANNOY G J M,et al.,2012. The importance of parameter resampling for soil moisture data assimilation into hydrologic models using the particle filter[J]. Hydrology and Earth System Sciences,16(2):375−390.

PRESTININZI P,2008. Suitability of the diffusive model for dam break simulation: Application to a CADAM experiment[J]. Journal of Hydrology,361(1−2):172−185.

THIEMANN M,TROSSET M,GUPTA H,et al.,2001. Bayesian recursive parameter estimation for hydrologic models[J]. Water Resources Research,37(10):2521−2535.

VRUGT J A,GUPTA H V,BOUTEN W,et al.,2003. A Shuffled Complex Evolution Metropolis algorithm for optimization and uncertainty assessment of hydrologic model parameters[J]. Water Resources Research,39(8):1−14.

XU X,ZHANG X,FANG H,et al.,2017. A real−time probabilistic channel flood−forecasting model based on the Bayesian particle filter approach[J]. Environmental Modelling & Software,88:151−167.

ZHANG H,QIN S,MA J,et al.,2013. Using residual resampling and sensitivity analysis to improve particle filter data assimilation accuracy[J]. IEEE Geoscience and Remote Sensing Letters,10(6):1404−1408.

第9章　基于改进自适应网格的二维水动力水质模型构建技术

9.1　引言

本章在基于改进自适应网格和 OpenMP 并行计算的二维水动力模型（HydroM2D-AP）基础上，加入污染物对流–扩散方程，构建了基于改进自适应网格和 OpenMP 并行计算的二维水流–污染物输运模型（HydroPTM2D-AP），检验了该模型模拟不同水流条件下污染物运移的模拟精度；此外，基于 WASP 水质模型原理，综合考虑氨氮、硝酸盐氮、磷酸盐、浮游植物、碳质生化需氧量、溶解氧、有机氮和有机磷之间的相互作用，构建了基于改进自适应网格和 OpenMP 并行计算的二维水质模型（HydroWQM2D-AP），并将该模型应用于鄱阳湖水质模拟。

9.2　二维水动力水质模型控制方程

9.2.1　二维水动力–污染物输运模型

在二维浅水方程基础上，加上描述物质输运的对流–扩散方程（Kong et al., 2013），可以得到二维水流–输运方程：

$$\frac{\partial \boldsymbol{U}}{\partial t} + \frac{\partial \boldsymbol{F}}{\partial x} + \frac{\partial \boldsymbol{G}}{\partial y} = \frac{\partial \boldsymbol{U}}{\partial t} + \nabla \cdot \boldsymbol{E} = \boldsymbol{S} \tag{9-1}$$

$$\boldsymbol{U} = \begin{bmatrix} \eta \\ uh \\ vh \\ ch \end{bmatrix}, \boldsymbol{F} = \begin{bmatrix} uh \\ u^2h + \dfrac{1}{2}g(\eta^2 - 2\eta z_b) \\ uvh \\ uch \end{bmatrix},$$

$$
G = \begin{bmatrix} vh \\ uvh \\ v^2 h + \dfrac{1}{2} g(\eta^2 - 2\eta z_b) \\ vch \end{bmatrix}, \quad
S = \begin{bmatrix} q_{\text{in}} \\ -\dfrac{\tau_{bx}}{\rho} - g\eta \dfrac{\partial zb}{\partial x} \\ -\dfrac{\tau_{by}}{\rho} - g\eta \dfrac{\partial zb}{\partial y} \\ \dfrac{\partial}{\partial x}\left(D_x h \dfrac{\partial c}{\partial x}\right) \\ +\dfrac{\partial}{\partial y}\left(D_y h \dfrac{\partial c}{\partial y}\right) \\ +q_{\text{in}} c_{\text{in}} + hS_k \end{bmatrix}
\tag{9-2}
$$

式中：D_x 和 D_y 为 x 和 y 方向的扩散系数；c 为物质的垂线平均浓度；q_{in} 和 c_{in} 分别为点源的流量强度和物质垂线平均浓度；S_k 为与水质浓度有关的生化反应项，其他参数含义和二维浅水方程一致。

二维水流-输运方程同样采用有限体积离散，利用 MUSCL-Hancock 预测校正方法求解控制方程，使模型具有二阶精度；利用 HLLC 格式的近似黎曼求解器计算数值通量 $\boldsymbol{F} = (\boldsymbol{F}_1, \boldsymbol{F}_2, \boldsymbol{F}_3, \boldsymbol{F}_4)$，其中 $\boldsymbol{F}_1$ 为质量通量，$\boldsymbol{F}_2$ 和 $\boldsymbol{F}_3$ 为动量通量，$\boldsymbol{F}_4$ 为物质输运通量，包括对流通量 $\boldsymbol{F}_{\text{adv}}$ 和扩散通量 $\boldsymbol{F}_{\text{dif}}$。

以矩形网格单元 (i,j) 东侧界面 $(i+1/2, j)$ 计算为例，界面 $(i+1/2, j)$ 的质量通量、动量通量和物质对流通量 $\boldsymbol{F}_{(i+1/2,j)} = (\boldsymbol{F}_1, \boldsymbol{F}_2, \boldsymbol{F}_3, \boldsymbol{F}_{\text{adv}})$ 计算公式如下：

$$
\boldsymbol{F}_{(i+1/2,j)} = \begin{cases} \boldsymbol{F}_L, & S_L \geqslant 0 \\ \boldsymbol{F}_{*L}, & S_L \leqslant 0, S_M \geqslant 0 \\ \boldsymbol{F}_{*R}, & S_M \leqslant 0, S_R \geqslant 0 \\ \boldsymbol{F}_R, & S_R \leqslant 0 \end{cases}
\tag{9-3}
$$

式中：$\boldsymbol{F}_L = F(\boldsymbol{U}_L)$ 和 $\boldsymbol{F}_R = F(\boldsymbol{U}_R)$ 由左右界面状态 $\boldsymbol{U}_L$ 和 $\boldsymbol{U}_R$ 计算得到。$\boldsymbol{F}_{*L}$ 和 $\boldsymbol{F}_{*R}$ 为中间波数值通量；S_L、S_M、S_R 分别为左、中、右波速。$\boldsymbol{F}_{*L}$ 和 $\boldsymbol{F}_{*R}$ 计算公式如下：

$$
\boldsymbol{F}_{*L} = \begin{bmatrix} f_{*1} & f_{*2} & v_L f_{*1} & c_L f_{*1} \end{bmatrix}^{\text{T}}, \quad
\boldsymbol{F}_{*R} = \begin{bmatrix} f_{*1} & f_{*2} & v_R f_{*1} & c_R f_{*1} \end{bmatrix}^{\text{T}}
\tag{9-4}
$$

式中：v_L 和 v_R 为左右切向速度分量；c_R 和 c_L 为界面左右的物质浓度。利用黎曼近似求解器计算通量 $\boldsymbol{F}_*$：

$$
\boldsymbol{F}_* = \frac{S_R \boldsymbol{F}_L - S_L \boldsymbol{F}_R + S_L S_R (\boldsymbol{U}_R - \boldsymbol{U}_L)}{S_R - S_L}
\tag{9-5}
$$

S_L、S_M、S_R 计算公式如下：

$$
S_L = \begin{cases} u_R - 2\sqrt{gh_R}, & h_L = 0 \\ \min\left(u_L - 2\sqrt{gh_L}, u_* - 2\sqrt{gh_*}\right), & h_L > 0 \end{cases}
\tag{9-6}
$$

$$S_R = \begin{cases} u_L + 2\sqrt{gh_L}, h_R = 0 \\ \min(u_R + 2\sqrt{gh_R}, u_* + 2\sqrt{gh_*}), h_R > 0 \end{cases} \quad (9-7)$$

$$S_M = \frac{S_L h_R (u_R - S_R) - S_R h_L (u_L - S_L)}{h_R (u_R - S_R) - h_L (u_L - S_L)} \quad (9-8)$$

式中：u_L、u_R、h_L 和 h_R 是界面左右状态变量。u_* 和 h_* 计算公式如下：

$$u_* = \frac{1}{2}(u_L + u_R) + \sqrt{gh_L} - \sqrt{gh_R}, h_* = \frac{1}{g}\left[\frac{1}{2}(\sqrt{gh_L} + \sqrt{gh_R}) + \frac{1}{4}(u_L - u_R)\right]$$

$$(9-9)$$

根据散度定理，x 和 y 方向的扩散通量（F_{difx} 和 F_{dify}）计算如下：

$$F_{difx} = -\frac{1}{2}D_x(h_L + h_R)(c_R - c_L)/\Delta x \quad (9-10)$$

$$F_{dify} = -\frac{1}{2}D_y(h_L + h_R)(c_R - c_L)/\Delta y \quad (9-11)$$

综上，矩形网格单元(i,j)东侧界面$(i+1/2,j)$的数值通量 $\boldsymbol{F}_{(i+1/2,j)} = (\boldsymbol{F}_1, \boldsymbol{F}_2, \boldsymbol{F}_3, \boldsymbol{F}_{adv} + \boldsymbol{F}_{dif})$，其他三个方向界面通量均可采取相同方法计算。

9.2.2　二维水质模型

二维水动力-污染物输运模型可以准确模拟污染物的时空变化规律，但只考虑了单个污染物类型。实际应用中，需要综合考虑多种污染物之间的相互转化关系，构建能够模拟多种水质参数迁移转化规律的综合水质模型。WASP 水质模型是美国环保署推荐的水质模拟工具，WASP 水质模型提供了多种水体污染物之间的相互转化机理，因此，在二维水动力-污染物输运模型基础上，基于 WASP 水质模型原理，综合考虑氮、磷、溶解氧、浮游植物等因子间的相互作用（见图 9-1），构建了二维水质模型。基于 WASP 模型原理构建的综合水质模型可以模拟浮游植物、氨氮、总氮、总磷、溶解氧等水质评价关键参数，可服务于水环境管理。

水质模型构建的关键是确定对流扩散方程中的生化反应项。WASP 模型水质参数之间的相互转化可以归纳为浮游植物生长动力学系统、氮循环、磷循环和溶解氧平衡四大模块。

9.2.2.1　浮游植物生长动力学系统

浮游植物生长动力学系统包括浮游植物生长、死亡、内源呼吸和沉降：

$$S_{k4} = \left(G_{p1} - D_{p1} - \frac{V_{s4}}{D}\right)C_4 \quad (9-12)$$

式中：C_4 为浮游植物碳（PHYT）浓度，浮游植物碳/叶绿素 a 浓度默认值为 30；G_{p1} 和 D_{p1} 分别表示 PHYT 生长和死亡速率（d^{-1}）；V_{s4} 为 PHYT 的沉降速率（m/d）；D 为水深（m）。

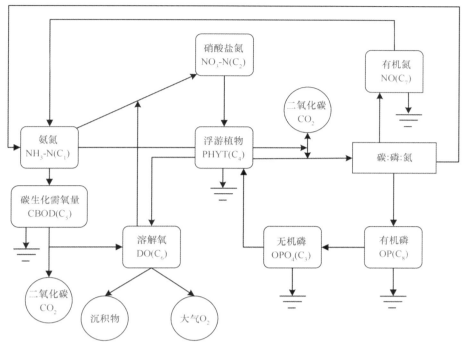

图 9-1　水质参数之间相互转换关系（Wool et al.，2001）

1）浮游植物生长

$$G_{p1} = k_{1c}\Theta_{1c}^{T-20}X_{RI}X_{RN} \qquad (9-13)$$

式中：k_{1c} 和 Θ_{1c} 分别表示 20℃浮游植物饱和生长速率（d^{-1}）和对应的温度校正系数；X_{RI} 表示光限系数，是太阳辐射（I，ly/d）、晴天比例（f，无量纲）、水深（D，m）和消光总系数（K_e，m^{-1}）的函数；X_{RN} 表示营养物质限制系数，是溶解无机磷（DIP，mg/L）和溶解无机氮（DIN，氨氮和硝酸盐，mg/L）的函数。

采用 DiToro 水生-平均生长速率公式计算光限系数 X_{RI}：

$$X_{RI} = \frac{e}{K_e D}f\left\{\exp\left[-\frac{I_a}{I_s}\exp(-K_e D)\right] - \exp\left(-\frac{I_a}{I_s}\right)\right\} \qquad (9-14)$$

式中：I_a 为表面水层日照期间的平均日照光强（ly/d）；I_s 为浮游植物光饱和点（ly/d）；K_e 为消光总系数。

营养物质限制系数 X_{RN} 计算公式如下：

$$X_{RN} = \mathrm{Min}\left(\frac{DIN}{K_{mN} + DIN}, \frac{DIP}{K_{mP} + DIP}\right) \qquad (9-15)$$

式中：DIN 为溶解性无机氮；DIP 为溶解性无机磷；K_{mN} 为浮游植物生长的氮半饱和常数；K_{mP} 为浮游植物生长的磷半饱和常数。

2）浮游植物死亡

$$D_{p1} = k_{1R}\Theta_{1R}^{T-20} + k_{1D} + k_{1G}Z(t) \tag{9-16}$$

式中：k_{1R} 和 Θ_{1R} 分别为 20℃ PHYT 的内源呼吸速率（d^{-1}）和对应的温度校正系数；k_{1D} 和 k_{1G} 分别为 PHYT 的非捕食（感染）死亡率（d^{-1}）和浮游动物的碳捕食率 [L/（mg·d）]；$Z(t)$ 表示与碳等价的浮游动物含量（mg/L）。

9.2.2.2 氮循环

模型考虑了有机氮（ON）、氨氮（NH₃-N）和硝酸盐氮（NO₃-N）三种氮形式。ON、NH₃-N 和 NO₃-N 在水生态系统中能够通过生物化学反应相互转换，具体过程如下。

1）氨氮

$$S_{k1} = D_{P1}a_{NC}(1-f_{ON})C_4 + k_{71}\Theta_{71}^{T-20}\left(\frac{C_4}{K_{mPC}+C_4}\right)C_7 - G_{P1}a_{NC}P_{NH3}C_4$$
$$- k_{12}\Theta_{12}^{T-20}\left(\frac{C_6}{K_{NIT}+C_6}\right)C_1 \tag{9-17}$$

式中：a_{NC} 为 PHYT 中 N（氮）/C（碳）值；f_{ON} 为 PHYT 死亡和内源呼吸过程中产生的 ON 占 PHYT 生物量的比例；k_{71} 和 Θ_{71} 分别为溶解 ON 的矿化速度（d^{-1}）和对应的温度校正系数；K_{mPC} 和 P_{NH3} 分别为 PHYT 的半饱和常数（mg/L）和 NH₃-N 选择系数；k_{12} 和 Θ_{12} 分别为 20℃ 硝化速度系数（d^{-1}）和对应的温度校正系数；k_{NIT} 表示硝化作用中使硝化速率减半的氧气含量（mg/L）。

2）硝酸盐氮

$$S_{k2} = k_{12}\Theta_{12}^{T-20}\left(\frac{C_6}{K_{NIT}+C_6}\right)C_1 - G_{P1}a_{NC}(1-P_{NH3})C_4 - k_{20}\Theta_{20}^{T-20}\left(\frac{K_{NO_3}}{K_{NO_3}+C_6}\right)C_2 \tag{9-18}$$

$$P_{NH_3} = C_1\left[\frac{C_2}{(K_{mN}+C_1)(K_{mN}+C_2)}\right] + C_1\left[\frac{K_{mN}}{(K_{mN}+C_1)(K_{mN}+C_2)}\right] \tag{9-19}$$

式中：k_{20} 和 Θ_{20} 分别为 20℃ 反硝化速度系数（day^{-1}）和对应的温度校正系数；K_{NO_3} 表示反硝化过程中使反硝化速率减半的氧气含量（mg/L）；K_{mN} 表示 NH₃-N 选择半饱和常数。

3）有机氮

$$S_{k7} = D_{P1}a_{NC}f_{ON}C_4 - k_{71}\Theta_{71}^{T-20}\left(\frac{C_4}{K_{mPC}+C_4}\right)C_7 - \frac{V_{s3}}{D}(1-f_{D7})C_7 \tag{9-20}$$

式中：V_{s3} 和 f_{D7} 分别为 ON 沉降速度（m/d）和对应的 ON 比例。

9.2.2.3 磷循环

磷循环包括有机磷和无机磷两种形态，两种形态磷的生化反应过程如下：

1）无机磷

$$S_{k3} = D_{P1} a_{PC} (1 - f_{OP}) C_4 + k_{83} \Theta_{83}^{T-20} \left(\frac{C_4}{K_{mPC} + C_4} \right) C_8 - G_{P1} a_{PC} C_4 \qquad (9-21)$$

式中：a_{PC} 为 PHYT 中 P/C 比值；f_{OP} 为 PHYT 死亡和内源呼吸过程中产生 OP 占 PHYT 的比例；k_{83} 和 Θ_{83} 分别表示溶解态 OP 的矿化速度（d^{-1}）和对应的温度校正系数。

2）有机磷

$$S_{k8} = D_{P1} a_{PC} f_{OP} C_4 - k_{83} \Theta_{83}^{T-20} \left(\frac{C_4}{K_{mPC} + C_4} \right) C_8 - \frac{V_{s3}}{D} (1 - f_{D8}) C_8 \qquad (9-22)$$

式中：f_{D8} 为溶解态 OP 的比例。

9.2.2.4 溶解氧平衡

1）碳化需氧量

$$S_{k5} = a_{OC} K_{1D} C_4 - k_D \Theta_D^{T-20} \left(\frac{C_6}{K_{BOD} + C_6} \right) C_5 - \frac{V_{s3}}{D} (1 - f_{D5}) C_5$$
$$- 2.9 k_{20} \Theta_{20}^{T-20} \left(\frac{K_{NO_3}}{K_{NO_3} + C_6} \right) C_2 \qquad (9-23)$$

式中：a_{OC} 为 PHYT 中 O/C 比值；k_D 和 Θ_D 分别为 20℃ CBOD 降解速率（d^{-1}）和对应的温度校正系数；K_{BOD} 表示使 CBOD 降解速率减半的氧气含量；f_{D5} 表示 CBOD 溶于水所占的比例。

2）溶解氧

$$S_{k6} = k_2 \Theta_2^{T-20} (C_s - C_6) - k_D \Theta_D^{T-20} \left(\frac{C_6}{K_{BOD} + C_6} \right) C_5 - \frac{64}{14} k_{12} \Theta_{12}^{T-20} \left(\frac{C_6}{K_{NIT} + C_6} \right) C_1$$
$$- \frac{SOD}{D} \Theta_{SOD}^{T-20} + G_{P1} \left[\frac{32}{12} + 4(1 - P_{NH_3}) \right] C_4 - \frac{32}{12} k_{1R} \Theta_{1R}^{T-20} C_4 \qquad (9-24)$$

式中：C_s 为饱和溶解氧；k_2 和 Θ_2 分别为 20℃ 水体复氧速率（d^{-1}）和对应的温度校正系数；SOD 和 Θ_{SOD} 分别为底泥耗氧速率 [$g/(m^2 \cdot d)$] 和对应的温度校正系数。

9.3 基于改进自适应网格的二维水流-污染物输运模型

近年来，突发水污染事件频发，导致局部水域水质恶化，严重威胁周围及下游区域居民的用水安全，同时会造成巨大的经济损失和严重的生态环境问题（陶亚 等，2017）。突发水污染事件的影响范围和水流条件密切相关，如果在暴雨洪水和溃坝水流等急流条件下突发水污染事件，释放的污染物将随着急速演进的洪水快速运移和扩散，导致水质在短时间内迅速恶化，可能造成自来水厂停水和工业停产等问题，威胁下游居民的用水安全，极易引发社会恐慌（徐小钰 等，2015）。

　　水污染事件突发后,需要了解污染物在水体中的运移和扩散规律,及时判断突发水污染事件的危害范围和持续时间,以助于快速评估突发水污染事件的危害并及时预警(李林子 等,2011)。水动力水质模型是评估突发水污染事件危害程度的有效手段,在突发水污染事件管理中得到有效应用(Zhang et al.,2015)。陶亚等(2012;2013)分别采用基于有限差分方法的平面二维水动力水质模型和 EFDC 水动力及污染物模型预测了河流突发水污染事故后下游城市的应急响应时间,模拟了不同应对措施的处理效果;饶清华等(2011)基于有限元法构建了模拟闽江下游突发水污染事件中污染物迁移扩散的水动力及水质模型,定量模拟了污染物的时空分布;Dong 等(2018)将基于有限体积法的 MIKE21 模型用于突发水污染事件的风险分析,模拟了沿海河流和近岸海域化学污染物输移扩散过程。目前研究多集中于缓流条件下突发水污染事件中污染物的输运模拟,准确模拟暴雨洪水和溃坝洪水等急流条件下污染物的输运规律充满了挑战(Zhang et al.,2015):①突发水污染事件的地点和时间的随机性,需要快速获取水污染事件发生区域的地形、初始条件和出入流边界条件,为水质模型提供建模数据;②洪水演进过程中会产生激波和动态变化的干湿边界,模型需要能够有效捕捉激波和模拟干湿边界;③实际应用中水流常流经复杂地形区域,如山谷、河流和城市区域等,模型必须能够有效描述复杂的地形条件;④突发水污染事件危害评估和预警要求很高的时效性,模型必须具有很高的计算效率。

　　水质模型构建所需的地形条件可以通过 SRTM 30 m DEM 数据、历史地形观测数据、人工测量和插值等方式快速获取;初始条件和出入流边界可以通过上下游水文站、水质在线监测站或者便携式水质分析仪测量获取。水质模型构建后,求解模型控制方程获得稳定和谐的数值解是应用水动力水质模型模拟污染物输运过程的关键,相比于有限元法和有限差分方法,Godunov 有限体积法由于可以有效捕捉急流条件下突发水污染事件中产生的激波间断和污染物浓度间断(丁玲 等,2004),适合急流条件下污染物的输运模拟(Liang,2010)。水动力水质模型利用网格离散计算区域,结构网格和非结构网格是水动力水质模型最常用的网格类型。非结构网格对复杂地形和边界具有较强的拟合能力,但生成过程复杂(Song et al.,2011);结构网格生成简单,但对复杂地形的拟合能力较差,为了提升模型模拟精度,必须增加网格数量,这势必会降低模型计算效率。基于结构网格的自适应网格技术可以根据水流特性和污染物浓度分布自适应调整网格大小,在保证模型模拟精度的前提下可以明显提升模型计算效率(Liang et al.,2009;Zhang et al.,2015)。

　　本节在 HydroM2D-AP 模型基础上,加入污染物对流-扩散方程,构建了基于改进自适应网格和 OpenMP 并行计算的二维水流-污染物输运模型(HydroPTM2D-AP),分别利用水槽试验、物理模型和实际算例检验了模型模拟突发水污染事件中污染物输移的精度和稳定性。HydroPTM2D-AP 模型中自适应网格判断准则增加污染物浓度梯度:

$$\mathrm{grad}\, qc(i,j,is,js) = \sqrt{\left(\frac{\partial qc(i,j,is,js)}{\partial x}\right)^2 + \left(\frac{\partial qc(i,j,is,js)}{\partial y}\right)^2} \qquad (9-25)$$

$$\frac{\partial qc(i,j,is,js)}{\partial x} = \frac{qc_{\mathrm{east}} - qc_{\mathrm{west}}}{2\Delta x}; \frac{\partial qc(i,j,is,js)}{\partial y} = \frac{qc_{\mathrm{north}} - qc_{\mathrm{south}}}{2\Delta y} \qquad (9-26)$$

式中：qc_{east}、qc_{west}、qc_{north}、qc_{south} 分别为网格（i，j，is，js）东、西、北、南 4 个方向邻居网格的污染物守恒浓度。最终网格划分梯度取水位梯度和污染物浓度梯度的最大值，即 grad（i，j）$= \max\left[\mathrm{grad}\eta\,(i,j),\ \mathrm{grad}qc\,(i,j)\right]$。网格自适应划分中，网格细化的地形坡度设置为 0.02（$\Phi_{\mathrm{zb-sub}}$），网格细化和粗化的梯度绝对阈值分别设置为 0.08（Φ_{sub}）和 0.05（Φ_{coar}）。所有算例中重力加速度 g 取 9.81 m/s^2，水体密度 ρ 取 1 000 kg/m^3。

9.3.1 均匀流场条件下浓度峰输运模拟

本算例为高斯分布浓度峰的输运模拟问题（邵军荣 等，2012），计算域为 [0 m≤x≤12 800 m；0 m≤y≤1 000 m]，总模拟时间为 9 600 s。计算域内水体流速 u 保持不变，$u = 0.5$ m/s，污染物初始浓度呈高斯分布，初始浓度 C_0 满足式（9-27），不同时刻污染物浓度分布的解析解见式（9-28）：

$$C_0 = \exp\left[-(x - 2\,000)^2/2\sigma_0^2\right], \ \sigma_0 = 264 \qquad (9-27)$$

$$C(x,t) = \frac{\sigma_0}{\sigma}\exp\left[-(x - \bar{x})^2/2\sigma_0^2\right], \ \sigma = \sigma_0^2 + 2Dt, \ \bar{x} = 2\,000 + \int_0^t u(\eta)\,\mathrm{d}\eta$$

$$(9-28)$$

式中：D 为扩散系数；σ_0 为高斯分布的方差。

分别模拟 3 种扩散系数（0、2 m^2/s、50 m^2/s）下污染物的输移情况，初始网格数为（640×200）个，最大划分水平 dix_max = 2。图 9-2 为 $t=9\,600$ s 污染物沿程分布的解析解和数值解。由图 9-2 可以看出，随着扩散系数的增加，浓度峰值逐渐降低，不同扩散条件下模拟污染物沿程分布的数值解和解析解基本一致，浓度峰值衰减很小，模拟过程中未出现浓度为负值或者数值震荡问题，说明模型具有较高模拟精度和稳定性。

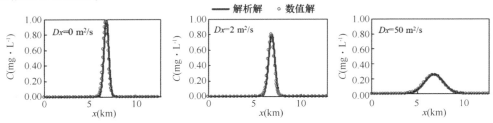

图 9-2 不同扩散系数下 9 600 s 污染物浓度分布

9.3.2 静水条件下的水流−物质输运模拟

算例地形条件和水位初始条件见 7.5.1 节的三驼峰案例，该案例可用于验证模型的静水和谐性以及物质扩散项处理的合理性。水质初始条件设置为：在 [10 m，16 m] × [12 m，18 m] 的区域内，物质浓度为 1 mg/L，其他区域的物质浓度为 0。

不同时刻（$t=0$、10 s、20 s、30 s）流速场和污染物浓度计算结果如图 9-3 所示，可以看出，随着时间的增长，污染物质逐渐向四周扩散，浓度逐渐降低。整个模拟过程，计算域的流速始终为 0，HydroPTM2D-AP 模型能够保证静水和谐性。不同时刻的网格分布和网格数如图 9-4，可以看出，第三个驼峰由于地形坡度较大，周围网格全部细化，且在整个模拟过程中保持不变；$t=10$ s 时，随着污染物逐渐向四周扩散，污染物所在区域存在较大的浓度梯度，网格处于最大划分水平，$t=20$ s 时，随着污染物继续向四周扩散，污染物所在区域的浓度梯度逐渐降低，划分的网格数逐渐减少；$t=30$ s 时，污染物所在区域的浓度梯度均小于设置的粗化阈值，网格划分水平变为 0；模拟过程中网格数随时间变化如图 9-5 所示，可以看出，初始网格数为 7 728 个，随着污染物的扩散，出现污染物浓度梯度，网格数逐渐增加；随着污染物进一步扩散，污染物浓度越来越小，污染物浓度梯度逐渐降低，网格数逐渐恢复至初始水平，此后保持不变。

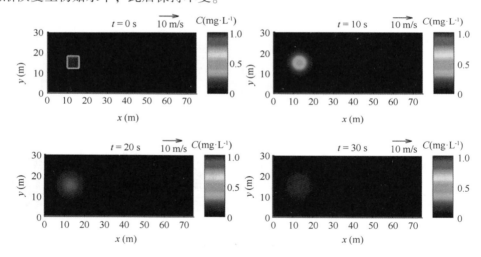

图 9-3　不同时刻流速和污染物浓度分布

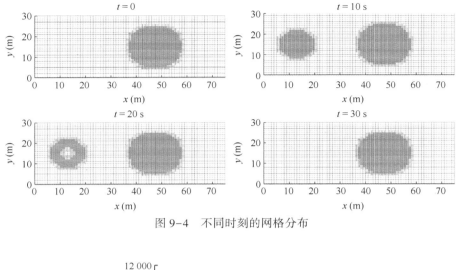

图 9-4 不同时刻的网格分布

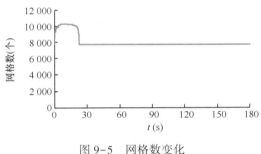

图 9-5 网格数变化

9.3.3 均匀浓度的溃坝水流−输运模拟

算例地形条件见 7.5.1 节的三驼峰案例，计算域为 75 m×30 m，大坝位于 $x=16$ m，忽略大坝厚度；糙率 $n=0.018$ s/m$^{1/3}$；大坝上游初始水位为 1.875 m，物质浓度为 1 mg/L，流速为 0；下游为干河床；不考虑物质降解，扩散系数取 $D_x=D_y=0.5$ m^2/s。$t=0$ 时大坝瞬时全溃。

初始条件（$t=0$ s）及不同时刻（$t=10$ s、20 s、30 s）的流场、物质浓度计算结果如图 9-6 所示。可以看出，溃坝水流演进过程中水体的物质浓度始终保持为 1 mg/L，模拟结果准确。不同时刻网格分布如图 9-7 所示，可以看出，网格划分水平随着溃坝水流演进不断变化，由于地形和初始条件的对称性，水体流速和水质状态时刻保持对称，因此自适应生成的网格同样具有对称性；自适应网格技术可以自动捕捉高水位梯度和高污染物浓度梯度所在区域以及干湿边界区域，对这些区域网格进行细化，提升模型对这些区域水流和物质输移的捕捉能力。不同时刻的网格数变化如图 9-8 所示，$t=0$ 网格数为 7 728 个，随着洪水演进，网格数呈动态变化，$t=3.5$ s 左右网格数达到最大（20 850 个），$t=48$ s 后网格数维持在 14 000 个左右。

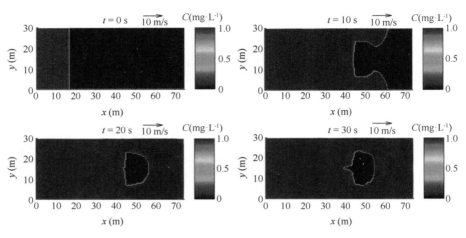

图 9-6　不同时刻流场和污染物浓度模拟结果

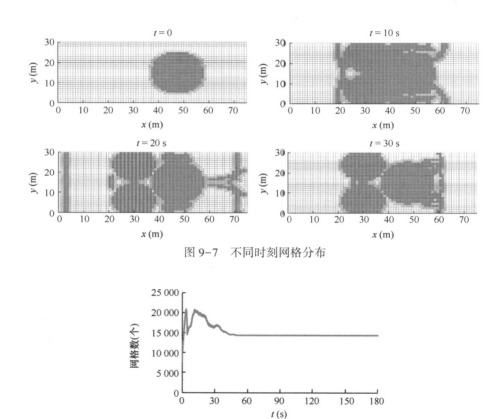

图 9-7　不同时刻网格分布

图 9-8　不同时刻网格数变化

9.3.4　非均匀浓度的溃坝水流-输运模拟

算例地形条件见 7.5.1 节的三驼峰案例，计算域为 75 m×30 m，大坝位于 $x =$

16 m，忽略大坝厚度。糙率 $n = 0.018$ s/m$^{1/3}$。大坝上游初始水位为 1.875 m，流速为 0；$x < 8$ m 计算域初始污染物浓度为 1 mg/L，8 m $\leqslant x \leqslant$ 16 m 计算域初始污染物浓度为 0；下游为干河床；不考虑物质降解。扩散系数取 $D_x = D_y = 0.5$ m^2/s。$t = 0$ 时大坝瞬时全溃。

不同时刻（$t = 0$、10 s、20 s、30 s）的流速场和污染物浓度计算结果如图 9-9 所示，对应的自适应网格分布如图 9-10 所示。由图 9-9 可以看出，随着溃坝洪水的演进，污染物质逐渐向下游迁移和扩散，上游的物质浓度逐渐降低。由于地形、初始污染物浓度和水流的对称性，污染物随水流运动输移过程中始终保持对称性，模拟结果符合水流和物质输运规律。由图 9-10 可以看出，不同时刻模型计算网格始终保持着对称性，水位梯度和污染物浓度梯度较高的区域以及干湿边界区域的网格均处于细化状态。不同时刻网格数变化如图 9-11 所示，$t = 0$ 网格数为 7 728 个，随着洪水演进，网格数呈动态变化，$t = 11$ s 左右网格数达到最大（21 831 个），$t = 48$ s 后网格数维持在 14 000 个左右。

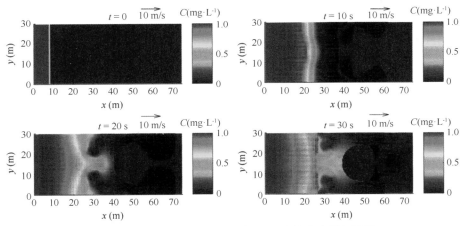

图 9-9　不同时刻溃坝水流流场和污染物浓度模拟结果

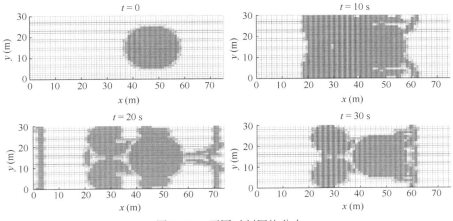

图 9-10　不同时刻网格分布

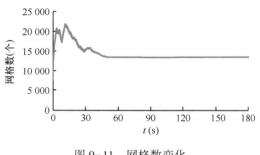

图 9-11　网格数变化

9.3.5　Toce 溃坝水流下点源污染物输运模拟

该案例地形条件、初始条件和边界条件见 7.5.2 节。模型模拟初始网格大小为 0.4 m×0.4 m，最大划分水平设置为 2。假设从溃坝发生后第 25 s 开始，位于 [7.868，5.882] 处的一个点源开始释放污染物，污染物释放速度为 1 m/s，污染物浓度为 1 kg/m³。

图 9-12 为 $t=0\sim180$s 模拟时间内 P4、P9 和 P21 点水位模拟值和观测值对比图，3 个观测点处模拟水位和观测水位基本一致，模型具有很高的模拟精度。图 9-13 为 $t=30$ s、60 s 的模拟水深分布，可以看出随着 $t=18$ s 溃坝开始，溃坝洪水流速很快，快速向下游演进。图 9-14 为 $t=30$ s、60 s 模拟污染物浓度分布，可以看出，急流条件下如果突发水污染事故，污染物会随着水流迅速向下游扩散。图 9-15 和图 9-16 分别为 $t=0$、30 s、60 s 的网格分布以及模拟过程中网格数的变化情况，溃坝开始前，计算网格数为 28 504 个，$t=18$ s 溃坝开始后，溃坝水流向下游快速演进，洪水经过区域具有较高的水位梯度，加上点源污染物释放后的运移产生的污染物浓度梯度，导致网格数快速增加，$t=61$ s 左右网格数达到最大值 31 123 个，随后逐渐降低，稳定在 30 200 左右。

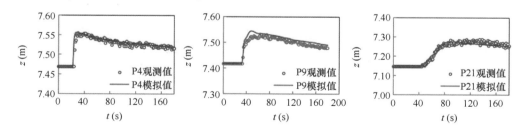

图 9-12　主要测点水位的计算值与测量值

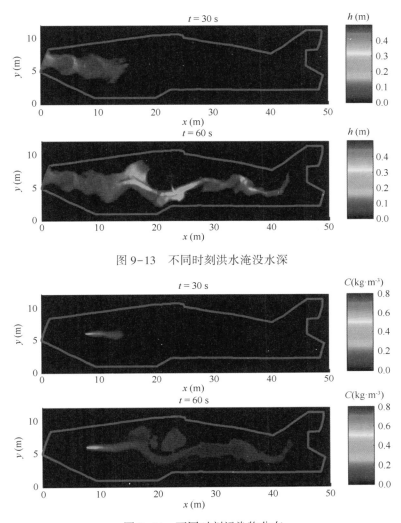

图 9-13　不同时刻洪水淹没水深

图 9-14　不同时刻污染物分布

9.3.6　Malpasset 溃坝水流下点源污染物输运模拟

该案例地形条件、初始条件和边界条件见 7.5.3 节。假设溃坝 900 s 后位于（9 660 m，3 074 m）的位置突发污染物排放，排放的污染物浓度为 1 kg/m³，排放强度为 1 m/s，污染物扩散系数为 0.5 m²/s。利用 HydroPTM2D-AP 模型模拟溃坝水流演进和污染物迁移扩散，初始网格大小为 80 m×80 m，最大划分水平设为 2，曼宁糙率系数取 0.033 s/m^{1/3}。

溃坝后 $t=1\,000$ s 和 1 800 s 模型模拟水深和污染物浓度分布如图 9-17 和图 9-18 所示。溃坝后洪水向下游快速演进，$t=1\,800$ s 时水流已经到达下游平原，和 Hou 等（2013）模拟结果一致。$t=900$ s 时水流已经经过（9 660 m，3 074 m），随着污

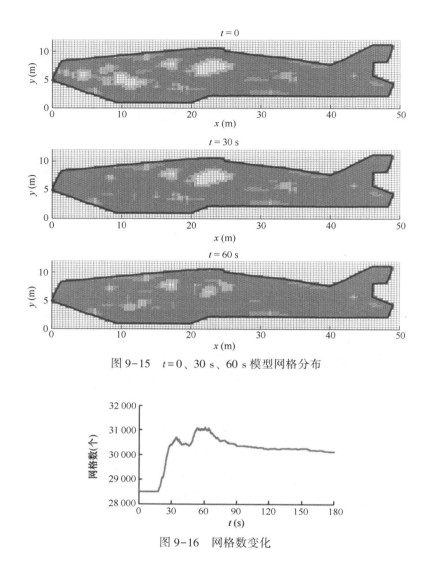

图 9-15 $t = 0$、30 s、60 s 模型网格分布

图 9-16 网格数变化

染物的释放，污染物随水流往下游迁移，同时由于浓度梯度的存在污染物逐渐向周围扩散，污染物浓度沿着水流演进方向逐渐降低。

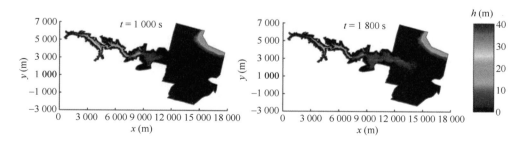

图 9-17 溃坝洪水演进过程

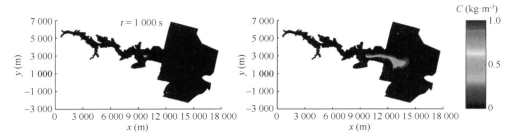

图 9-18　不同时刻污染物浓度分布

图 9-19 为 $t=0$、1 000 s 和 1 800 s 时的网格分布，由于 Malpasset 大坝及下游大部分区域地形起伏较大，$t=0$ 时，大部分计算区域网格均处于最大划分水平，随着溃坝洪水向下游快速演进以及点源污染物的释放，计算区域存在不同的水位梯度、污染物浓度梯度以及干湿交替现象，自适应网格技术可以自动识别高水位梯度、污染物浓度梯度以及干湿交替区域，动态调整网格大小（图 9-19）。图 9-20 为模拟过程网格数变化图，由于 Malpasset 大坝和下游河道区域地形起伏较大，初始时刻该

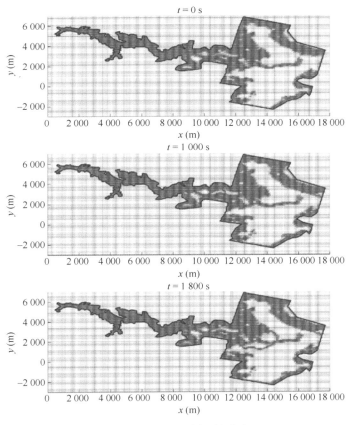

图 9-19　不同时刻网格分布

区域网格均处于最大划分水平，且保持划分水平不变，$t=580$ s 前溃坝洪水尚未流出 Malpasset 大坝下游河道区域，所以网格数始终保持在 77 975 个，随着洪水继续向下游演进以及点源污染物的释放和输运，网格数呈动态变化，$t=2$ 340 s 时洪水到达费雷瑞斯海湾，随后网格数维持在 81 000 个左右。

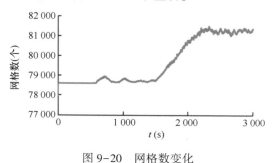

图 9-20　网格数变化

9.4　基于改进自适应网格的二维水质模型

9.4.1　鄱阳湖水质模型构建

在第 7 章构建的鄱阳湖 HydroM2D-AP 水动力模型基础上，构建基于 WASP 水质模型原理的鄱阳湖水质模型（HydroWQM2D-AP），模拟鄱阳湖叶绿素 a 浓度、氮、磷和溶解氧的动态变化。地形高程、水动力边界条件、初始网格大小、网格最大划分水平、自适应网格和自适应时间步长设置和鄱阳湖 HydroM2D-AP 水动力模型保持一致。模型水质入流边界条件采用 2012 年 1 月 1 日至 12 月 31 日五河入湖监测站点的监测数据，出流边界利用 2012 年 1 月 1 日至 12 月 31 日鄱阳湖出口站水质监测数据；水质初始条件采用 2012 年 1 月 1 日湖区水质监测站点监测数据的平均值；湖区水温采用湖区站点监测水温均值。模型采用冷启动，为了消除初始条件对模拟结果的影响，模型预热 1 个月以消除水质初始条件误差对水质模拟结果的影响。利用 2012 年 1 月 1 日至 12 月 31 日鄱阳湖区蛤蟆石、星子、老爷庙、蚌湖、都昌和三山 6 个监测站点（见图 9-21）监测的叶绿素 a 浓度、氨氮、总氮、总磷、溶解氧等水质参数对 HydroWQM2D-AP 水质模型参数进行率定。HydroWQM2D-AP 水质模型所需率定的主要参数和率定结果如表 9-1 所示。

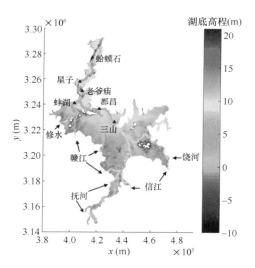

图 9-21　鄱阳湖 6 个水质监测站点分布

表 9-1　HydroWQM2D-AP 水质模型参数率定结果

分类	参数符号	参数含义	取值	单位
浮游植物	k_{1c}	20℃浮游植物饱和生长速率	0.3	d^{-1}
	θ_{1c}	浮游植物生长温度校正系数	1.02	−
	k_{1R}	20℃浮游植物内源呼吸速率	0.125	d^{-1}
	θ_{1R}	内源呼吸速率温度校正系数	1.02	−
氮循环	k_{71}	20℃有机氮矿化速率	0.2	d^{-1}
	θ_{71}	有机氮矿化速率温度系数	1.02	−
	k_{12}	20℃硝化速率	0.03	d^{-1}
	θ_{12}	硝化速率温度校正系数	1.01	−
磷循环	k_{83}	溶解态有机磷矿化速率	0.22	d^{-1}
	θ_{83}	有机磷矿化速率温度校正系数	1.08	−
溶解氧	k_2	20℃复氧速率	0.8	d^{-1}
	θ_2	复氧速率温度系数	1.028	−

9.4.2　鄱阳湖水质模拟

水体溶解氧含量受浮游植物生长、死亡、硝化作用和有机物降解等多个过程的共同影响，是水环境质量评价的重要参数之一。2012 年 2 月 1 日至 12 月 31 日鄱阳湖蛤蟆石、星子、老爷庙、蚌湖、都昌和三山共 6 个监测站点处溶解氧含量 Hyd-roWQM2D-AP 模型模拟结果如图 9-22 所示。可以看出，6 个水质监测站点处溶解氧变化趋势的模拟结果和观测的溶解氧变化趋势保持一致。鄱阳湖春（4月1日）、夏（7月1日）、秋（10月1日）、冬（12月31日）四季溶解氧含量空间分布模拟结果如图 9-23 所示，可以看出鄱阳湖溶解氧含量呈季节性变化，具有明显的时间变异性，夏季全湖溶解氧含量整体上要低于其他季节，相比之下，鄱阳湖溶解氧含量的空间变异性相对较小。

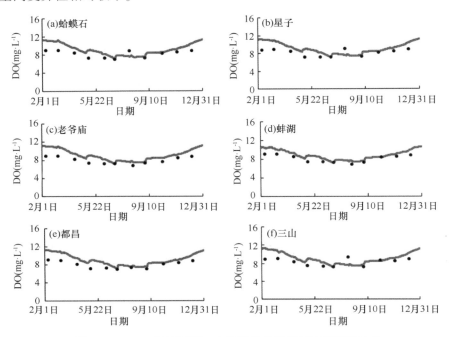

图 9-22　2012 年鄱阳湖 6 个监测站点溶解氧浓度模拟结果

　　2012 年 2 月 1 日至 12 月 31 日鄱阳湖蛤蟆石、星子、老爷庙、蚌湖、都昌和三山共 6 个监测站点处氨氮浓度 HydroWQM2D-AP 模型模拟结果如图 9-24 所示，可以看出，6 个水质监测站点处氨氮浓度变化趋势的模拟结果和观测的氨氮浓度变化趋势保持一致，鄱阳湖氨氮浓度整体呈先降后增的趋势，2012 年 2 月氨氮浓度处于较高水平，随后逐渐降低，至 6 月达到最低水平，8 月氨氮浓度略有升高，随后降低，9—12 月氨氮浓度逐渐上升，全年氨氮浓度介于 0.1~0.8 mg/L。鄱阳湖春（4月1日）、夏（7月1日）、秋（10月1日）、冬（12月31日）四季氨氮浓度空间分布模拟结果如图 9-25 所示，可以看出鄱阳湖氨氮浓度具有明显的时空变异性，五河入湖氨氮含量对鄱阳湖氨氮浓度影响显著。

　　2012 年 2 月 1 日至 12 月 31 日鄱阳湖蛤蟆石、星子、老爷庙、蚌湖、都昌和三山共 6 个监测站点处总氮浓度 HydroWQM2D-AP 模型模拟结果如图 9-26 所示。可以看出，6 个水质监测站点处总氮浓度变化趋势的模拟结果和观测的氨氮浓度变化趋势保持一致，鄱阳湖总氮含量全年变化不大，6 个监测站点观测的总氮浓度大都

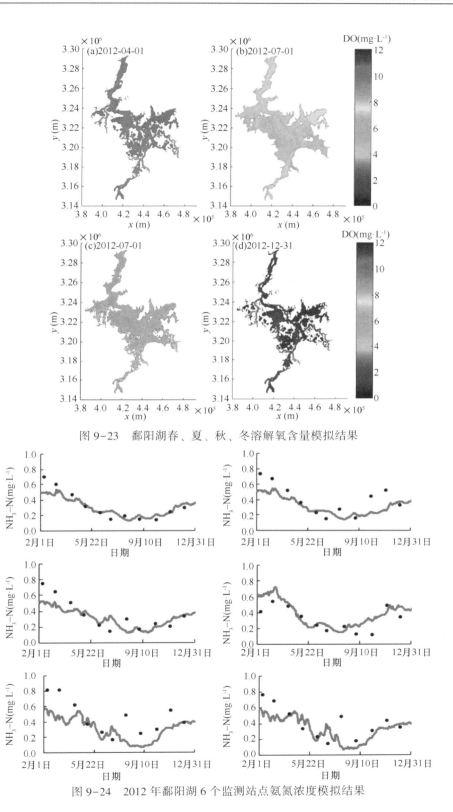

图 9-23　鄱阳湖春、夏、秋、冬溶解氧含量模拟结果

图 9-24　2012 年鄱阳湖 6 个监测站点氨氮浓度模拟结果

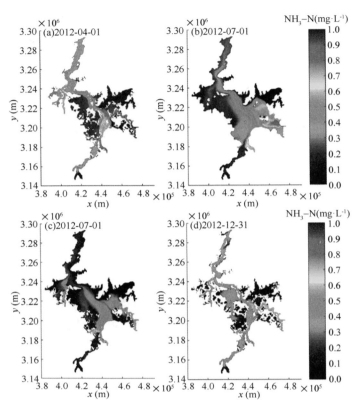

图 9-25 鄱阳湖春、夏、秋、冬氨氮浓度模拟结果

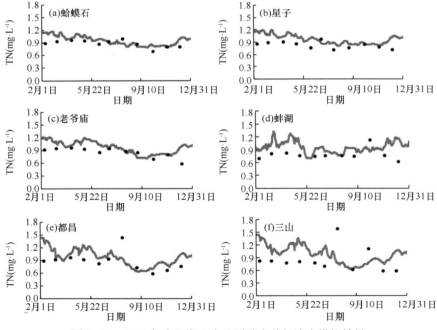

图 9-26 2012 年鄱阳湖 6 个监测站点总氮浓度模拟结果

介于 0.6~1.0 mg/L，都昌和三山 2 个监测站点总氮含量在 8 月有个高值，总氮浓度达到 1.5 mg/L 左右。鄱阳湖春（4 月 1 日）、夏（7 月 1 日）、秋（10 月 1 日）、冬（12 月 31 日）四季总氮浓度空间分布模拟结果如图 9-27 所示，可以看出，鄱阳湖总氮浓度具有明显的时空变异性。

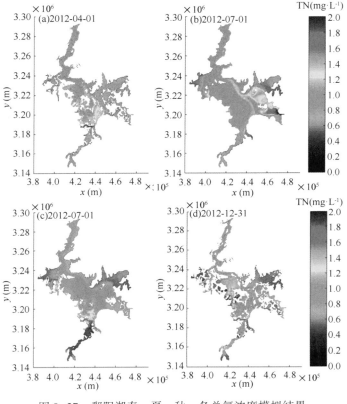

图 9-27　鄱阳湖春、夏、秋、冬总氮浓度模拟结果

2012 年 2 月 1 日至 12 月 31 日鄱阳湖蛤蟆石、星子、老爷庙、蚌湖、都昌和三山共 6 个监测站点处总磷浓度 HydroWQM2D-AP 模型模拟结果如图 9-28 所示。可以看出，6 个水质监测站点处总磷浓度变化趋势模拟结果和观测的总磷浓度变化趋势整体保持一致，大部分月份观测的总磷浓度均介于 0.03~0.06 mg/L，8 月星子总磷浓度观测值存在一个高值，总磷浓度达到 0.08 mg/L，而三山总磷浓度观测值存在一个低值，总磷浓度仅为 0.005 mg/L。鄱阳湖春（4 月 1 日）、夏（7 月 1 日）、秋（10 月 1 日）、冬（12 月 31 日）四季总磷浓度空间分布模拟结果如图 9-29 所示，可以看出鄱阳湖总磷浓度具有时空变异性。

2012 年 2 月 1 日至 12 月 31 日鄱阳湖蛤蟆石、星子、老爷庙、蚌湖、都昌和三山共 6 个监测站点处叶绿素 a 浓度 HydroWQM2D-AP 模型模拟结果如图 9-30 所示。可以看出 6 个水质监测站点处叶绿素 a 浓度变化趋势模拟结果和观测的叶绿素 a 浓

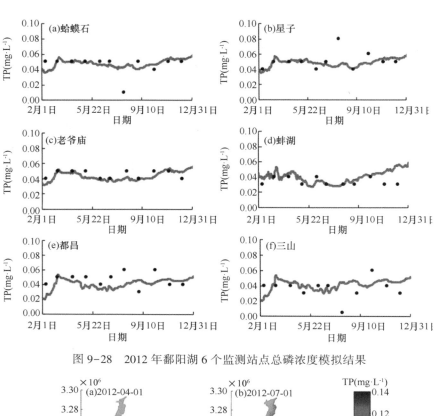

图 9-28　2012 年鄱阳湖 6 个监测站点总磷浓度模拟结果

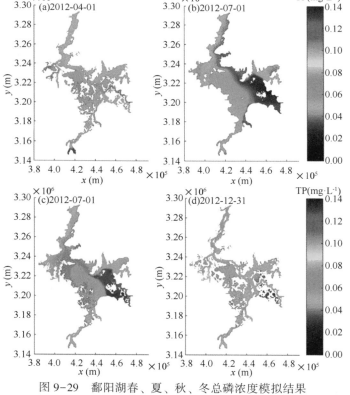

图 9-29　鄱阳湖春、夏、秋、冬总磷浓度模拟结果

度变化趋势大体一致，2012 年 1—9 月鄱阳湖叶绿素 a 浓度变化较小，6 个水质监测站点观测的叶绿素 a 浓度介于 0.002~0.004 mg/L，10 月和 12 月蛤蟆石叶绿素 a 浓度高于其他月份，在 0.008 mg/L 左右，10 月都昌叶绿素 a 浓度高于其他月份，在 0.01 mg/L 左右。鄱阳湖春（4 月 1 日）、夏（7 月 1 日）、秋（10 月 1 日）、冬（12 月 31 日）四季叶绿素 a 浓度空间分布模拟结果如图 9-31 所示。可以看出鄱阳湖春季叶绿素 a 浓度整体较低，全湖叶绿素 a 浓度基本都低于 0.006 mg/L；夏季受抚河入流的影响，鄱阳湖内河道区域叶绿素 a 浓度要高于其他区域；秋季受赣江（见图 9-21）入流的影响，鄱阳湖赣江入湖区域叶绿素 a 浓度要明显高于其他区域；冬季鄱阳湖除赣江入流区域外，其他区域叶绿素 a 浓度均处于较低水平。

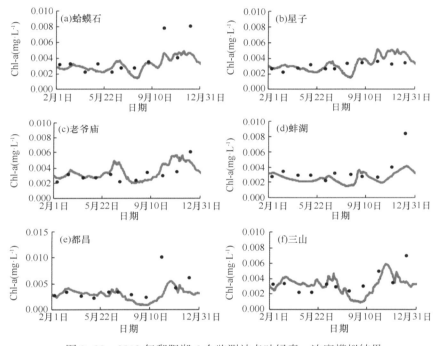

图 9-30　2012 年鄱阳湖 6 个监测站点叶绿素 a 浓度模拟结果

综上，鄱阳湖 HydroWQM2D-AP 水质模型能够模拟鄱阳湖溶解氧、氨氮、总氮、总磷和叶绿素 a 浓度等水质参数的变化趋势，但部分月份水质模拟值和观测值还存在一定的差异，这是因为模拟过程中未全面考虑模型输入和参数的不确定性。模型输入不确定性主要来自鄱阳湖污染负荷估算的不确定性，鄱阳湖污染负荷主要来源包括五河入湖带来的污染负荷、面源污染负荷、点源污染负荷以及降水携带的污染负荷（杜彦良 等，2015）。此外，鄱阳湖采砂会导致采砂区底泥的再悬浮，增加底泥中氮磷等污染物的释放，造成内源污染（陈晓玲 等，2013；李海军 等，2016）。水质模型参数众多，虽然部分参数如复氧速率可以通过经验公式估计，但

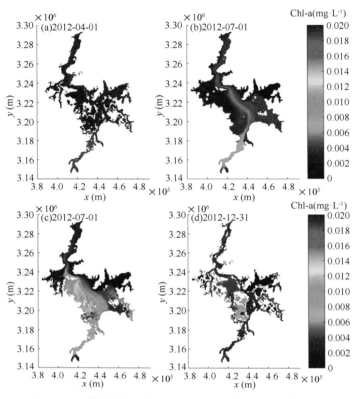

图 9-31　鄱阳湖春、夏、秋、冬叶绿素 a 浓度模拟结果

多数参数难以直接估计，且随着气象、水流和水环境条件的变化而变化（Anderson et al.，2002），导致模型参数取值存在很大的不确定性。为了进一步提高模型模拟精度，应充分考虑模型输入和参数的不确定性，将多种污染负荷来源纳入模型，动态调整模型参数。

9.5　本章小结

　　本章首先在 HydroM2D-AP 模型基础上，增加了描述物质输移的对流-扩散方程，构建了基于改进自适应网格和 OpenMP 并行计算的二维水流-污染物输运模型（HydroPTM2D-AP），分别利用水槽试验、物理模型和实际案例检验了 HydroPTM2D-AP 模型模拟复杂地形和不同水流条件下污染物输运规律的静水和谐性和模拟精度，验证结果表明，HydroPTM2D-AP 模型能够有效模拟复杂地形和不同水流条件下污染物的输运规律，可用于突发水污染事件的中污染物输运模拟。同时，在 HydroM2D-AP 模型基础上，基于 WASP 水质模型原理，构建了基于改进自适应网格和 OpenMP 并行计算鄱阳湖 HydroWQM2D-AP 水质模型，模拟了鄱阳湖溶

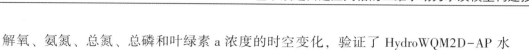

解氧、氨氮、总氮、总磷和叶绿素 a 浓度的时空变化，验证了 HydroWQM2D-AP 水质模型模拟水质参数时空变化的适用性。

参考文献

陈晓玲，张媛，张琍，等，2013. 丰水期鄱阳湖水体中氮、磷含量分布特征 [J]. 湖泊科学，25（5）：643-648.

丁玲，逄勇，吴建强，等，2004. 模拟水质突跃问题的三种二阶高性能格式 [J]. 水利学报，35（9）：50-55.

杜彦良，周怀东，彭文启，等，2015. 近 10 年流域江湖关系变化作用下鄱阳湖水动力及水质特征模拟 [J]. 环境科学学报，35（5）：1274-1284.

李海军，陈晓玲，陆建忠，等，2016. 考虑采砂影响的鄱阳湖丰水期悬浮泥沙浓度模拟 [J]. 湖泊科学，28（2）：421-431.

李林子，钱瑜，张玉超，2011. 基于 EFDC 和 WASP 模型的突发水污染事故影响的预测预警 [J]. 长江流域资源与环境，20（8）：1010-1016.

饶清华，曾雨，张江山，等，2011. 闽江下游突发性水污染事故时空模拟 [J]. 环境科学学报，31（3）：554-559.

邵军荣，吴时强，周杰，等，2012. 二维输运方程高精度数值模拟 [J]. 水科学进展，23（3）：383-389.

陶亚，雷坤，夏建新，2017. 突发水污染事故中污染物输移主导水动力识别——以深圳湾为例 [J]. 水科学进展，28（6）：888-897.

陶亚，任华堂，夏建新，2012. 河流突发污染事故下游城市应急响应时间预测——以淮河淮南段为例 [J]. 应用基础与工程科学学报，20（S1）：77-86.

陶亚，任华堂，夏建新，2013. 突发水污染事故不同应对措施处置效果模拟 [J]. 应用基础与工程科学学报，21（2）：203-213.

徐小钰，朱记伟，李占斌，等，2015. 国内外突发性水污染事件研究综述 [J]. 中国农村水利水电，（6）：1-5.

ANDERSON D M，GLIBERT P M，BURKHOLDER J M，2002. Harmful algal blooms and eutrophication：nutrient sources, composition, and consequences [J]. Estuaries，25（4）：704-726.

DONG L，LIU J，DU X，et al.，2018. Simulation-based risk analysis of water pollution accidents combining multi-stressors and multi-receptors in a coastal watershed [J]. Ecological Indicators，92：161-170.

HOU J，LIANG Q，SIMONS F，et al.，2013. A 2D well-balanced shallow flow model for unstructured grids with novel slope source term treatment [J]. Advances in Water Resources，52：107-131.

KONG J，XIN P，SHEN C J，et al.，2013. A high-resolution method for the depth-integrated solute transport equation based on an unstructured mesh [J]. Environmental Modelling & Software，40（1）：109-127.

LIANG Q，2010. A Well-Balanced and NonNegative Numerical Scheme for Solving the Integrated Shallow

Water and Solute Transport Equations ［J］. Communications in Computational Physics，7（5）：1049-1075.

LIANG Q，BORTHWICK A G L，2009. Adaptive quadtree simulation of shallow flows with wet-dry fronts over complex topography ［J］. Computers & Fluids，38（2）：221-234.

SONG L，ZHOU J，GUO J，et al.，2011. A robust well-balanced finite volume model for shallow water flows with wetting and drying over irregular terrain ［J］. Advances in Water Resources，34（7）：915-932.

WOOL T A，AMBROSE R B，MARTIN J L，et al.，2001. Water quality analysis simulation program：user's manual ［R］. Washington D C：USEPA.

ZHANG L，LIANG Q，WANG Y，et al.，2015. A robust coupled model for solute transport driven by severe flow conditions ［J］. Journal of Hydro-environment Research，9（1）：49-60.

第 10 章　基于星地协同监测的二维水质模型数据同化技术

10.1　引言

本章以鄱阳湖为研究区，利用基于局部权重的粒子滤波同化算法将鄱阳湖叶绿素 a 浓度原位观测数据和遥感观测数据融入鄱阳湖 HydroWQM2D-AP 水质模型，更新叶绿素 a 浓度模拟结果，同时校正模型参数，构建鄱阳湖 HydroWQM2D-AP 水质模型粒子滤波数据同化算法。

10.2　鄱阳湖水质模型数据同化方案设计

10.2.1　数据收集

收集鄱阳湖 2012 年 2 月 1 日至 12 月 31 日蛤蟆石、星子、老爷庙、蚌湖、都昌、三山 6 个水质监测站点的叶绿素 a 浓度原位监测数据，用于鄱阳湖水质模型数据同化研究，监测频次为每月 1 次。

叶绿素 a 浓度原位监测数据只能代表监测点上的叶绿素 a 浓度大小，利用遥感手段可以监测叶绿素 a 浓度的空间分布，但需要一定数量的叶绿素 a 浓度原位观测数据来构建叶绿素 a 浓度遥感反演模型，由于可用于建模的叶绿素 a 浓度原位观测数据过少，未对鄱阳湖叶绿素 a 浓度进行遥感监测。2009—2012 年王卷乐等（2017）在鄱阳湖区进行了多次野外试验，在鄱阳湖收集了大量叶绿素 a 浓度原位观测数据，并基于 MODIS 遥感数据监测了鄱阳湖叶绿素 a 浓度的时空分布。收集 2012 年 4 月、7 月和 10 月共 3 期叶绿素 a 浓度遥感监测结果用于鄱阳湖水质模型数据同化研究，叶绿素 a 浓度遥感监测均方根误差介于 $0.95 \sim 2.2\ \mu g/L$。

10.2.2　同化方案设计

以鄱阳湖为研究区，利用粒子滤波算法将 2012 年 2 月 1 日至 12 月 31 日蛤蟆石、星子、老爷庙、蚌湖、都昌和三山站叶绿素 a 浓度原位观测数据和 2012 年 4 月、7 月和 10 月共 3 期叶绿素 a 浓度遥感监测结果融入鄱阳湖 HydroWQM2D-AP 水质模型，更新叶绿素 a 浓度模拟结果，同时更新叶绿素 a 浓度模拟的敏感参数 "20℃浮游植物饱和生长速率"（k_{1c}）（彭森，2010），其余水质模拟参数和 7.6 节构建的鄱阳湖 HydroWQM2D 模型参数保持一致。由于鄱阳湖水动力过程模拟精度要明显好于水质模拟结果，本研究仅考虑水质数据同化，水动力过程和 9.4 节构建鄱阳湖 HydroM2D-AP 模型保持一致。

粒子数（N）、观测误差（σ）和同化频率（AF）是影响同化效果的关键参数，同化精度随粒子数的增加而增加，但计算时间随粒子数的增加会呈线性增加，综合考虑同化精度和计算效率，将粒子数设置为 100 个；相比于叶绿素 a 浓度遥感监测，叶绿素 a 浓度原位观测具有更高的精度，同化过程中叶绿素 a 浓度原位观测 σ_{obs} 和三期叶绿素 a 浓度遥感观测标准差 σ_{RS} 分别设置为 0.5 μg/L 和 2 μg/L（2012 年 4 月）、2 μg/L（2012 年 7 月）、1 μg/L（2012 年 10 月）；同化频率和叶绿素 a 浓度原位和遥感观测频率保持一致。

10.2.3　同化流程

鄱阳湖 HydroWQM2D-AP 水质模型粒子滤波数据同化流程如图 10-1 所示。具体流程如下。

（1）根据 t 时刻模型在各个网格处的状态变量 x ［水质 C（$C_1 \sim C_8$）］和参数 n（k_{1c}）的先验分布采样生成 N 个等权重的粒子，每个粒子代表一种水质状态。状态变量和参数的先验分布均采用均匀分布，初始各粒子权重均为 $1/N$。为了保证模型模拟得到状态变量的先验范围能够包含观测值，将每个网格处粒子中的参数按降序排列。

$$x_t^{i,j} = [z_t^{i,j},\ Q_t^{i,j},\ C_t^{i,j}],\ i = 1,\ 2,\ \cdots,\ N;\ j = 1,\ 2,\ \cdots,\ ncell \quad (10\text{-}1)$$

$$z_t^{i,j} = z_t^j,\ i = 1,\ 2,\ \cdots,\ N;\ j = 1,\ 2,\ \cdots,\ ncell \quad (10\text{-}2)$$

$$Q_t^{i,j} = Q_t^j,\ i = 1,\ 2,\ \cdots,\ N;\ j = 1,\ 2,\ \cdots,\ ncell \quad (10\text{-}3)$$

$$C_t^{i,j} = C_t^j,\ i = 1,\ 2,\ \cdots,\ N;\ j = 1,\ 2,\ \cdots,\ ncell \quad (10\text{-}4)$$

$$n_t^{i,j} = n_t^j + \varepsilon_n^j,\ \varepsilon_n^j \sim U(-0.01\varepsilon_t^j,\ 0.01\varepsilon_t^j)$$
$$n_t^{i,j} \geq n_t^{i+1,j},\ i = 1,\ 2,\ \cdots,\ N-1;\ j = 1,\ 2,\ \cdots,\ ncell \quad (10\text{-}5)$$

$$w_t^{i,j} = 1/N,\ i = 1,\ 2,\ \cdots,\ N;\ j = 1,\ 2,\ \cdots,\ ncell \quad (10\text{-}6)$$

式中：$z_t^{i,j}$、$Q_t^{i,j}$、$C_t^{i,j}$、$n_t^{i,j}$ 和 $w_t^{i,j}$ 分别表示 t 时刻第 i 个粒子在第 j 个网格处的模拟水位、流量、水质浓度、模型参数和权重，i 为粒子编号，j 为网格单元编号；z_t^j、Q_t^j、C_t^j、n_t^j 分别表示 t 时刻第 j 个网格处水位、流量、水质初始值和参数初始值；$ncell$ 表示计算网格总数；U 表示均匀分布。

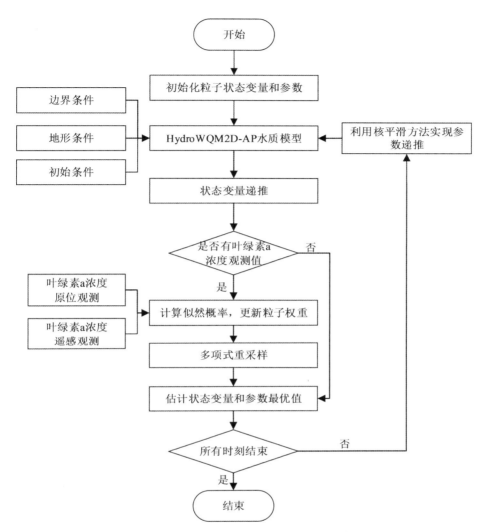

图 10-1 鄱阳湖 HydroWQM2D-AP 模型数据同化流程

（2）所有粒子的水动力、水质边界条件和模型的水动力、水质边界条件保持一致。

$$Q_{\text{inflow}}^{i,\,t+1} = Q_{\text{inflow}}^{\text{obs},\,t+1} \tag{10-7}$$

式中：$Q_{\text{inflow}}^{\text{obs},\,t+1}$ 为 $t+1$ 时刻水质边界条件观测值。

（3）利用各个粒子所代表的水流、水质状态和模型参数作为初始条件，利用边界条件依次驱动模型（式 10-8），实现模型模拟水质从 t 时刻到 $t+1$ 时刻的更新。

$$x_{t+1}^{i} = f(x_{t}^{i},\ n_{t+1}^{i},\ Q_{\text{inflow}}^{i,\,t+1}) \tag{10-8}$$

（4）判断当前时刻是否有叶绿素 a 浓度观测值，若有，则根据式（10-9）计算 $t+1$ 时刻各粒子的似然函数值 $p(x_{\text{obs},\,t+1}^{j}\mid x_{t+1}^{i,\,j})$ 并更新粒子权重 $w_{t+1}^{i,\,j}$。若没有则跳至步骤（6）。

$$w_{t+1}^{i,j} = p(x_{\text{obs},\,t+1}^{j} \mid x_{t+1}^{i,j}) = \frac{1}{\sqrt{2\pi}\,\sigma_o} \exp\left[-\frac{(x_{\text{obs},\,t+1}^{j} - x_{t+1}^{i,j})^2}{2\sigma_o^{\,2}} \right] \qquad (10\text{-}9)$$

式中：$x_{\text{obs},\,t+1}^{j}$ 为 $t+1$ 时刻第 j 个观测点处叶绿素 a 浓度观测值。

（5）对粒子进行多项式重采样，得到具有相同权重的新的粒子集合。

（6）计算模型模拟叶绿素 a 浓度和参数的最优估计值。

$$\hat{x}_{t+1}^{j} = \sum_{i=1}^{N} w_{t+1}^{i,j} x_{t+1}^{i,j} \qquad (10\text{-}10)$$

$$\hat{n}_{t+1}^{j} = \sum_{i=1}^{N} w_{t+1}^{i,j} n_{t+1}^{i,j} \qquad (10\text{-}11)$$

（7）同时利用核平滑方法实现粒子参数从 t 到 $t+1$ 时刻的递推：

$$n_{t+1}^{i} \sim N\left[n_{t+1}^{i} \mid \sqrt{1-h^2}\, n_t^{i} + \left(1 - \sqrt{1-h^2}\right) \bar{n}_t,\ h^2 V_t \right],$$

$$i = 1,\ 2,\ \cdots N;\ j = k_1,\ k_2,\ \cdots,\ k_m \qquad (10\text{-}12)$$

式中：$\bar{n}_t$ 为第 j 个计算网格处粒子参数的平均值；k_m 为观测点所在的网格个数。

（8）令 $t=t+1$，返回步骤（3）进行循环迭代，直至所有时刻运行完成。

10.3 基于多源观测数据的鄱阳湖水质模型数据同化

10.3.1 叶绿素 a 浓度同化效果分析

2012 年 2 月 1 日至 12 月 31 日蛤蟆石、星子、老爷庙、蚌湖、都昌和三山站叶绿素 a 浓度同化值以及对应 90% 置信区间如图 10-2 所示。可以看出，叶绿素 a 浓度同化值比模拟值要更加接近叶绿素 a 浓度观测值。6 个监测站点叶绿素 a 浓度同化值和模拟值的平均相对误差对比如图 10-3 所示。可以看出，6 个监测站点叶绿素 a 浓度模拟值 ARE 介于 25%~35%，模拟值 ARE 均值为 29.8%，叶绿素 a 浓度同化值 ARE 介于 9.6%~23.1%，同化值 ARE 均值为 17.2%，通过同化叶绿素 a 浓度观测值，显著提升了叶绿素 a 浓度的模拟精度。由于该同化系统仅考虑了参数 k_{1c} 的不确定性，所以叶绿素 a 浓度同化 90% 置信区间未能包含全部观测值。

由于叶绿素 a 浓度原位观测数据有限，采用局部权重的 MPFDA-LW 同化算法同化叶绿素 a 浓度原位观测数据只能校正原位观测点处的叶绿素 a 浓度模拟结果，而叶绿素 a 浓度遥感监测结果能够捕捉叶绿素 a 浓度的空间分布，同化叶绿素 a 浓度遥感监测结果，能够校正整个湖区叶绿素 a 浓度的空间分布。2012 年 4 月、7 月和 10 月鄱阳湖叶绿素 a 浓度模型模拟结果、遥感监测结果和数据同化结果如图 10-4、图 10-5 和图 10-6 所示。可以看出，相比于叶绿素 a 浓度模拟结果，叶绿素 a 浓度同化结果和遥感监测结果更加接近，同化遥感监测数据，可以在同化时刻为模型提供更加准确的叶绿素 a 浓度的空间分布（初始条件）。

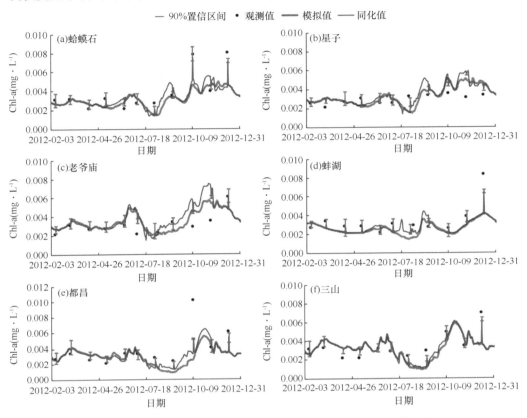

图 10-2　2012 年鄱阳湖叶绿素 a 浓度同化结果及其 90% 置信区间

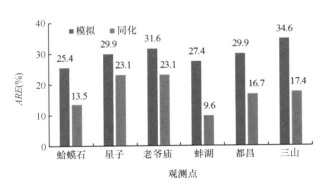

图 10-3　鄱阳湖 6 个监测站点叶绿素 a 浓度同化值和模拟值平均相对误差

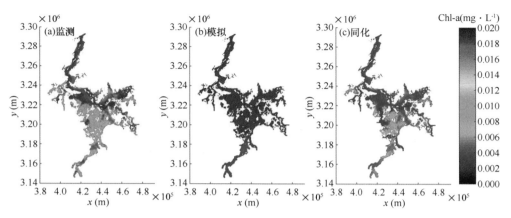

图 10-4   2012 年 4 月鄱阳湖叶绿素 a 浓度遥感监测、模型模拟和数据同化结果

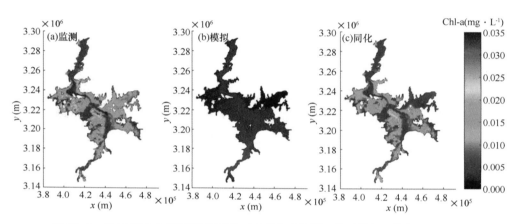

图 10-5   2012 年 7 月鄱阳湖叶绿素 a 浓度遥感监测、模型模拟和数据同化结果

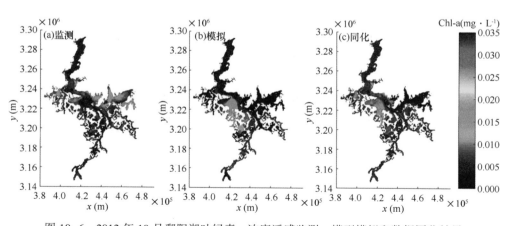

图 10-6   2012 年 10 月鄱阳湖叶绿素 a 浓度遥感监测、模型模拟和数据同化结果

10.3.2　同化前后叶绿素 a 浓度先后验分布

以 2012 年 2 月 10 日蚌湖站和三山站同化前后粒子叶绿素 a 浓度先后验分布为例，分析水质模型数据同化算法校正叶绿素 a 浓度模拟结果的效果。图 10-7 展示了蚌湖站和三山站同化前后粒子叶绿素 a 浓度的先验分布和后验分布，蓝色直方图和绿色直方图分别表示同化前粒子叶绿素 a 浓度的先验分布和同化后叶绿素 a 浓度的后验分布，虚线和实线分别表示粒子叶绿素 a 浓度先验分布和后验分布的均值，黑色五角星表示叶绿素 a 浓度观测值。由图 10-7 可以看出，同化叶绿素 a 浓度观测值前，粒子叶绿素 a 浓度的先验分布范围较大，粒子叶绿素 a 浓度均值和叶绿素 a 浓度观测值之间存在一定的偏差；同化叶绿素 a 浓度观测值后，靠近叶绿素 a 浓度观测值的粒子被赋予较大的权重，而偏离叶绿素 a 浓度观测值的粒子权重将会变得很小，所以同化叶绿素 a 浓度观测值后，粒子叶绿素 a 浓度后验分布范围变窄，向叶绿素 a 浓度观测值靠拢，同化后粒子叶绿素 a 浓度均值和叶绿素 a 浓度观测值十分接近。同化前后粒子叶绿素 a 浓度先后验分布的变化表明，利用粒子滤波算法将叶绿素 a 浓度观测值同化进水质模型，可以有效估计叶绿素 a 浓度的后验分布，使得叶绿素 a 浓度模拟结果向观测值靠拢，提高叶绿素 a 浓度模拟精度。

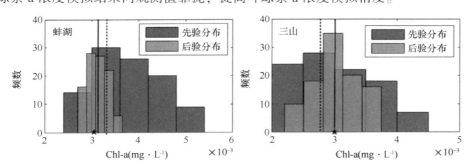

图 10-7　2012 年 2 月 10 日叶绿素 a 浓度先验分布和后验分布

10.3.3　参数动态更新

利用叶绿素 a 浓度观测值估计粒子叶绿素 a 浓度后验分布时，可以同步估计参数 "20℃浮游植物饱和生长速率"（k_{1c}）的后验分布，得到参数 k_{1c} 的最优估计值。2012 年 2 月 1 日至 12 月 31 日鄱阳湖蛤蟆石、星子、老爷庙、蚌湖、都昌和三山 6 个监测站点处参数 k_{1c} 的最优估计和 90% 置信区间如图 10-8 所示，由图 10-8 可以看出，6 个监测站点处参数 k_{1c} 最优估计随时间不断变化，不同监测站点处参数 k_{1c} 的变化趋势并不一致；此外，不同时刻参数 k_{1c} 90% 不确定性区间的宽度不同，参数 k_{1c} 90% 不确定性区间并没有随同化次数的增加而逐渐变窄，说明参数 k_{1c} 具有明显的时空变异性。粒子滤波同化算法校正叶绿素 a 浓度模拟结果的同时，可以根据粒子后验权重估计参数 k_{1c} 的动态变化，但参数 k_{1c} 的最优估计并不能代表 20℃ 浮游植物真实的饱和生长速率，因为粒子权重是根据叶绿素 a 浓度模拟值和观测值之间的误差确定的，这个误差为模型参数不确定性、模型输入不确定性、模型结构不确定性导致的综合误差，参数 k_{1c} 的最优估计能够一定程度平衡上述不确定性导致的模型模拟误差。由于不同时刻模型参数、模型输入和模型结构不确定性导致的误差可能会不断地变化，所以参数 k_{1c} 的最优取值也可能不断变化，为了更好地估计参数 k_{1c} 的动态变化，提高叶绿素 a 浓度模拟精度，应该增加同化的频次。

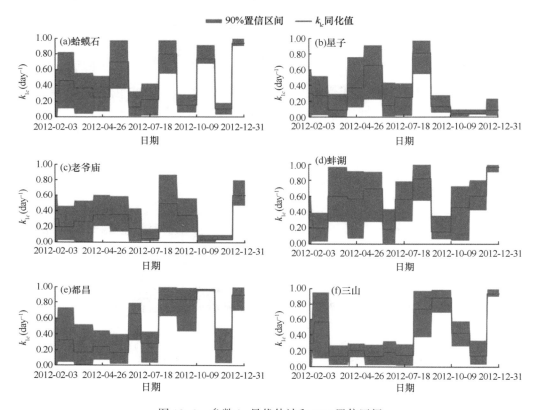

图 10-8　参数 k_{1c} 最优估计和 90% 置信区间

叶绿素 a 浓度原位观测数据有限，同化叶绿素 a 浓度原位观测数据只能校正原位观测点处的叶绿素 a 浓度模拟结果和参数 k_{1c} 的取值，而叶绿素 a 浓度遥感监测结果能够捕捉叶绿素 a 浓度的空间分布，同化叶绿素 a 浓度遥感监测结果，校正整个湖区叶绿素 a 浓度的同时，可以估计参数 k_{1c} 的空间分布。同化 2012 年 4 月、7 月和 10 月鄱阳湖叶绿素 a 浓度遥感监测结果得到参数 k_{1c} 的最优估计如图 10-9 至图 10-11 所示，可以看出利用粒子滤波同化算法得到的参数 k_{1c} 的最优估计具有明显的时空变异性，同化不同时期叶绿素 a 浓度遥感监测结果得到参数 k_{1c} 最优估计的空间分布存在较大差异，同化同一时期叶绿素 a 浓度遥感监测结果得到不同区域参数 k_{1c} 的最优估计也存在较大差异，主要特征表现为：叶绿素 a 浓度模拟结果低于遥感监测结果的区域，参数 k_{1c} 的最优估计要大于参数 k_{1c} 的率定值，叶绿素 a 浓度模拟结果高于遥感监测结果的区域，参数 k_{1c} 的最优估计要小于参数 k_{1c} 的率定值，说明粒子滤波算法可以根据叶绿素 a 浓度模拟误差动态调整参数 k_{1c} 取值。参数 k_{1c} 最优估计的时空变异性表明了模型模拟误差同样具有时空变异性，为了更好地提高模型模拟效果，应当增加叶绿素 a 浓度遥感监测频次，及时更新模型参数。

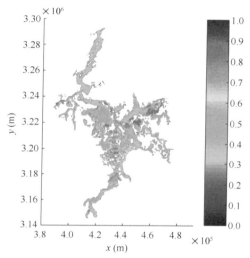

图 10-9　2012 年 4 月鄱阳湖叶绿素 a 浓度
　　　　　模拟参数 k_{1c} 估计结果

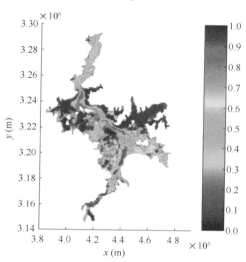

图 10-10　2012 年 7 月鄱阳湖叶绿素 a 浓度
　　　　　模拟参数 k_{1c} 估计结果

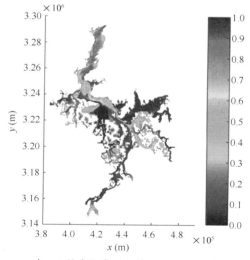

图 10-11　2012 年 10 月鄱阳湖叶绿素 a 浓度模拟参数 k_{1c} 估计结果

10.3.4　讨论

利用粒子滤波同化算法将叶绿素 a 浓度多源观测数据同化进水质模型，可以校正模型模拟结果，同步更新模型参数，提高模型的模拟精度。此外，通过更新模型参数，可以改变模型模拟轨迹，影响模型的预测能力。由图 10-2 可以看出，所有同化时刻叶绿素 a 浓度同化值和观测值都较为吻合，但同化效果在时间维度上的传播效果则有所不同，枯水期（10 月至翌年 3 月）同化效果难以在时间维度上传播，具体表现为无观测时刻叶绿素 a 浓度同化值和模型模拟值基本吻合，同化效果迅速消失；丰水期（4—9 月）无观测时刻叶绿素 a 浓度同化值和模拟值存在一定的差异，如 2012 年 8—9 月，非同化时刻不同观测点处叶绿素 a 浓度同化值要普遍大于模拟值，和观测叶绿素 a 浓度变化趋势更加接近，模型预测能力得到提升。鄱阳湖丰、枯水期同化效果持续时间的差异和丰、枯水期鄱阳湖水动力条件有关，鄱阳湖呈“丰水一片、枯水一线”“丰水是湖、枯水是河”的特征，枯水期鄱阳湖呈河相，水流沿河道流动，水体流速相对较快（杜彦良 等，2015），对流作用对水质的影响较大，校正参数 k_{1c} 对叶绿素 a 浓度模拟影响有限；丰水期鄱阳湖呈湖相，水体流速较慢（杜彦良 等，2015），生化反应作用对叶绿素 a 浓度模拟结果具有较大影响，校正参数 k_{1c} 可以明显改变模型模拟轨迹，提高模型预测能力。

10.4　本章小结

本章基于鄱阳湖 HydroWQM2D-AP 水质模型，构建了鄱阳湖 HydroWQM2D-AP 水质模型粒子滤波数据同化算法，将鄱阳湖叶绿素 a 浓度原位观测数据和遥感监测结果同化进鄱阳湖 HydroWQM2D-AP 水质模型，校正叶绿素 a 浓度模拟结果，同时更新叶绿素 a 浓度模拟关键参数“20℃浮游植物饱和生长速率”（k_{1c}），估计了 k_{1c} 的时空变异性。研究结果表明，同化叶绿素 a 浓度原位观测数据，能够校正原位观测点处的叶绿素 a 浓度模拟结果，更新观测点处参数 k_{1c} 的取值，使叶绿素 a 浓度模拟值更加接近观测值，提高了原位观测点处叶绿素 a 浓度模拟精度；同化叶绿素 a 浓度遥感监测结果，能够校正整个湖区模拟叶绿素 a 浓度的空间分布，估计湖区参数 k_{1c} 的空间变异性，相比于模拟得到的叶绿素 a 浓度空间分布，同化后得到的叶绿素 a 浓度空间分布和遥感监测结果更加接近，可以在同化时刻为模型提供更加准确的叶绿素 a 浓度初始条件。总的来说，同化叶绿素 a 浓度多源观测数据可以及时校正叶绿素 a 浓度模拟结果，更新模拟参数，进而提高模型模拟精度和预测能力。

参考文献

杜彦良，周怀东，彭文启，等，2015. 近 10 年流域江湖关系变化作用下鄱阳湖水动力及水质特征
　模拟［J］. 环境科学学报，35（5）：1274-1284.

彭森，2010. 基于 WASP 模型的不确定性水质模型研究［D］. 天津：天津大学.

王卷乐，张永杰，杨飞，等，2017. 鄱阳湖叶绿素 a 浓度数据集（2009—2012）［J］. 全球变化数
　据学报，1（2）：208-215.

第11章 基于星地协同监测的三维水质模型数据同化技术

11.1 引言

富营养化是全球湖泊普遍面临的生态灾害问题之一。该问题从 20 世纪四五十年代开始被关注（Hasler，1947；Edmondson et al.，1956），20 世纪六七十年代已经普遍存在并开始治理（Lund，1967；Grundy，1971），至今仍在发达国家和发展中国家产生危害（Conley et al.，2009；Griffin，2017）。比如从 20 世纪 70 年代就受到关注并开展了大量治理工程的北美五大湖之一的伊利湖（Davis，1964），近 10 年来蓝藻水华问题又日益严重，2014 年 8 月 1—2 日还造成湖滨 60 万人口的美国托莱多市供水中断 2 天（Steffen et al.，2017）。此外，治理多年的日本霞浦湖，水华问题也未彻底解决（Tomioka et al.，2011）。由此可见，在应对湖泊蓝藻水华问题方面，全世界都还面临着严峻的挑战（朱广伟 等，2018）。

太湖作为我国目前第三大湖泊，位于长江中下游，对周边地区经济发展具有重要作用，其最大的特点是"大"而"浅"（秦伯强，1998）。太湖水体流量小、流速慢、置换周期长、自净能力差（许旭峰 等，2009），是我国蓝藻水华问题出现最早、治理时间最长、投入最大的大型湖泊之一（朱广伟 等，2018）。沈炳康（1992）1960 年考察太湖时就发现了蓝藻水华现象，1970 年后在梅梁湾西北沿岸带夏季水华已经比较常见，条带状分布，每年可延续到 11 月，而 1988 年则出现了约 1 000 km² 面积的蓝藻水华，并在 1991 年 7 月，蓝藻水华堆积腐烂影响了无锡市供水，迫使上百家工厂停产，造成了巨大的经济损失。20 世纪 90 年代以来，太湖的富营养化治理就作为国家水环境治理的标志性工程推进（解振华，1996），1998 年实施了"零点行动"（孙卫红，2003）。水体富营养化导致近年来蓝藻水华频发（欧阳潇然 等，2013）。2007 年 5 月，太湖蓝藻大规模暴发，在蓝藻腐败分解的过程中，大量消耗水体的溶解氧，导致水体严重污染，发黑发臭，并产生蓝藻腐败的特殊异味，从而引发了自来水污染事件和供水危机（夏健 等，2009）。特别指出，太湖夏季盛行东南风，外太湖的蓝藻容易聚集在位于太湖北部的梅梁湾，水体富营养化使得蓝藻大量繁殖而引起水华暴发，严重影响周围地区的供水，破坏水体景观，制约周围地区的经济发展（陈宇炜 等，2001）。

叶绿素 a 浓度作为水体富营养化和水质评价的一个重要指标，一直是水环境监测的主要参数。目前，对其进行监测的主要方法主要有地面采样分析和遥感监测。常规采样监测主要存在样点少和覆盖面积小的缺点，难以反映太湖区域全面、动态的信息。利用遥感技术对叶绿素 a 浓度进行监测，有着速度快、范围广、相对成本低的优势。但是受卫星的时间分辨率和天气状况的影响，遥感反演数据难以连续、动态地反映水体组分参数。

数据同化方法提供了将多源数据融合，结合模型和观测信息，进行数据连续模拟、预测的手段，分为变分法和顺序同化法。近年来，以卡尔曼滤波为代表的顺序数据同化方法在很多领域都得到了广泛应用。而基于集合论和统计估计理论的集合卡尔曼滤波具有程序设计相对简单、不需要伴随或切线性算子、可以应用于非线性系统等优点，克服与弥补了传统卡尔曼滤波中的缺陷，且其相对于四维变分而言计算相对简单，可操作性强，计算成本相对较低，近年来引起了人们的广泛关注（李渊 等，2015）。

将数据同化模型引入太湖水环境监测中，可以利用原位观测和遥感反演的水质参数信息，结合太湖水体动力学数值模型，模拟水质参数的扩散和运输，从而连续、动态地反映太湖水质情况。本节将随时间变化、空间均匀的实际气象资料作为驱动场，利用 EFDC 中的水动力模型和水质模型耦合，对水位、水温及各水质参量进行三维时空模拟；在验证模式有效性的基础上，利用集合卡尔曼滤波算法，将原位观测的水质数据和遥感反演的水质数据同化到水动力水质模型中，从而得到较高精度的水质数据场。

11.2 基于 EFDC 的水动力水质模型

EFDC（Environmental Fluid Dynamics Code）模型是由弗吉尼亚海洋研究所的 John Hamrick 等根据多个数学模型集成开发研制的综合模型。它包括水动力、水质和泥沙模块，用于模拟水系的一维、二维和三维流场、盐、黏性和非黏性泥沙输运、生态过程及淡水入流，可以通过控制输入文件进行不同模块的模拟。模型在垂直方向采用 σ 坐标变换，水平方向采用直角坐标或正交曲线坐标。该模型被广泛应用于海洋、河口、湖泊、湿地系统、水库的污染物输运和水体富营养化的数值模拟中。下面对水动力模块和水环境模块进行介绍。

11.2.1　水动力模块

（1）坐标方程

为了更好地模拟区域地形对水体流动及环境要素的影响，EFDC 模型在垂向采用 LCLσ（laterally constrained，localized sigma）坐标系，结合 σ 坐标系和笛卡尔坐标系的优点，考虑重力矢量、底部地形边界，及自由水表面波动的坐标方程。

$$x = \varphi(x^* + y^*) \tag{11-1}$$

$$y = \varphi(x^* + y^*) \tag{11-2}$$

$$z = (z^* + h)/(\zeta + h) \tag{11-3}$$

式中：x^*、y^*、z^* 分别为任一点的原始直角坐标；x、y、z 分别为任一点的正交曲线 σ 坐标；h 为河床底部高程；ζ 为自由水面的高程。

（2）动量方程

对于动量方程，EFDC 在空间上采用交错网格或 C 网格，运用二阶精度的有限差分格式。曲线正交 x 轴动量方程：

$$
\begin{aligned}
&\frac{\partial(mHu)}{\partial t} + \frac{\partial(m_y Huu)}{\partial x} + \frac{\partial m_x Hvu)}{\partial y} + \frac{\partial(mwu)}{\partial z} \\
&- \left(mf + v\frac{\partial m_y}{\partial x}\right)Hv - u\frac{\partial m_x}{\partial y} = -m_y H\frac{\partial p}{\partial x} - m_y Hg\frac{\partial \zeta}{\partial x} \\
&+ m_y Hgb\frac{\partial h}{\partial x} - m_y Hgbz\frac{\partial H}{\partial x} + \frac{\partial}{\partial z}(mH^{-1}A_v\frac{\partial u}{\partial z}) + Q_u
\end{aligned} \tag{11-4}
$$

曲线正交 y 轴动量方程：

$$
\begin{aligned}
&\frac{\partial(mHv)}{\partial t} + \frac{\partial(m_y Huv)}{\partial x} + \frac{\partial m_x Hvv)}{\partial y} + \frac{\partial(mwv)}{\partial z} \\
&- \left(mf + v\frac{\partial m_y}{\partial x}\right)Hu - u\frac{\partial m_x}{\partial y} = -m_x H\frac{\partial p}{\partial y} - m_x Hg\frac{\partial \zeta}{\partial y} \\
&+ m_x Hgb\frac{\partial h}{\partial y} - m_x Hgbz\frac{\partial H}{\partial y} + \frac{\partial}{\partial z}(mH^{-1}A_v\frac{\partial v}{\partial z}) + Q_v
\end{aligned} \tag{11-5}
$$

$$w = w^* - z\left(\frac{\partial \zeta}{\partial t} + um_x^{-1}\frac{\partial \zeta}{\partial x} + vm_y^{-1}\frac{\partial \zeta}{\partial y}\right) + (1-z)\left(um_x^{-1}\frac{\partial h}{\partial x} + vm_y^{-1}\frac{\partial h}{\partial y}\right) \tag{11-6}$$

式中：u、v 分别为水平正交曲线 x、y 轴的速度分量；m_x、m_y 分别为度量张量对角线的平方根；$m = m_x \times m_y$ 为度量张量对角行列式的平方根；w 为垂直坐标 z 的速度分量，式（11-6）是经坐标变换后垂直方向 z 方向的速度 w 与坐标变换前的垂直速度 w^* 间的关系；$H = h + \zeta$，其中 H 为总水深，h 为水底高程，ζ 为自由水面高程；b 为密度的标准偏差，$b = (\rho - \rho_0)\rho_0^{-1}$；$f$ 为奥利参数；A_v 为垂向紊动或涡流黏度；Q_u 和 Q_v 为动量方程中的源汇项。

（3）连续方程

$$\frac{\partial(m\zeta)}{\partial t} + \frac{\partial(m_y Hu)}{\partial x} + \frac{\partial(m_x Hv)}{\partial y} + \frac{\partial(mw)}{\partial z} = 0 \qquad (11-7)$$

$$\frac{\partial(m\zeta)}{\partial t} + \frac{\partial}{\partial x}(m_y H \int_0^1 u\mathrm{d}z) + \frac{\partial}{\partial y}(m_x H \int_0^1 v\mathrm{d}z) = 0 \qquad (11-8)$$

式中：连续方程（11-7）在区间（0，1）对 z 积分，并用垂直边界条件当 $z=$（0，1）时，$w=0$，得到进一步积分的连续方程（11-8）。

（4）输运方程

水平输运方程采用 Blumberg-Mellor 模型的中心差分格式或者正定迎风差分格式。

盐分输运方程：

$$\frac{\partial(mHS)}{\partial t} + \frac{\partial(m_y HuS)}{\partial x} + \frac{\partial(m_x HvS)}{\partial y} + \frac{\partial(mwS)}{\partial z} = \frac{\partial}{\partial z}(mH^{-1}A_b \frac{\partial S}{\partial z}) + Q_S$$

$$(11-9)$$

温度输运方程：

$$\frac{\partial(mHT)}{\partial t} + \frac{\partial(m_y HuT)}{\partial x} + \frac{\partial(m_x HvT)}{\partial y} + \frac{\partial(mwT)}{\partial z} = \frac{\partial}{\partial z}(mH^{-1}A_b \frac{\partial T}{\partial z}) + Q_T$$

$$(11-10)$$

式中：T、S 分别为温度及盐度；Q_S 和 Q_T 项是外源输入输出项；A_b 为垂向扰动扩散系数。

（5）悬浮物质迁移方程

$$\frac{\partial(m_x m_y HC)}{\partial t} + \frac{\partial(m_y HuC)}{\partial x} + \frac{\partial(m_x HvC)}{\partial y} + \frac{\partial(m_x m_y wC)}{\partial z} - \frac{\partial(m_x m_y w_{SC}C)}{\partial z}$$

$$= \frac{\partial}{\partial x}(\frac{m_y}{m_x}HK_H \frac{\partial C}{\partial x}) + \frac{\partial}{\partial y}(\frac{m_x}{m_y}HK_H \frac{\partial C}{\partial y}) + \frac{\partial}{\partial z}(m_x m_y \frac{K_V}{H} \frac{\partial C}{\partial z}) + Q_C$$

$$(11-11)$$

式中：C 为单位体积污染物的质量；K_V 和 K_H 分别是垂直、水平方向的扰动扩散系数；w_{SC} 为悬浮污染物的沉降速度；Q_C 代表的是外源汇源相及参加反应的内源汇源相。

（6）物质输运质量守恒方程：

$$\frac{\partial(m_x m_y HC)}{\partial t} + \frac{\partial(m_y HuC)}{\partial x} + \frac{\partial(m_x HvC)}{\partial y} + \frac{\partial(m_x m_y wC)}{\partial z}$$

$$(11-12)$$

$$= \frac{\partial}{\partial x}(\frac{m_y}{m_x}HA_x \frac{\partial C}{\partial x}) + \frac{\partial}{\partial y}(\frac{m_x}{m_y}HA_y \frac{\partial C}{\partial y}) + \frac{\partial}{\partial z}(m_x m_y \frac{A_z}{H} \frac{\partial C}{\partial z}) + m_x m_y HS_C$$

式中：C 为水质指标变量浓度；u、v 和 w 分别为 x、y 和 z 方向的速度；A_x、A_y 和 A_z 分别为 x、y 和 z 方向的扰动扩散系数；S_C 为内源或外源的单位体积源汇量；H 为水深；m_x、m_y 分别为水平曲线坐标 x、y 轴的比例因子。

动力学方程采用有线差分法求解，水平方向采用交错网格离散，时间积分采用二阶精度的有限差分法以及内外模式分裂技术，即采用剪切应力或斜压力的内部模块和自由表面重力波或正压力的外模块分开计算。外模块采用半隐式计算方法，允许较大的时间步长。内模块采用垂直扩散的隐士格式，其在潮间带区域采用干湿网格技术。模型首先利用边界条件计算第一个时间步长的水动力方程，然后根据水动力结果求解泥沙运动方程，最后根据水动力和泥沙计算结果计算污染物运动方程，重复上面的过程，完成全部时间步的计算。

11.2.2　水环境模块

11.2.2.1　水环境模块总体框架

EFDC 水环境模块在水动力学模块计算结果的基础上对水环境过程进行模拟。EFDC 内置的水环境模拟原理从 CE-QUAL-ICM 水质模型衍生而来，沿用了其代码中的富营养化动力方程及沉积物通量方程。图 11-1 阐明了 EFDC 水环境模块中富营养化过程涉及的各个物理、化学和生物作用过程及各水质状态变量的相互转化过程。表 11-1 中列出了 EFDC 水环境模块可以模拟包括藻类、氮、磷、氧、碳等元素在内的 22 项状态变量。表 11-2 列出了 EFDC 水质状态变量的源汇项。

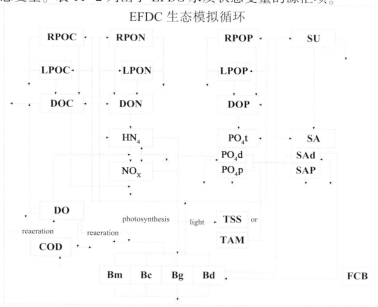

图 11-1　EFDC 水环境模型原理

注：TSS 为总悬浮颗粒物；reaeration 为复氧；respiration 为呼吸；photosynthesis 为光合作用；light 为光照。

表 11-1 EFDC 水质指标

类别	名称—简写	含义
藻类	（1）cyanobacteria—Bc	蓝藻
	（2）diatomalgae—Bd	硅藻
	（3）greenalgae—Bg	绿藻
	（4）macroalgae—Bm	大型藻类
有机碳	（5）refractory particulate organic carbon—RPOC	难降解颗粒有机碳
	（6）labile particulate organic carbon—LPOC	易降解颗粒有机碳
	（7）dissolved organic carbon—DOC	溶解有机碳
磷	（8）refractory particulate organic phosphorus—RPOP	难降解颗粒有机磷
	（9）labile particulate organic phosphorus—LPOP	易降解颗粒有机磷
	（10）dissolved organic phosphorus—DOP	溶解有机磷
氮	（11）refractory particulate organic nitrogen—RPON	难降解有机氮
	（12）labile particulate organic nitrogen—LPON	易降解有机氮
	（13）dissolved organic nitrogen—DON	溶解有机氮
	（14）ammonia nitrogen—NH_4	氨态氮
	（15）nitrate nitrogen—NO_X	硝态氮
硅	（16）particulate biogenic silica—SAp	颗粒生物硅
	（17）dissolved available silica—SAd	溶解可用硅
其他	（18）chemical oxygen demand—COD	化学需氧量
	（19）dissolved oxygen—DO	溶解氧
	（20）total active metal—TAM	总活性金属
	（21）fecal coliform bacteria—FCB	大肠杆菌

表 11-2 EFDC 水质各指标源汇项

状态变量		源汇项
藻类		生长率（取决于营养盐、光强、温度的影响）、基础代谢、被捕食、沉降、外源负荷
有机碳	颗粒有机碳	藻类捕食、分解成溶解态有机碳、沉降、外源负荷
	溶解有机碳	藻类排泄和捕食、颗粒态有机碳的分解、溶解有机碳的异养呼吸（降解）、反硝化作用、外源负荷
磷	颗粒有机磷	藻类的基础代谢和捕食、分解成溶解有机磷、沉降、外源负荷
	溶解有机磷	藻类基础代谢和捕食、颗粒态有机磷的分解、矿化成磷酸盐、外源负荷
	总磷酸盐	藻类基础代谢与捕食和摄取、溶解有机磷的矿化作用、吸附态磷的沉降、溶解磷酸盐在底泥的泥水交换量、外源负荷

状态变量		源汇项
氮	颗粒有机氮	藻类基础代谢和捕食、分解为溶解态有机氮、沉降、外源负荷
	溶解有机氮	藻类基础代谢和捕食、颗粒态有机氮的分解、矿化成氨氮、外源负荷
	氨氮	藻类基础代谢与捕食和摄取、溶解有机氮的矿化、硝化成硝酸盐、底泥的固液交换、外源负荷
	硝酸盐	藻类摄取、氨氮的硝化、脱氮成氮气、底泥的固液交换、外源负荷
化学需氧量		海水沉积物中释放的硫化物、淡水释放的沼气
溶解氧		藻类光合与呼吸作用、硝化作用、溶解有机碳的异养呼吸、化学需氧量的氧化、表层复氧、底泥耗氧量、外源负荷

11.2.2.2　藻类生态动力过程子模块

EFDC 水环境模块中涉及的水质过程很多，以下主要介绍藻类的生态动力过程子模块。在 EFDC 水环境模块中，藻类被分为三类，分别为蓝藻、绿藻和硅藻。藻类循环过程的源汇项包括生长、新陈代谢、捕食、沉降和外部负荷。不同藻类的循环过程可以用相同形式的方程来进行描述，方程中参数依据不同藻类的特性而取值。藻类循环的动力过程可表示为

$$\frac{\partial B_x}{\partial t} = (P_x - BM_x - PR_x) B_x + \frac{\partial WS_x B_x}{\partial z} + \frac{WB_x}{V} \quad (11-13)$$

式中：下标 x 为藻的种类，c 为蓝藻，d 为硅藻，m 为大型藻类，g 为绿藻；B_x 为藻类的生物量($g \cdot m^{-3}$)；t 为时间（d）；P_x 为藻类的生长速率（d^{-1}）；BM_x 为藻类新陈代谢率（d^{-1}）；PR_x 为藻类捕食率（d^{-1}）；WS_x 为藻类沉速（$m \cdot d^{-1}$）；WB_x 为外部藻类源项（$g \cdot d^{-1}$）；V 为网格单元体积（m^3）。

藻类的生长速率主要受光照、温度、盐度和营养盐浓度等环境因素的影响。受上述影响因素限制的藻类生长速率的计算公式可表示为

$$P_x = PM_x \cdot f_1(N) \cdot f_2(I) \cdot f_3(T) \quad (11-14)$$

式中：PM_x 为最适宜条件下藻类的最大生长速度（d^{-1}）；$f_1(N)$、$f_2(I)$ 和 $f_3(T)$ 分别为营养盐、光照和温度的限制因子，$0<f<1$。

根据 Liebig 的"最小值定律"，藻类的生长速度由供应量最少的营养盐的浓度所控制，故营养盐限制因子 $f_1(N)$ 可以表示为

$$f_1(N) = \min\left(\frac{NH_4 + NO_3}{KNN_x + NH_4 + NO_3}, \frac{PO_4 d}{KHP_x + PO_4 d}, \frac{SAd}{KHS + SAd}\right) \quad (11-15)$$

式中：NH_4 为氨氮浓度（$g \cdot m^{-3}$）；NO_3 为硝酸氮的浓度（$g \cdot m^{-3}$）；KHN 为藻类吸收氮盐的半饱和常数（$g \cdot m^{-3}$）；$PO_4 d$ 为溶解磷酸盐的浓度（$g \cdot m^{-3}$）；KHP_x 为藻

类吸收磷酸盐的半饱和常数（$g \cdot m^{-3}$）；SAd 为溶解可利用的硅酸盐浓度（$g \cdot m^{-3}$）；KHS 为藻类吸收硅酸盐的半饱和常数（$g \cdot m^{-3}$）。

藻类的生长速度随光照强度的增大而增大，但当光照强度超过一定程度后会出现光抑制的现象，光照强度的限制因子 $f_2(I)$ 可以表示为

$$f_2(I) = \frac{I(z)}{I_s} e^{1-\frac{I(z)}{I_s}} \tag{11-16}$$

式中：$I(z)$ 为在水深 z 处的光照强度（$W \cdot m^{-2}$）；I_s 为藻类的最佳光照强度（$W \cdot m^{-2}$）。

与光照强度的限制方式一样，藻类的生长速率随温度的增加而增大，但当温度超过一定程度后会减慢藻类生长速度。温度的限制因子 $f_3(T)$ 可以表示为

$$f_3(T) = \begin{cases} \exp\left[K_1^T (T_{\text{opt}} - T)^2 \right] , & T \leqslant T_{\text{opt}} \\ \exp\left[K_2^T (T - T_{\text{opt}})^2 \right] , & T > T_{\text{opt}} \end{cases} \tag{11-17}$$

式中：T 为水动力模型计算得到的水温（℃）；T_{opt} 表示藻类生长的最佳水温（℃）；K_1^T 为水温比最佳温度低时对藻类生长的影响（$℃^{-2}$）；K_2^T 表示水温比最佳温度高时对藻类生长的影响（$℃^{-2}$）。

11.2.2.3 藻类与氮磷作用关系方程

（1）藻类与氮的关系

EFDC 模型的水环境模块同时考虑了藻类的新陈代谢和捕食作用，建立了关于氮元素（有机氮、无机氮）的动力学方程。

$$\frac{\partial RPON}{\partial t} = \sum_{x=c,d,g,m} (FNR_x \cdot BM_x + FNRP_x \cdot PR_x) \cdot ANC_x \cdot B_x$$
$$- K_{\text{RPON}} \cdot RPON + \frac{\partial}{\partial z}(WS_{RP} \cdot RPON) + \frac{W_{\text{RPON}}}{V} \tag{11-18}$$

$$\frac{\partial LPON}{\partial t} = \sum_{x=c,d,g,m} (FNL_x \cdot BM_x + FNLP_x \cdot PR_x) \cdot ANC_x \cdot B_x$$
$$- K_{\text{LPON}} \cdot LPON + \frac{\partial}{\partial z}(WS_{LP} \cdot LPON) + \frac{W_{\text{LPON}}}{V} \tag{11-19}$$

式中：$RPON$、$LPON$ 分别为难降解、易降解颗粒有机氮的浓度；FNR_x、FNL_x 分别为 RPON、LPON 被藻类代谢的比例；$FNRP_x$、$FNLP_x$ 分别为 RPON、LPON 被捕食的比例；ANC_x 为藻类的平均 C-N 比；K_{RPON}、K_{LPON} 分别为 RPON、LPON 的水解率；W_{RPON}、W_{LPON} 分别为 RPON、LPON 的外源负荷量；WS_{RP} 和 WS_{LP} 分别为难降解、易降解颗粒的沉降速率。

$$\frac{\partial DON}{\partial t} = \sum_{x=c,d,g,m} (FND_x \cdot BM_x + FNDP_x \cdot PR_x) \cdot ANC_x \cdot B_x - K_{\text{RPON}} \cdot RPON$$

$$+ K_{\text{LPON}} \cdot LPON - K_{\text{DON}} \cdot DON + \frac{BF_{\text{DON}}}{\Delta z} + \frac{W_{\text{DON}}}{V} \qquad (11-20)$$

式中：DON 为溶解有机氮的浓度；FND_x 为 DON 被藻类代谢的比例；$FNDP_x$ 为 DON 被捕食的比例；K_{DON} 为 DON 的矿化率；BF_{DON} 为 DON 在河床-水体之间的交换量；W_{DON} 为 DON 的外源负荷量。

$$\frac{\partial NH_4}{\partial t} = \sum_{x=c,d,g,m} \left(FNI_x \cdot BM_x + FNDI_x \cdot PR_x - P_x \cdot PN_x \right) \cdot ANC_x \cdot B_x$$

$$+ K_{\text{DON}} \cdot DON - KNit \cdot NH_4 + \frac{BF_{\text{NH}_4}}{\Delta z} + \frac{W_{\text{NH}_4}}{V} \qquad (11-21)$$

式中：FNI_x 为无机氮被藻类代谢的比例；$FNDI_x$ 为无机氮被捕食的比例；PN_x 为 NH_4 被藻类摄取的优先系数（$0 \leqslant PN_x \leqslant 1$）；$KNit$ 为硝化系数；BF_{NH_4} 为 NH_4 在河床-水体间的交换量；W_{NH_4} 为 NH_4 的外源负荷量。

$$\frac{\partial NOX}{\partial t} = \sum_{x=c,d,g,m} \left(PN_x - 1 \right) \cdot ANC_x \cdot B_x \cdot P_x + KNit \cdot NH_4$$

$$- ANDC \cdot Denit \cdot DOC + \frac{BF_{\text{NO}_X}}{\Delta z} + \frac{W_{\text{NO}_X}}{V} \qquad (11-22)$$

式中：$ANDC$ 为单位 DOC 氧化消耗的硝氮量；BF_{NO_X} 为硝酸盐在河床-水体间的交换量；W_{NO_X} 为硝酸盐的外源负荷量；$Denit$ 为反硝化率。

（2）藻类与磷的关系

磷在水体中的含量相对较小，其对藻类的生长却有着有显著作用。如同氮元素一样，模型在模拟磷循环的过程同样也考虑了藻类的新陈代谢和捕食作用，建立了关于磷元素（有机磷、无机磷）的动力学方程。

$$\frac{\partial RPOP}{\partial t} = \sum_{x=c,d,g,m} \left(FPR_x \cdot BM_x + FPRP_x \cdot PR_x \right) \cdot APC_x \cdot B_x$$

$$- K_{\text{RPOP}} \cdot RPOP + \frac{\partial}{\partial z} \left(WS_{RP} \cdot RPOP \right) + \frac{W_{\text{RPOP}}}{V} \qquad (11-23)$$

$$\frac{\partial LPOP}{\partial t} = \sum_{x=c,d,g,m} \left(FPL_x \cdot BM_x + FPLP_x \cdot PR_x \right) \cdot APC_x \cdot B_x$$

$$- K_{\text{LPOP}} \cdot LPOP + \frac{\partial}{\partial z} \left(WS_{LP} \cdot LPOP \right) + \frac{W_{\text{LPOP}}}{V} \qquad (11-24)$$

式中：$RPOP$、$LPOP$ 分别为难降解、易降解颗粒有机磷的浓度；FPR_x、FPL_x 分别为 RPOP、LPOP 被藻类代谢的比例；$FPRP_x$、$FPLP_x$ 分别为 RPOP、LPOP 被捕食的比例；APC_x 为藻类的平均 C-P 比；K_{RPOP}、K_{LPOP} 分别为 RPOP、LPOP 的水解率；W_{RPOP}、W_{LPOP} 分别为 RPOP、LPOP 的外源负荷量。

$$\frac{\partial DOP}{\partial t} = \sum_{x=c,d,g,m} \left(FPD_x \cdot BM_x + FPDP_x \cdot PR_x \right) \cdot APC_x \cdot B_x$$

$$+ K_{RPOP} \cdot RPOP + K_{LPOP} \cdot LPOP - K_{DOP} \cdot DOP + \frac{W_{DOP}}{V}$$

$$(11-25)$$

式中：DOP 为溶解有机磷的浓度；FPD_x 为 DOP 被藻类代谢的比例；$FPDP_x$ 为 DOP 被捕食的比例；K_{DOP} 为 DOP 的矿化率；W_{DOP} 为 DOP 的外源负荷量。

$$\frac{\partial PO4_t}{\partial t} = \sum_{x=c,d,g,m} (FPI \cdot BM_x + FPIP_x \cdot PR_x - P_x) \cdot APC_x \cdot B_x$$

$$+ K_{DOP} \cdot DOP + \frac{\partial}{\partial z}(WS_{TSS} + PO4_p)$$

$$+ \frac{BF_{PO4_d}}{\Delta z} + \frac{W_{PO4_t}}{V}$$

$$(11-26)$$

式中：$PO4_t$ 为总磷酸盐，$PO4_t = PO4_d + PO4_p$；$PO4_d$ 为溶解磷酸盐；$PO4_p$ 为颗粒（颗粒）磷酸盐；FPI_x 为无机磷酸盐被藻类代谢的比例；$FPIP_x$ 为无机磷酸盐被捕食的比例；WS_{TSS} 为悬浮固体的沉降速度，由水力学模型计算提供；BF_{PO4_d} 为磷酸盐在河床-水体间的交换量；W_{PO4_t} 为总磷酸盐的外源负荷量，$W_{PO4_t} = W_{PO4_d} + W_{PO4_p}$。

11.3 太湖水质模型构建

11.3.1 模型构建关键技术

11.3.1.1 模型网格划分和边界概化

首先通过 EFDC 建立太湖水动力水质模型。在平面上，采用规则网格划分，最终研究区域划分为 2 563 个网格，网格尺寸为 1 000 m×1 000 m。在垂向上，采用 σ 坐标沿水深均匀分成 5 层。

环太湖出入流边界的概化是以实测水文、水质站点为依据，选区大流量河道、聚集的小河道合并、河道均匀分布在太湖周边、各大水系均有代表河道的原则。本研究最终选择环太湖出入流量较大的 15 条河道作为湖区建模的边界，所选站点如图 11-2 所示。

11.3.1.2 数据收集与整理

根据数据收集整理情况，关于太湖水质和水动力学模型参数率定和模型验证分别采用 2009 年和 2010 年数据，目前收集整理的建模数据主要包括：环湖水文边界条件（水位、流量）、气象条件（降雨、水面蒸发、辐射、风速风向）、水质数据（入河水质）等。

1）水文数据

环太湖有众多出入流，其中部分出入支流的流量较小，并考虑数据资料搜集情

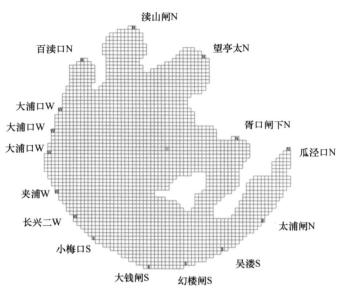

图 11-2　环湖水文、水位站点

况，本次模拟主要选取基点站，以及出入太湖流量较大的主干河流测站水位作为模拟出入流。

由于水位数据较为完整，建模选取的各边界点均有相应的水位数据，按pser. inp文件要求的数据格式输入各监测站点的时间序列数据；湖区的流量数据较少，只有部分闸口有实测数据，按qser. inp的格式要求建立文件，具体数据表略。

率定的结果与太湖湖心的水位数据进行比较。

2）水质数据

模拟选用的水质监测断面点，多为湖区内的水质监测站点，以就近原则选为相应水位站的水质数据。水质监测断面点的数据为每月监测1~2次，不足的数据点，模型会自动插值补全。由于部分检测指标资料不全，模拟选用的检测指标为NH4、TN、TP、DO、CODMn、Chl-a。按wqpslc. inp文件要求的数据格式输入各监测站点的时间序列数据。

3）气象数据

气象数据的输入文件有aser. inp、wser. inp和tser. inp文件。aser. inp中包括大气压、干球温度、湿球温度、降雨量、蒸发量、太阳短波辐射和云量数据；wser. inp中包括风速、风向数据；tser. inp中包含水体温度数据。气象数据是水温模拟、流畅模拟的基础，同时降雨量和蒸发量也是水动力学计算中水量平衡的基础。

由于搜集整理的温度数据有限，建模时各出入流站点的水温数据采用就近的原则，指定给各输入点相应的实测水温时间序列数值；风场数据、气象数据选用的均是东山监测站的实测数据。

11.3.1.3　边界设置与模型计算

（1）输入边界点。建立模型选用的水位、流量、水质监测站如表 11-3 所示，站点位置见图 11-3。

表 11-3　太湖模拟边界输入点

方向	水位站点	水质站点	流量站点
N	犊山闸	J16 三号	望亭（立交）
N	胥口闸	J28 胥口	犊山闸
N	百渎口	J12 竺山湖	太浦闸（下）
N	望亭太	J18 沙墩港	长兴（二）
N	瓜泾口	瓜泾口	
S	吴溇	吴溇	
S	幻楼	J24 大钱	
S	大钱闸	J24 大钱	
S	小梅口	J23 小梅	
W	大浦	J13 大浦	
W	夹浦	J21 夹浦	
W	长兴（二）	J22 新塘	
E	太浦闸	太浦闸下	

图 11-3　输出站点

（2）输出对照点。由于收集到的湖区数据有限，选择的模拟输出对比站点具体位置如表 11-4 所示。

表 11-4　太湖模拟输出对比站点

模拟要求	输出站点
水温站	洞庭西山
水位站	洞庭西山
水质站	洞庭西山
	十四号标
	湖心南
	焦山

模拟计算起始时间为 2009 年 1 月 1 日，终止时间为 2010 年 12 月 31 日。水位数据是每日测得 1 次，实际 730 天，设置 731 个时间点。水质数据是每月测 1~2 次，所有入流的水质时间序列点通过插值补齐。

时间步长的确定需考虑实际数据的详尽程度，以及模型构建时的克朗数。此外，从计算的稳定性和数值的精确性考虑，计算时间步长和模型网格的大小是直接相关的，当网格尺寸较小时，时间步长也应小些，数据更加准确，选用的网格尺寸较大时，时间步长可相应的加长，综合考虑以上因素，选用的模拟时间步长是 120 s。

11.3.2　水动力模型率定与验证

11.3.2.1　水动力模型参数的确定

湖底糙率是影响模型稳定的重要参数之一，由于太湖湖底较为平坦，故计算时将糙率视为常数。根据相关文献的参考及模型的率定情况，确定模型糙率系数为 0.2 cm[①]。

太湖湖流形成原因主要有两个，出入湖泊引起的吞吐流及湖区上方风场引起的风生流。流场对于建立水动力模型及后续湖泊中营养物质的输移、悬浮，生态模拟准确性起到至关重要的作用。然而由于测量艰难、工作量大，流场的实测数据很难收集。国内对于太湖流场的研究众多，多数研究过程都忽略吞吐流所造成的影响，单考虑风生流的作用。然而，近年来"引江济太"（利用常熟水利枢纽引长江水，通过望亭水利枢纽进入太湖，最终再从太浦闸流入太浦河，从而实现长江水稀释太湖水，改善湖水水质的目的）工程的实施，闸调度工作可能会引起湖区流场方向的改变，考虑到以上因素，在选用水位边界的同时，在闸调度河道还设置了流量边界，更真实地还原太湖湖区的水环境。

----

① 河道、湖区的河床糙率系数一般在 0.012~0.03 范围内较适宜。

吞吐流可以根据水位、流量边界条件确定；风生流主要由湖区上方的风场数据确定。由于太湖湖区面积较大、检测站点有限，收集的风场数据具有一定的局限性。选用湖区内气象监测站——吴县东山的监测数据，模型输入边界采用的是以天为单位的时长，收集到的气象数据有日平均风速、最大风速、极大风速、最大风向、极大风向。

设计四组方案：相同的水文、水质边界输入，相同的率定参数，不同的气象数据，根据水质数据的输出情况反推风场数据的最佳组合形式（表 11-5）。

表 11-5　方案设计

方案	风速（m·s⁻¹）	风向（16 位）
一	平均	最大风速
二	平均	极大风速
三	最大	最大风速
四	极大	极大风速

11.3.2.2　水动力模拟结果分析

选用 2009 年数据进行率定，2010 年实测数据验证模型的模拟效果。时间步长取为 120 s，每 720 个步长输出一个数值，即模拟输出单位为天。由于太湖湖区的水文实测数据较少，仅选用洞庭西山监测站点作为模型模拟输出验证点。

1）流场分析

设计 4 个方案来确定最佳风场数据。太湖夏季盛行西南风，2009 年 8 月中旬风速方向大体一致，在保证稳定风向的前提下，输出 8 月 18 日的风场数据，图 11-4 为 4 个方案流场的输出图。从 4 张方案图来看，图 4（a）、图 4（b）输出的流场图差别并不大，湖流的大体走向均为由北到南；图 4（c）的流场方向大体为南向北，且在湖体中心有明显的逆时针流场；图 4（d）的大体流向与图 4（c）相似，但其流场线较为竖直。

2009 年望亭水利枢纽 4—6 月引水入湖，8 月排水出湖，调度时间较短，且流量不是很大；太浦闸全年开启排水出湖。2009 年的夏季，太湖湖区依旧是西北部水华严重，春季猛长的藻类在夏季盛行风的作用下漂浮、聚集到湖区的北部，由此分析，引江济太工程的实施并没有改变湖流的大体方向，即太湖湖区依旧是风生流为主的湖体。综上分析，图 4（c）和图 4（d）符合流场方向的大体情况。根据 8 月的闸调度情况分析，太浦闸一直处于出水状态，水位相对较低，图 4（c）的太浦闸流向符合实际情况。相同参数，不同风场数据情况下，输出洞庭西山的水位数据，方案三的输出误差为 2 cm；方案四的输出误差为 5 cm，而且数据波动幅度较大。根据以

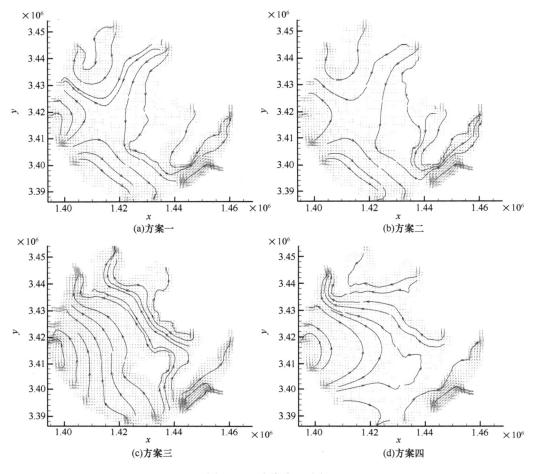

图 11-4　太湖湖区流场

上分析，图 11-4（c）更接近实际流场图，即最大风速、最大风向的风场数据模拟水动力状况最为接近实际情况。后续的研究都是在方案三的基础上进行的。

望亭太水位为环湖水位监测站全年最高水位点，太浦闸为环湖水位监测站全年最低水位点，两者的水位差及地势等因素，致使太湖湖流的总体方向为由北向南、由西向东。

2）水位分析

模拟率定水位为 2009 年洞庭西山日实测数据，验证水位为 2010 年洞庭西山的实测日数据。由图 11-5 和图 11-6 可知，除部分点，计算水位与实测水位的偏差均值在 2 cm 左右，模拟效果良好。

模型选用水位输入边界，保证了湖区水位的准确。从图 11-5 和图 11-6 可以看出，峰值部分的模拟效果良好，其他时期的实测数据波动较剧烈，模拟输出数据较为平缓，原因可能有三点：一是受时间步长的影响；二是将湖底糙率系数设置为常数，致使模拟湖区底部比实际湖底光滑，由底部引起的水波较平稳；三是风场因素影响模拟效果。

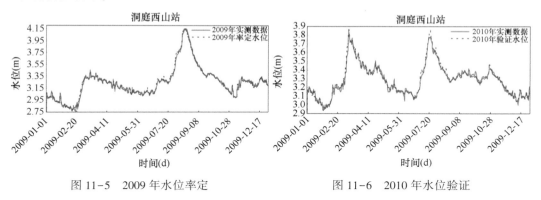

图 11-5   2009 年水位率定   图 11-6   2010 年水位验证

3. 水温分析

考虑到太湖水面积大，并且水浅、湖底较平坦，太湖水温场分布较为均匀，水平与垂直方向的温差较小，忽略了水体自上到下的热交换过程，主要考虑水气间的热交换过程。图 11-7 和图 11-8 为水温率定和验证图，计算水温与实际水温的平均偏差为 2℃。

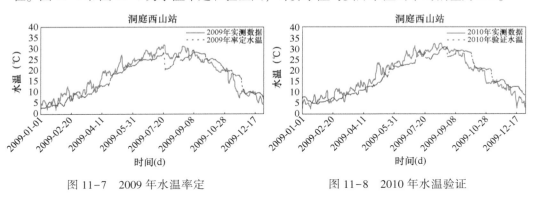

图 11-7   2009 年水温率定   图 11-8   2010 年水温验证

水温验证数据模拟效果较好，模拟数据的变化趋势与实测数据变化趋势大体相一致。建模时由于缺少出入湖泊河道的水温数据，可能是影响模型模拟水温效果的重要因素之一。

11.3.3   水质模型率定与验证

11.3.3.1   水质模型参数率定

叶绿素 a（Chl-a）的质量浓度是表征藻类现存量的重要指标之一，常用于估测浮游植物的生物量，是反映水体富营养化程度的一个重要参数，EFDC 模型通过对 Chl-a 浓度的模拟，来表征叶绿素的含量。

2009 年太湖属于偏丰水年，前人的研究成果表明丰水年水体的 Chl-a 与各水质因子间无明显的相关性。从 2009 年太湖水体的实测水质数据来看，Chl-a 与 TN、TP 的相关性的确不十分明显，Chl-a 与 TN 的相关系数较低，与 TP 在春、夏季的相关性系数较高。根据以上特点，在参数设定的时候，将藻类的半氮饱和系数数值设置大一些，将藻类的磷半饱和系数数值设置小一些。EFDC 模型中 DO、COD 指标的相关参数较少；叶绿素 a 指标的相关调试参数最多，与氮、磷的关系最为密切，是影响模型精准度的关键因素。

以此为基础，参数变量的设定参照有关文献的模拟参数范围，设定初值代入模型试算，并在接下来的调试过程中做相应调整，使模拟结果更接近实测数据。表 11-6 列出 EFDC 模型调试过程中较为敏感的参数，表 11-7 列出了生态率定阶段各指标的误差范围。

表 11-6　率定参数

参数	含义	数值
PM	藻类最大生长率	4
BMR	藻类代谢率	0.1
PRR	藻类被捕食率	0.18
WS	藻类沉降速率	0.01
CCHL	藻类碳-叶绿素比	0.2
TM	藻类最适生长温度阈	15~35
KHN	藻中氮的半饱和系数	0.3
KHP	藻中磷的半饱和系数	0.02
rNitM	最大硝化速率	0.25
FNH_4	氨氮再悬浮通量	0.04
FNO_3	硝氮再悬浮通量	0.3
FPO_4	磷酸盐再悬浮通量	0.06
Keb	背景消光系数	0.1
TNiT	硝化参照温度	15
TRHDR	水解参照温度	20
TRCOD	COD 衰减参照温度	20
KCD	COD 衰减率	0.6

表 11-7　生态模拟的误差（%）分析

时间	DO	COD	NH$_4$	NO$_X$	TN	TP	Chl-a
2009 年	8	20	18	30	22	17	21

11.3.3.2　水质模拟结果分析

2010 年溶解氧（DO）模拟数据与实测数据比较如图 11-9 所示。对比 DO 模拟输出数据图与水质模拟输出数据图可以得出，综合考虑叶绿素及微生物对水环境的影响作用，使模拟环境更接近实际湖区水体环境，模拟精度有所提高。

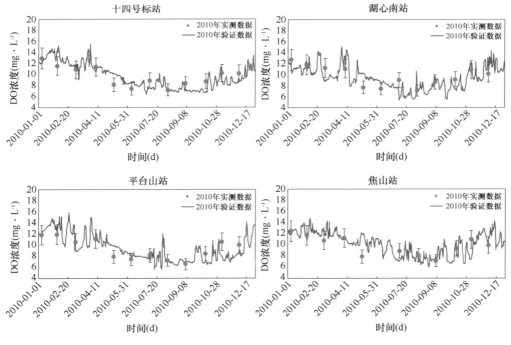

图 11-9　溶解氧（DO）模型验证对比

由图 11-9 可以看出，湖区各监测站的溶解氧（DO）模拟输出数据与实测数据高度拟合，率定、验证阶段的模拟效果均良好，生态模型的 DO 模拟输出数据较水质模型输出数据更为波动，模拟效果更好。

如图 11-10 所示，生态模型对于化学需氧量（COD）的输出模拟在峰值部分变得不明显，较水质模拟峰值部分精度低，引起这种现象的原因在于藻类的代谢生长过程会摄取大量的营养物质，随着藻类的上浮、迁移，会明显地改变局部地区的营养物质浓度状态，所以生态模型 COD 的模拟效果与水质 COD 的模拟效果有很大的区别。其他时段的模拟精度由于数据的波动明显而有所提高。

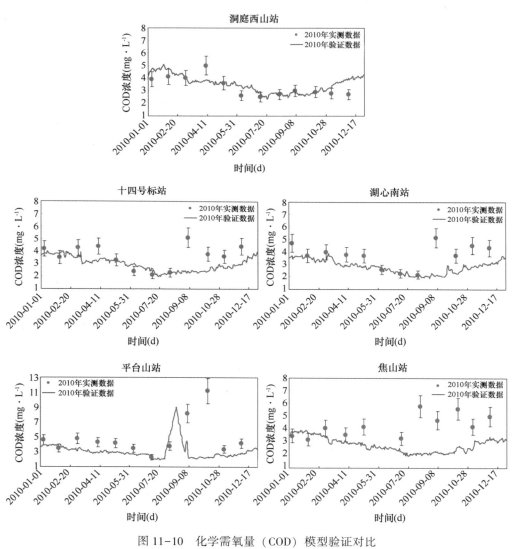

图 11-10　化学需氧量（COD）模型验证对比

如图 11-11 至图 11-13 所示，生态模型对于氮元素的模拟效果好于水质模拟部

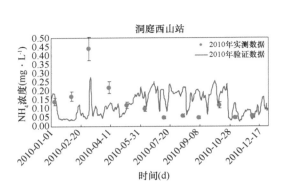

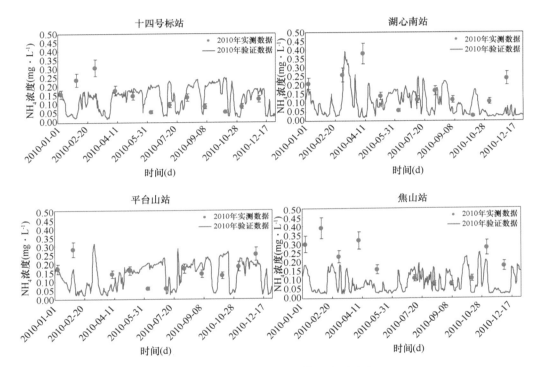

图 11-11　氨氮（NH_4）模型验证对比

分。叶绿素的代谢生长过程需要不断地吸收氮元素为之提供能量，氨氮（NH_4）营养指标的浓度含量较低，所以在考虑生态因素后，NH_4 的含量变化极为明显，定义为敏感指标；硝氮（NO_x）和总氮（TN）指标为主要参与藻类代谢过程的物质，在接近真实环境的模拟条件下，两者的模拟效果良好，除了部分站点在春夏季存在模拟数据低于实测数据外，其他时段、其他站点的模拟输出数据与实测数据高度拟合。春季的模拟浓度低于实测数据，原因可能是，藻类在冬季休眠，在春季复苏并大量生长繁殖，所以在此季节会吸收大量用于藻类生长的营养物质，由于模拟的藻类数据稍高于实测数据，进而吸收的营养物质也高于实际状况，引起部分时节的营养物

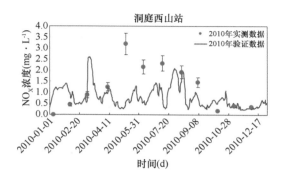

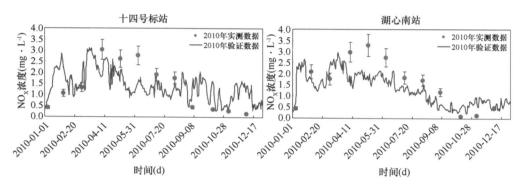

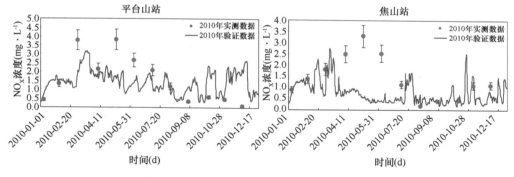

图 11-12 硝氮（NO$_X$）模型验证率定对比

质含量低于实测数据值。

　　如图 11-14 所示，生态模型对于磷元素的模拟效果差于水质模拟。太湖的生态环境决定了磷元素为藻类生长影响最明显的限制因素。叶绿素的生长需要不断地吸收磷酸盐物质，磷元素指标的浓度极小，在考虑生态因素后，磷元素的变化极为明显，为最敏感参数，在夏季藻类频发的季节中，其含量明显降低。

　　太湖治理工作首要目的就是解决连年暴发的水华事件，所以对于藻类的模拟至关重要。EFDC 模型以叶绿素 a 的含量来表征藻类个数。模型考虑生态影响因素后，对于氮、磷元素相关参数的调试工作更为复杂，通过生态模型相关参数的不断调试，

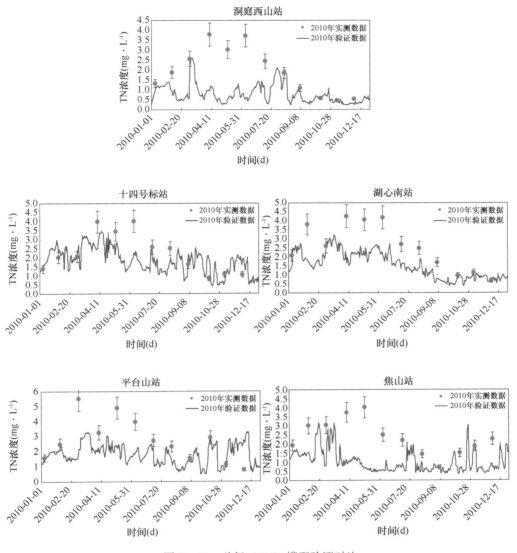

图 11-13　总氮（TN）模型验证对比

得出藻类的生长与温度、磷元素、流场的关系最近密切。

　　在生态模型调试过程中，Chl-a 与总磷（TP）的关系最为密切，两者呈负相关，调高 TP 的相关参数数值，随之会引起 Chl-a 的明显减小。磷元素的底泥释放率在 0.01~0.08 之间变动时，叶绿素 a 的含量有波动，超过这个范围，叶绿素 a 的模拟输出图为直线，说明磷元素的微量变动可以引起藻类生长的明显变化。

　　Chl-a 与氮元素的密切程度次于磷元素，Chl-a 与 NH_4 较敏感，与 NO_X、TN 的含量关系较不敏感。氨氮的底泥释放率在 0.02~0.07 之间变动时，两者的相关性较好；NO_X 的释放量在小于 0.45 时，NH_4 和 Chl-a 的含量较为接近真实值。NO_X 释放

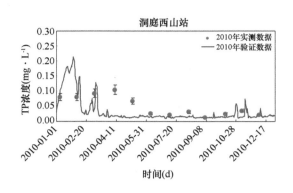

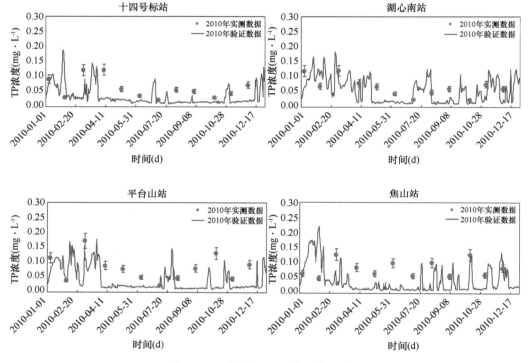

图 11-14　总磷（TP）模型验证对比

量设置过大，会因为硝化作用消耗掉大量的 NH_4，从而引起 NH_4 含量的急速下降，降低 NH_4 指标的模拟精度。$TN = NO_X + NH_4 + （N）$，TN 的含量与 NO_X 相关性大。

　　如图 11-15 所示，模拟的结果与太湖水体的真实状况一致，磷元素是藻类生长的最敏感限制因素，氮元素次之。

　　生态模型输出的模拟数据与实测数据的误差小于水质模型的输出误差。从表 11-8 中可以看出，模型的模拟精度整体升高，考虑生态因素和藻类的影响，可以使模型模拟磷元素的精度提高。

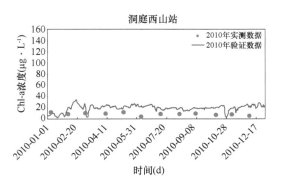

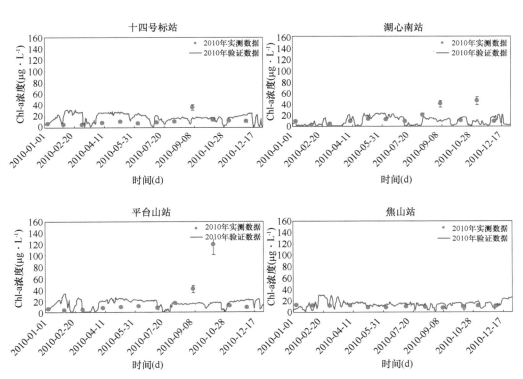

图 11-15　叶绿素 Chl-a 模型验证对比

表 11-8　生态模拟的误差（%）分析

年份	DO	COD	NH$_4$	NO$_X$	TN	TP	Chl-a
2009	8	20	18	30	22	17	21
2010	14	17	13	15	17	25	28
平均	11	18.5	15.5	17	25	21	24.5

11.4　太湖水质模型数据同化试验分析

11.4.1　模型同化试验系统实现流程

建立的基于 EnKF 的太湖水生态模型同化试验系统，针对研究区太湖，以三维水动力模型为载体，耦合辐射传输光场模型、蓝藻生消过程模型及营养化水体生态系统模型，采用 EnKF 同化方案，试验系统设计的技术路线如图 11-16 所示。

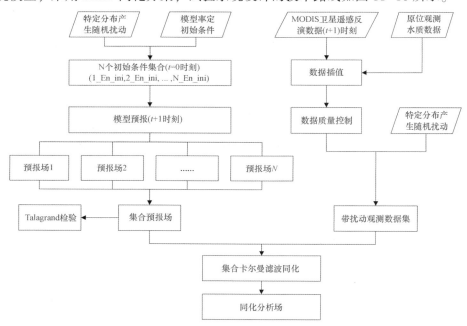

图 11-16　太湖水质模型同化试验系统实现流程

11.4.2　模型同化试验系统主程序实现

11.4.2.1　分析过程函数实现

试验系统分析过程基于 Matlab 实现，三维水质模型采用 Fortran 封装，需要时直接采用 Matlab 进行调用。对应于上文技术路线中的每一个过程均采用函数封装，表11-9 是基于 EnKF 的模型同化试验系统的分析过程中各个函数的详细介绍。表 11-10 是函数涉及参数的物理含义。

表 11-9　太湖叶绿素 a 质量浓度同化试验系统主程序各函数

函数名	作用解释	输入参数	输出参数
Get_ini_en	生成初始背景场	ini_condition；pert_percent；m；	ini_condition_pert
forcast	模型预报	ini_condition_pert；strDirExe；	xf_file
Get_A_en	生成模型预报场	xf_file	A_en
Interpolation	遥感数据插值到模型网格中	As_rs_chl；obs_coord；model_coord	As_out_chl
Outliers	对插值数据进行质量控制，滤除离群资料	As_out_chl；score	obs_control
PerturbObs	对插值之后的观测数据，进行扰动	obs_control；obs_percent；nrobs	D；gamma
Talagrand	结合插值之后的观测数据与集合预报场，对集合预报值进行检验	obs_control；A_en	index
Calc_H	计算出观测算子 H 和观测值个数	obs_control	nrobs；H
localisation	对背景场协方差应用局地化函数	model_coord；loc_function；C	rho
analysis	分析方案的实现	A_en；D；m；H；rho	result_ana；xa

表 11-10　不同函数涉及各参数的物理含义

参数	物理含义	参数	物理含义	参数	物理含义
ini_condition	叶绿素 a 初始条件	obs_control	经过质量控制的观测数据	score	数据质量控制的标准
pert_percent	初始集合扰动	indexTalagrand	检验结果	yichang	数据异常率
m	集合数	nrobs	观测值的个数	obs_percent	观测值扰动的比例
ini_condition_pert	带扰动的初始条件集合	H	观测算子	D	观测场
strDirExe	三维水动力水质耦合模型封装的可执行文件	obs_coord	遥感数据坐标系统	gamma	观测扰动
xf_file	单个预报结果	model_coord	模型坐标系统	loc_function	局地化函数
A_en	集合预报场	As_rs_chl	遥感反演数据	As_out_chl	经过插值之后的数据
rho	schur 算子	c	Schur 半径		
xa	分析场	result_ana	同化之后的结果		

11.4.2.2 程序参数传递过程

同化过程中函数的传递过程如图 11-17 所示，首先根据 MonteCarlo 法产生 m 个初始扰动集合，将初始扰动集合叠加到初始条件得到模型初始条件集合；然后利用模型初始条件集合结合模型进行预报，分别得到单个模型预报结果和集合预报场；此时把地面观测和遥感观测的数据插值到模型网格上，并且经过质量控制得到待同化的数据，随后将待同化的数据添加扰动得到带扰动的观测场；最后将观测算子 H，局地化函数 rho，带扰动的观测场 D，模型预报场 A_en，集合个数 m 作为输入传到 analysis 中进行同化，得到同化的分析值作为最终结果。图 11-17 中各个参数物理含义均对应于表 11-9。

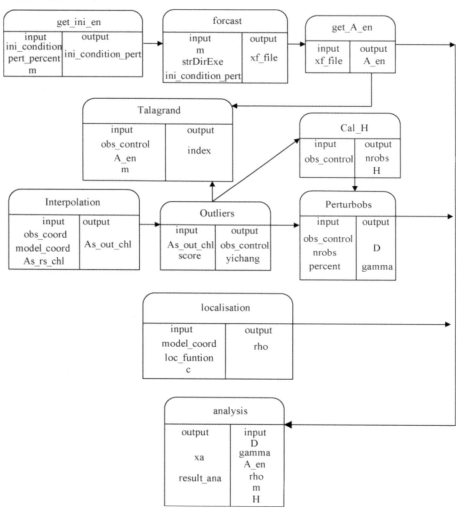

图 11-17 同化分析过程参数传递

11.4.3　基于站点实测数据的数据同化

对率定好的水质模型进行实时校正,将洞庭西山、湖心南和平台山监测站的监测数据融合到水生态动力学模型中,输出 14 号标处的模拟数据,并将其与实测数据进行对比,如图 11-18 所示。从图 11-18 可以看出,利用多个站点数据同化后,模拟结果精度校正后比校正前有所提升,更接近实测值,如图 11-18 为 DO、COD、NO_3-N、NH_4-N、PO_4-P 和叶绿素的校正前后模拟值的对比。

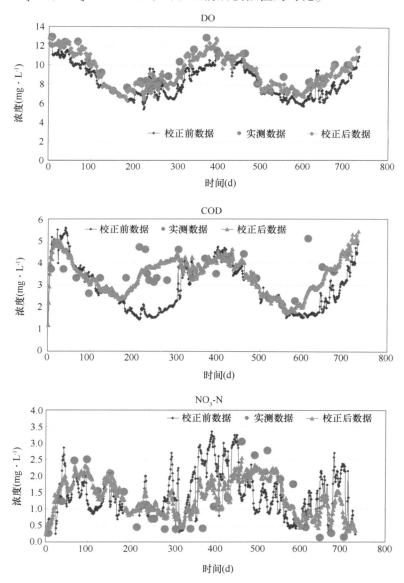

图 11-18　校正结果与实测值比较 (一)

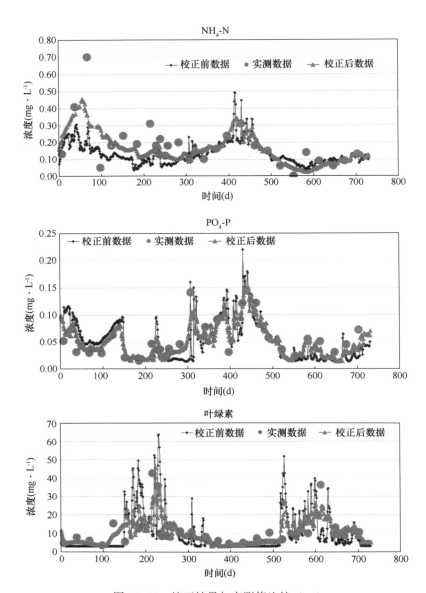

图 11-18　校正结果与实测值比较（二）

11.4.4　基于站点实测和遥感的数据同化

　　蓝藻在整个太湖区域范围内的空间分布具有很强的时间和空间变异特性，因此在时间和空间上对蓝藻进行预测非常重要。在基于站点实测数据的同化研究基础上，开展了整个太湖水生态模型同化研究，考虑到蓝藻在整个湖区内分布的空间差异性，进一步探讨数据同化方法在区域水质模型中的适用性和有效性。本试验对三维水质模型进行区域范围内的状态变量同化，选择叶绿素 a 浓度作为状态变量进行同化。

由于 MODIS 反演结果为叶绿素 a 的浓度，将观测误差设置为观测值的 10%，模型误差设置为模型模拟状态变量的 10%，集合数设为 100。模型运行时段为 2010 年 1 月 1 日至 12 月 31 日。

为方便同化过程计算，将 MODIS 遥感数据插值到模型对应的网格。在水质模型计算过程中，计算网格是在水动力计算网格基础上进行聚合。将 MODIS 遥感数据与三维水质模型同化后得到同化结果。将观测值与同化结果和模拟结果对比。

利用模拟结果的月平均值和数据同化结果的月平均值与观测值的月平均值的均方根误差（RMSE），对观测结果、EFDC 模拟结果和同化结果进行检验与比较分析，结果如图 11-19 所示。从图中可以看出，同化时段内所有月份的数据同化结果的 REMS 均低于 EFDC 模拟结果的 RMSE，这说明本书建立的数据同化系统，采用 MODIS 遥感数据对 EFDC 模型进行区域状态变量同化可以综合利用水生态模型和遥感数据的优势，弥补各自的不足，改进模型的模拟效果，提高模型的模拟精度，并且能够更加准确地预测蓝藻在整个太湖内的空间分布，具有很大的应用潜力。

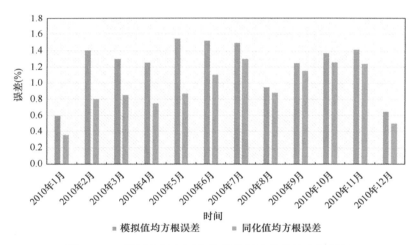

图 11-19　模拟结果和同化结果月平均值的均方根误差

当有多种数据源存在时，由于数据采集时间不同，可以增加数据密度，在有站点实测数据时，用站点实测数据进行同化，在有遥感数据的时刻，用遥感数据对模型进行同化。

该部分在基于实测数据的区域模型同化研究基础上，开展了基于站点实测数据和 MODIS 遥感数据两种数据源的太湖水质模型区域同化方法研究，进一步探讨使用多种数据源时，数据同化方法在区域水质模型中的适用性和有效性。模拟结果与同化结果的均方根误差对比如图 11-19。从图中可以看出，2010 年逐月的同化结果均方根误差均低于模拟结果的均方根误差，这说明通过卫星遥感数据和地面观测数据联合同化后的模型精度高于未同化时的模型精度。

模型同化的 DO 分布如图 11-20 所示。

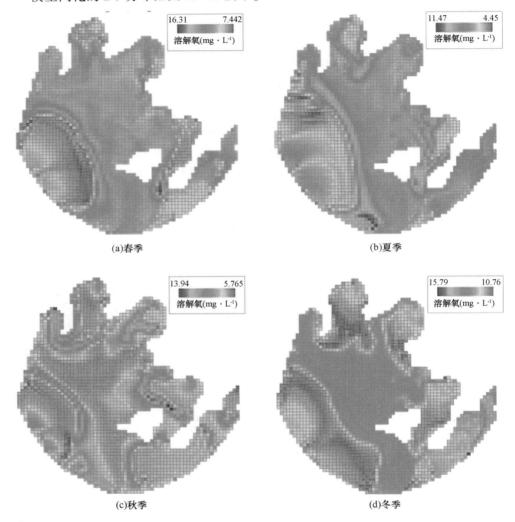

图 11-20　湖区 DO 分布

从时间来看，DO 随季节的变化较为明显。夏季的 DO 浓度整体较低，随着温度的降低，湖区内的生态活动减小，DO 值逐步升高，冬季过后万物复苏，引起 DO 的含量降低。

从空间来看，湖区沿岸的入流河道水体的 DO 值较高，引起湖区局部区域的 DO 值升高，湖区的整体状态呈现湖边向湖心 DO 逐渐降低的趋势。

模型同化的 COD 分布如图 11-21 所示。

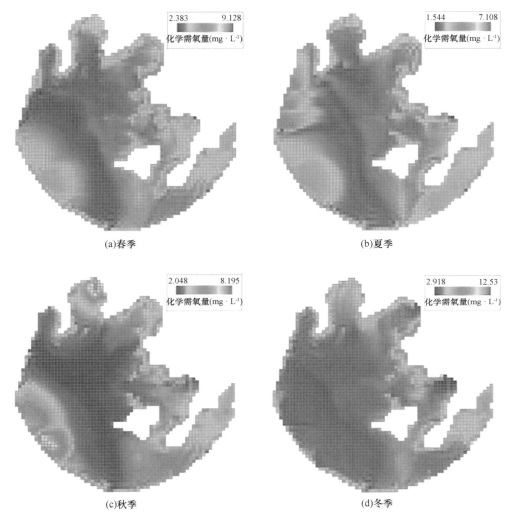

图 11-21　湖区 COD 分布

　　从时间来看，湖区的 COD 随季节的变化不明显。从空间来看，河道入湖COD 高于湖区水体 COD 的平均值，引起沿岸局部地区的浓度高于湖心区平均浓度。

　　模型同化的 NH_4 分布、NO_x 分布和 TN 分布如图 11-22 至图 11-24 所示。

　　从时间来看，湖区氮元素的浓度随季节变化明显，通过 NO_x、TN 的时空图可以看出两者的变化规律相同。冬季，水体中有大量藻类的残体，微生物的活性低，硝化速率极低，水体中的氨氮硝化速率最小，氨氮含量最高、硝态氮的含量最高；春季、夏季，水体中细菌的活性逐渐升高，硝化速率逐渐提高，同时藻类的生长需要摄取大量的硝态氮，进一步促进反应的正向进行。所以在此

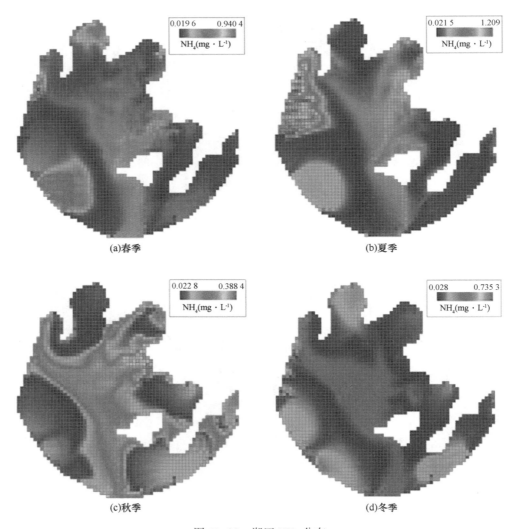

(a)春季 (b)夏季

(c)秋季 (d)冬季

图 11-22　湖区 NH$_4$ 分布

季节，氨氮的硝化反应速率最快，消耗量最大，而生成的大量硝态氮被藻类摄取，所以这个阶段的氨氮、硝氮含量均处于较低状况；随着秋季的到来，藻类大量死亡，降解产生大量氨氮物质，同时水体中的硝氮含量也会抑制氨氮的分解。

从空间来看，湖区氮元素的分布与 COD 的规律相似，由于外源负荷，周边的浓度普遍高于湖心浓度。

模型同化的 TP 分布如图 11-25 所示。

从时间来看，冬季藻类大量消亡，藻类分解后致使水中 TP 含量激增，冬天的 TP 含量较其他季节 TP 含量高，春夏季随着温度不断升高，藻类摄取大量磷

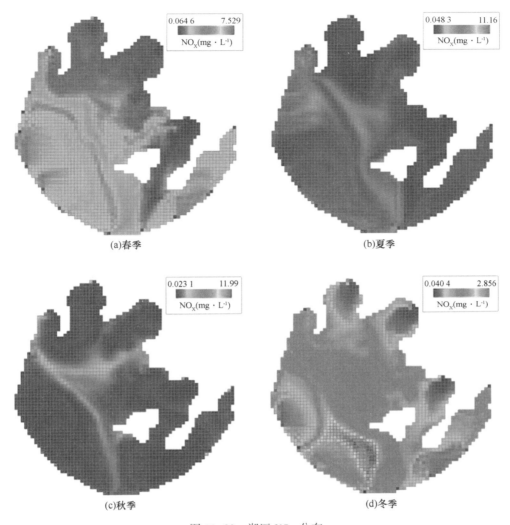

图 11-23　湖区 NO_X 分布

酸盐物质进行生长代谢，并且"引江济太"工程的引排水过程，均会使湖区中 TP 的含量明显下降。进入秋季，"引江济太"工程减少给排水量，并且藻类摄取磷酸盐的速率也随着藻类生长周期越来越慢，致使湖区 TP 含量慢慢升高。

　　从空间来看，全年流入湖区的河道水质污染严重，湖沿岸入流处的局部浓度高于湖区的平均浓度。同时也可以看出，污染源浓度较高的区域主要集中在湖区的西北以及西部沿岸地区。

　　模型同化的 Chl-a 分布如图 11-26 所示。

　　藻类的分布状况主要受风向影响。秋、冬季太湖湖区上方的风向为由北向南，

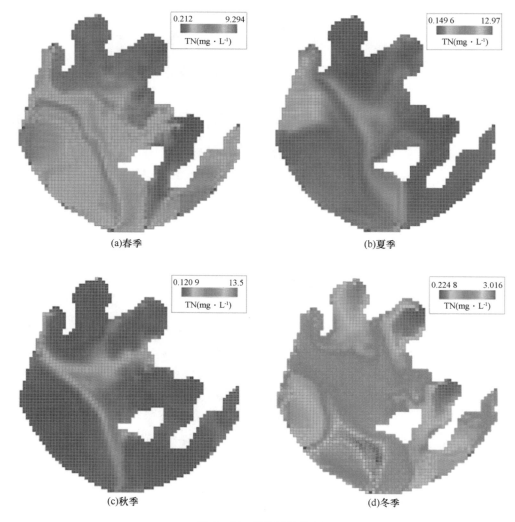

(a)春季

(b)夏季

(c)秋季

(d)冬季

图 11-24　湖区 TN 分布

　　湖区主要的营养物质聚集在湖区西部及南部，经过一个冬天的沉淀，水体中的微生物恢复活性，藻类在水体中慢慢生长，生长到一定程度后浮出水面；夏季太湖盛行季风，风向为由南向北，水体中的藻类随风向湖区西北部漂移。

　　从全局的营养物质输出分布图可以看出，不同营养物质在同一空间位置的分布情况具有同步性，从四季全局分布图可以看出，全年中各营养物质含量较高的区域主要集中在竺山湖、梅梁湾、贡湖湾、西部沿岸，由于这些区域的污染严重，水生态活动活跃，致使这些地区水体的 DO 含量相应较低；湖心区的营养物浓度处于全湖的平均值，湖心区面积大，能够稀释外源污染的营养物浓度，并且湖心区的水流速度慢，物质再悬浮速率慢，这些因素导致其营养物质含量相对较低，

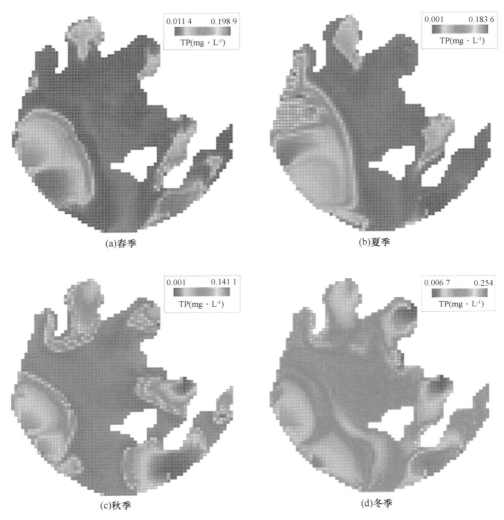

图 11-25　湖区 TP 分布

水体水质较好。

　　生态模型对于湖区主要营养物质、藻类的模拟符合实际湖区水环境情况，模拟效果良好。

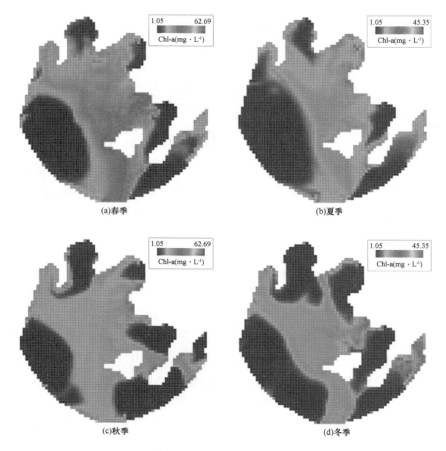

图 11-26　湖区叶绿素 a 分布

11.5　本章小结

　　运用 EFDC 模型建立了考虑风生流的太湖三维水质模型，水位模拟平均偏差在 2 cm 左右；计算水温与实测水温的平均误差为 2℃；使用最大风速、最大风向气象数据模拟出来的湖流最接近实际湖水流向。利用水质和叶绿素 a 浓度数据作为边界，率定了三维水质模型的参数，经过验证表明，太湖的 DO、COD、TP、NH_4、NO_X、TN、Chl-a 的模拟精度均能够满足要求。在建立三维水质模型基础上，利用集合卡尔曼滤波算法建立三维水质模型同化试验系统，探讨了模型同化试验系统的流程和主程序的实现方式。将实测站点水质数据同化到三维水质模型中，通过模型同化结果与站点观测结果对比，模型同化结果更能反映水质数据的变化趋势。将 MODIS 卫星遥感反演的叶绿素 a 浓度数据同化到水质模型中，同化结果的均方根误差明显小于未同化结果。

参考文献

陈宇炜，秦伯强，高锡云，2001. 太湖梅梁湾藻类及其相关因子逐步回归统计和蓝藻水华的初步预测 [J]. 湖泊科学，13（1）：63-71.

李渊，李云梅，吕恒，等，2015. 太湖叶绿素 a 同化系统敏感性分析 [J]. 27（1）：163-174.

欧阳潇然，赵巧华，魏瀛珠，2013. 基于 FVCOM 的太湖梅梁湾夏季水温、溶解氧模拟及其影响机制初探 [J]. 湖泊科学，25（4）：478-488.

秦伯强，1998. 太湖水环境面临的主要问题、研究动态与初步进展 [J]. 湖泊科学，10（4）：1-9.

沈炳康，1992. 太湖蓝藻暴发的水文成因和治理方案初议 [J]. 水资源保护，8（2）：11-14.

孙卫红，2003. "零点行动" 前后太湖水质比较分析 [J]. 江湖环境科技，16（1）：35-36.

夏健，钱培东，朱玮，2009. 2007 年太湖蓝藻水华提前暴发气象成因探讨 [J]. 气象科学，29（4）：531-535.

解振华，1996. 要依法管理环境就要靠数据说话 [J]. 中国环境监测，12（5）：1.

许旭峰，刘青泉，2009. 太湖风生流特征的数值模拟研究 [J]. 水动力研究与进展（A 辑），24（4）：512-518.

朱广伟，秦伯强，张运林，等，2018. 2005-2017 年北部太湖水体叶绿素 a 和营养盐变化及影响因素 [J]. 湖泊科学，30（2）：279-295.

HASLER A D, 1947. Eutrophication of lakes by domestic drainage [J]. Ecology, 23（4）：383-395

EDMONDSON W T, ANDERSON G C, PETERSON D R, 1956. Articicial eutrophication of Lake Washington [J]. Limnology and Oceangraphy, 1（1）：47-53

LUND J W, 1967. Eutrophication [J]. Nature, 214：557-558

GRUNDY D, 1971. Strategies for control man-made eutrophication [J]. Environmental Science & Technology, 5（12）：1184-1190.

CONLEY D J, PAERL H W, HOWARTH R W, et al., 2009. Controlling eutrophication：Nitrogen and phospho-rus [J]. Science, 323（5917）：1014-1015.

GRIFFIN C, 2017. Expending toxic algal blooms [J]. Science, 356（6339）：713-714

DAVIS C C, 1964. Evidence for the eutrophication of Lake Erie from phytoplankton records [J]. Limnology and Oceanography, 9（3）：275-283.

STEFFEN M M, DAVIS T W, MCKAY R M L, et al., 2017. Ecophysiological examination of the Lake Erie Microcystis bloom in 2014：Linkages between biology and the water supply shutdown of Toledo, OH [J]. Environmental Science & Technology, 51：6745-6755.

TOMIOKA N, IMAI A, KOMATSU K, 2011. Effect of light availability on Microcystis aeruginosa blooms in shallow hypereutrophic Lake Kasumigaura [J]. Journal of Plankton Research, 33（8）：1263-1273.

第12章　结论与展望

12.1　结论

本书针对湖库水质遥感、水动力水质模拟和数据同化开展研究，改进水质遥感监测方法，同时开发一维、二维、三维水动力水质模型，然后利用集合卡尔曼滤波或粒子滤波数据同化算法将水位和水质观测数据和水动力水质模型耦合，动态更新模型模拟结果和模型参数，提升了模型模拟和预测精度，保证了数据的一致性。主要研究成果如下。

（1）基于统计模型的湖库水质遥感反演技术。

利用2015年6月在南四湖实地采集的高光谱数据和同步水质采样分析数据，构建了南四湖水体叶绿素 a 浓度、总悬浮物和浊度的常规半经验/分析模型，并对模型进行精度评价。南四湖水体叶绿素 a 浓度 $R^*_{692.1\text{ nm}}$ 反演模型、$R'_{692.1\text{ nm}}$ 反演模型、$R_{696.2\text{ nm}}/R_{401.9\text{ nm}}$ 反演模型和 $R^*_{692.1\text{ nm}}/R^*_{403.4\text{ nm}}$ 反演模型的线性模型精度最高。南四湖总悬浮物浓度 $R^*_{681.2\text{ nm}}$ 反演模型和 $R'_{585.6\text{ nm}}$ 反演模型的指数模型综合误差最小，模型 R^2 在 0.85 以上；$R_{625.6\text{ nm}}/R_{597.1\text{ nm}}$ 反演模型和 $R^*_{681.2\text{ nm}}/R^*_{540.5\text{ nm}}$ 反演模型的一元二次模型综合误差最小，模型决定系数（R^2）在 0.95 以上。南四湖水体浊度 $R'_{585.6\text{ nm}}$ 反演模型的指数模型综合误差最小，模型 R^2 在 0.85 以上；$R'_{684\text{ nm}}$ 反演模型、$R_{688\text{ nm}}/R_{568.2\text{ nm}}$ 反演模型、$R^*_{684\text{ nm}}/R^*_{536\text{ nm}}$ 反演模型的一元二次模型综合误差最小，模型决定系数（R^2）在 0.90 左右。南四湖三种水质参数反演模型中波段比值模型整体上优于单波段模型和一阶微分模型。

（2）基于机器学习的湖库水质遥感反演技术。

利用粒子群算法对支持向量机惩罚系数和核参数进行优选，以原始光谱反射率和归一化光谱反射率分别作为支持向量机模型的输入，以水质参数作为输出，分别建立水体叶绿素 a 浓度、总悬浮物浓度和浊度的 osr-PSO-SVM 和 nsr-PSO-SVM 模型，并对模型进行精度评价。综合对比叶绿素 a 浓度、总悬浮物浓度和浊度的 osr-PSO-SVM 和 nsr-PSO-SVM 模型精度发现，nsr-PSO-SVM 模型精度整体上高于 osr-PSO-SVM 模型，对光谱反射率进行归一化处理可以一定程度上提高 PSO-SVM 模型精度。

通过引入灾变策略对传统离散粒子群算法进行改进,提出灾变离散粒子群算法(MDBPSO),提高了算法的全局搜索能力,然后利用灾变离散粒子群算法优选水质偏最小二乘模型(PLS)的建模波段,构建了基于灾变离散粒子群和偏最小二乘的水质遥感反演方法(MDBPSO-PLS)。以微山湖水体叶绿素 a 浓度、总悬浮物浓度和浊度反演为例,基于 HJ-1A HSI 高光谱影像分别构建了微山湖三种水质参数 MDBPSO-PLS 反演模型。研究结果表明,灾变离散粒子群可以优选水质偏最小二乘建模的敏感波段,提高三种水质参数偏最小二乘模型的反演精度。

(3)基于集合建模的水质遥感反演技术。

针对水质遥感模型众多、不同模型反演精度不一致的问题,分别提出了基于熵权法、集对分析法的确定性水质遥感集合建模方法和基于贝叶斯模型平均的概率性水质遥感集合建模方法,同时构建了基于博弈论的水质遥感集合建模方法;以潘家口—大黑汀水库叶绿素 a 浓度遥感反演为例,检验了水质遥感集合建模方法的有效性。验证结果表明:集合建模可以综合叶绿素 a 浓度不同反演模型的反演结果,提高叶绿素 a 浓度的反演精度,此外,基于贝叶斯模型平均的概率性集合建模方法还能够估计叶绿素 a 浓度反演的不确定性区间。如果不同集合建模方法确定的各模型权重存在明显差异,基于博弈论的水质遥感集合建模方法可以确定各模型的综合权重,降低集合模型选择的主观性。

(4)考虑水生植物物候特征的草型湖泊水质遥感监测技术。

针对草型湖泊中水生植物混合像元效应导致的水生植物生长区域水质难以直接进行遥感监测的问题,提出了考虑水生植物物候特征的草型湖泊水质遥感监测方法。以草型湖泊微山湖为研究区,将微山湖划分为水生植物覆盖区域和水体区,对于水生植物覆盖区域,利用不同物候期菹草、光叶眼子菜/穗花狐尾藻对微山湖水体总悬浮物浓度和浊度的指示作用对微山湖水生植物覆盖区水体总悬浮物浓度和浊度进行了定性监测,对于水体区,基于 HJ-1A/1B 和 GF-1 多光谱影像构建了微山湖水体区总悬浮物浓度和浊度波段组合以及偏最小二乘定量反演模型,对微山湖水体区总悬浮物浓度和浊度进行了定量监测,利用定性和定量相结合的监测方法实现了整个微山湖区水体总悬浮物浓度和浊度时空变化监测。

(5)复杂河网一维水动力水质模型数据同化技术。

详细描述了一个适用于复杂流态普适河网水流-水质模拟的数值模型,模型采用 Preissmann 格式离散 Saint-Venant 方程组,并采用 Newton-Raphson 方法求解非线性离散方程组。汊点处的回水效应采用 JPWSPC 方法处理;水质控制方程采用分步法求解,其中,对流项处理采用改进的显式四阶 Holly-Preissmann 格式求解,源(汇)项和纵向离散项分别采用显式和隐式求解。模型无须特殊的河道编码,具有简单、易于程序实现,而且稳定性好、计算效率高等优点;模型既能模拟树状河网,也能模拟环状河网，而且能处理潮汐流动。研究实现对河网水流水质模型的并行化改造。针对河网非线性动态系统的实时校正问题，采用基于集合思想的集合卡尔曼滤波，无须线性化系统方程，且误差方差阵计算简便。在设置初始集合时，采用 BoxMuller 方法生成一组服从正态分布的随机集合。通过算例分析和实例应用，系统分析了集合大小、集合标准差对数据同化效果的影响。在建立的河网水动力学水质模型的基础上，采用集合卡尔曼滤波技术实现观测数据与水动力水质联合模拟的集成模式，建立了基于集合卡尔曼滤波的观测数据与河网模型自适应融合的水动力水质实时校正模型，利用算例验证了实时校正模型的有效性。

（6）基于改进自适应网格的二维水动力模型构建技术。

针对传统自适应网格技术难以保持模型静水和谐性的问题，引入地形坡度对传统自适应网格技术进行改进，构建了基于改进自适应网格的二维水动力模型；为了进一步提高模型的计算效率，基于 OpenMP 并行计算对模型进行并行化改造，构建了基于改进自适应网格和 OpenMP 并行计算的二维水动力模型（HydroM2D-AP），分别利用水槽试验、物理模型和实际案例检验了模型的静水和谐性、模拟精度和计算效率。验证结果表明，HydroM2D-AP 模型具有静水和谐性，能够准确高效模拟不同地形条件下的水动力过程。

（7）二维水动力模型不确定分析和数据同化技术。

以 Toce 河溃坝物理模型为案例，基于高斯误差模型和纳什效率系数两种似然函数，分别采用 LHS-GLUE 和 SCEM-UA 算法分析了曼宁糙率系数的不确定性，同时分析了模拟水位对曼宁糙率系数的敏感性。研究结果表明，LHS-GLUE 和 SCEM-UA 分析曼宁糙率系数不确定性受似然函数的影响显著，采用相同似然函数时，两种方法得到的曼宁糙率系数不确定性分析结果基本一致；模拟水位受曼宁糙率系数影响显著，且具有明显的时空变异性。此外，分别构建了基于局部权重（MPFDA-LW）和基于全局权重（PFDA-GW）的水动力模型粒子滤波算法，MPFDA-LW 算法考虑了曼宁糙率系数的时空变异性，而 PFDA-GW 算法仅考虑了曼宁糙率系数时间变异性，对比分析了两种同化算法的同化性能。分析结果表明，MPFDA-LW 算法能够同时提高不同观测点处水位模拟精度，估计曼宁糙率系数的时空变化，而 PFDA-GW 只能提高部分观测点处水位模拟精度，估计曼宁糙率系数的时间变化，MPFDA-LW 算法更适合二维水动力模型数据同化。

（8）基于改进自适应网格的二维水动力水质模型构建技术。

在 HydroM2D-AP 模型基础上，加入污染物对流-扩散方程，构建了基于改进自适应网格的二维水流-污染物输运模型（HydroPTM2D-AP），分别采用水槽试验、物理模型和实际案例检验了该模型模拟不同水流条件下污染物输运的模拟精度。验证结果表明，HydroPTM2D-AP 模型可以准确模拟不同水流条件下污染物输运规律。此外，基于 WASP 水质模型原理，综合考虑氨氮、硝酸盐氮、磷酸盐、浮游植物、

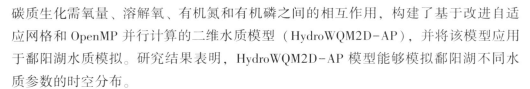

碳质生化需氧量、溶解氧、有机氮和有机磷之间的相互作用，构建了基于改进自适应网格和 OpenMP 并行计算的二维水质模型（HydroWQM2D-AP），并将该模型应用于鄱阳湖水质模拟。研究结果表明，HydroWQM2D-AP 模型能够模拟鄱阳湖不同水质参数的时空分布。

（9）基于星地协同的二维水质模型数据同化技术。

以鄱阳湖为研究区，利用采用局部权重的粒子滤波同化算法（MPFDA-LW）将鄱阳湖叶绿素 a 浓度原位观测数据和遥感观测数据融入鄱阳湖 HydroWQM2D-AP 水质模型，更新叶绿素 a 浓度模拟结果，同时校正模型参数，构建了鄱阳湖 HydroWQM2D-AP 水质模型粒子滤波数据同化算法，检验了该同化算法的同化效果。验证结果表明：同化叶绿素 a 浓度原位观测数据，可以校正叶绿素 a 浓度模拟结果，动态更新观测点处参数 k_{1c} 的取值，提高了原位观测点处叶绿素 a 浓度模拟精度和预测能力；同化叶绿素 a 浓度遥感监测结果，能够估计湖区参数 k_{1c} 的空间变异性，同化得到的叶绿素 a 浓度空间分布和遥感监测结果更加接近，可以在同化时刻为模型提供更加准确的叶绿素 a 浓度初始条件。MPFDA-LW 算法可以同化叶绿素 a 浓度多源观测数据，及时校正叶绿素 a 浓度模拟结果，更新模拟参数，提高模型模拟精度和预测能力。

（10）基于星地协同的三维水质模型数据同化技术。

运用 EFDC 模型建立了考虑风生流的太湖三维水质模型，水位模拟平均偏差在 2 cm 左右；计算水温与实测水温的平均误差为 2℃；使用最大风速、最大风向气象数据模拟出来的湖流最接近实际湖水流向。利用水质和叶绿素 a 浓度数据作为边界，率定了三维水质模型的参数，经过验证表明，太湖的 DO、COD、TP、NH_4、NO_X、TN、Chl-a 的模拟精度均能够满足要求。在建立三维水质模型基础上，利用集合卡尔曼滤波算法建立三维水质模型同化试验系统，探讨了模型同化试验系统的流程和主程序的实现方式。将实测站点水质数据同化到三维水质模型中，通过模型同化结果与站点观测结果对比，模型同化结果更能反映水质数据的变化趋势。将 MODIS 卫星遥感反演的叶绿素 a 浓度数据同化到水质模型中，同化结果的均方根误差明显小于未同化的结果。

12.2　展望

（1）研究提出考虑水生植物物候特征的草型湖泊水质遥感监测方法，利用不同物候期不同水生植物对水质的指示作用实现了草型湖泊微山湖水生植物覆盖区域水体总悬浮物浓度和浊度的定性遥感监测。由于采样次数的限制，获取的数据有限，对不同水生植物在不同物候期内对水质的指示作用研究的还不够深入，后续将继续积累数据对不同物候期内不同水生植物对水质参数，尤其是叶绿素 a 浓度的指示作用将开展进一步的研究。

（2）二维水动力水质模型仅考虑原位观测水位的同化。水位原位观测站点在空间上比较分散且站点数目较少，不能反映水位空间连续的变化规律。随着测高卫星数据源的日益丰富，可以探索利用测高卫星反演结果来改进水动力模型的初始场。此外，卫星遥感数据能够精确获取水面的动态变化，尝试利用水面面积及形状作为同化数据来改进水动力模型的计算效果也是一种思路。

（3）鄱阳湖 HydroWQM2D-AP 水质模型粒子滤波数据同化研究中仅同化了叶绿素 a 浓度观测数据，由于水质指标间存在密切的转换关系，未来将同时考虑氨氮、总磷、叶绿素 a 浓度等水质指标的多源观测数据，开展基于多源观测数据水质模型多要素联合同化研究。另外，由于原位观测和遥感观测的原理、覆盖范围和分辨率完全不同，原位观测每个观测点相互独立，但是遥感观测的误差是否具有空间相关性，是一个需要注意的问题。

（4）大气吸收、传感器性能等因素对卫星遥感数据的水质反演参数的精度影响较大，天气状况、卫星运行周期等因素易导致缺失遥感数据，因此可以考虑使用多个数据源的有效融合，建立不同水体和水质特点的光谱特征库，探索大数据技术在水质遥感中的应用，增强水质遥感模型的普适性，改进水质模型同化的数据源，提升水质模型数据同化结果的精度，为推动水质预测预警的业务化提供强有力的支撑。

（5）三维水质模型同时要考虑平面空间和垂直空间的水质参数的变化，对于大面积水体的模拟还需要考虑风速对流场的影响。在同化时，不仅考虑糙率、风应力等水动力参数，还需考虑不同水质指标的扩散系数、降解系数等水质参数，同时要兼顾水位、流速、水质浓度等状态变量，如此会导致参数和状态变量维数较高，如集合卡尔曼滤波可能会存在不满秩和滤波发散的问题。从同化的数据类型来看，包括了矢量场和标量场，不同数据类型的同化方式有所不同。因此可根据不同模型的结构特征以及模拟目的，探索新的数据同化方法。